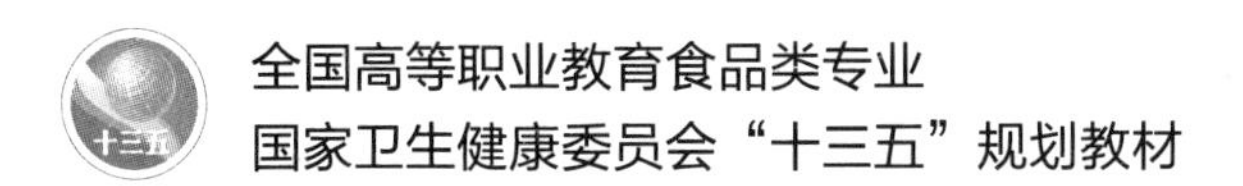

供食品类专业用

食品微生物检验技术

主　编　段巧玲　李淑荣

副主编　张　颖

编　者（以姓氏笔画为序）

王红梅	昌吉职业技术学院	张　颖	天津职业大学
史正文	山西药科职业学院	张少敏	广东环境保护工程职业学院
许子刚	黑龙江农垦职业学院	郑　露	重庆医药高等专科学校
许秋菊	济南护理职业学院	郝瑞峰	江苏医药职业学院
李淑荣	北京农业职业学院	段巧玲	重庆医药高等专科学校
邱秉慧	襄阳职业技术学院	雷娟娟	福建卫生职业技术学院

人民卫生出版社

图书在版编目（CIP）数据

食品微生物检验技术／段巧玲，李淑荣主编.—北京：人民卫生出版社，2020

ISBN 978-7-117-28869-9

Ⅰ.①食…　Ⅱ.①段…②李…　Ⅲ.①食品微生物－食品检验－医学院校－教材　Ⅳ.①TS207.4

中国版本图书馆 CIP 数据核字（2019）第 202023 号

食品微生物检验技术

主　　编：段巧玲　李淑荣

出版发行：人民卫生出版社（中继线 010-59780011）

地　　址：北京市朝阳区潘家园南里 19 号

邮　　编：100021

E - mail：pmph @ pmph. com

购书热线：010-59787592　010-59787584　010-65264830

印　　刷：人卫印务（北京）有限公司

经　　销：新华书店

开　　本：850×1168　1/16　**印张：**16

字　　数：376 千字

版　　次：2020 年 6 月第 1 版　2020 年 6 月第 1 版第 1 次印刷

标准书号：ISBN 978-7-117-28869-9

定　　价：49.00 元

打击盗版举报电话：010-59787491　E-mail：WQ @ pmph.com

质量问题联系电话：010-59787234　E-mail：zhiliang @ pmph. com

全国高等职业教育食品类专业国家卫生健康委员会“十三五”规划教材出版说明

《国务院关于加快发展现代职业教育的决定》《高等职业教育创新发展行动计划(2015-2018年)》《教育部关于深化职业教育教学改革全面提高人才培养质量的若干意见》等一系列重要指导性文件相继出台,明确了职业教育的战略地位、发展方向。食品行业是“为耕者谋利、为食者造福”的传统民生产业,在实施制造强国战略和推进健康中国建设中具有重要地位。近几年,食品消费和安全保障需求呈刚性增长态势,消费结构升级,消费者对食品的营养与健康要求增高。为实施好食品安全战略,加强食品安全治理,国家印发了《“十三五”国家食品安全规划》《食品安全标准与监测评估“十三五”规划》《关于促进食品工业健康发展的指导意见》等一系列政策法规,食品行业发展模式将从量的扩张向质的提升转变。

为全面贯彻国家教育方针,跟上行业发展的步伐,将现代职教发展理念融入教材建设全过程,人民卫生出版社组建了全国食品药品职业教育教材建设指导委员会。在指导委员会的直接指导下,经过广泛调研论证,人卫社启动了首版全国高等职业教育食品类专业国家卫生健康委员会“十三五”规划教材的编写出版工作。本套规划教材是“十三五”时期人卫社重点教材建设项目,教材编写将秉承“五个对接”的职教理念,结合国内食品类专业领域教育教学发展趋势,紧跟行业发展的方向与需求,重点突出如下特点:

1. 适应发展需求,体现高职特色　本套教材定位于高等职业教育食品类专业,教材的顶层设计既考虑行业创新驱动发展对技术技能型人才的需要,又充分考虑职业人才的全面发展和技术技能型人才的成长规律;既集合了我国职业教育快速发展的实践经验,又充分体现了现代高等职业教育的发展理念,突出高等职业教育特色。

2. 完善课程标准,兼顾接续培养　本套教材根据各专业对应从业岗位的任职标准优化课程标准,避免重要知识点的遗漏和不必要的交叉重复,以保证教学内容的设计与职业标准精准对接、学校的人才培养与企业的岗位需求精准对接。同时,本套教材顺应接续培养的需要,适当考虑建立各课程的衔接体系,以保证高等职业教育对口招收中职学生的需要和高职学生对口升学至应用型本科专业学习的衔接。

3. 推进产学结合,实现一体化教学　本套教材的内容编排以技能培养为目标,以技术应用为主线,使学生在逐步了解岗位工作实践、掌握工作技能的过程中获取相应的知识。为此,在编写队伍组建上,特别邀请了一大批具有丰富实践经验的行业专家参加编写工作,与从全国高职院校中遴选出的优秀师资共同合作,确保教材内容贴近一线工作岗位实际,促使一体化教学成为现实。

4. 注重素养教育,打造工匠精神　在全国“劳动光荣、技能宝贵”的氛围逐渐形成,“工匠精神”在各行各业广为倡导的形势下，食品行业的从业人员更要有崇高的道德和职业素养。教材更加强调要充分体现对学生职业素养的培养，在适当的环节，特别是案例中要体现出食品从业人员的行为准则和道德规范，以及精益求精的工作态度。

5. 培养创新意识，提高创业能力　为有效地开展大学生创新创业教育，促进学生全面发展和全面成才，本套教材特别注意将创新创业教育融入专业课程中，帮助学生培养创新思维，提高创新能力、实践能力和解决复杂问题的能力，引导学生独立思考、客观判断，以积极的、锲而不舍的精神寻求解决问题的方案。

6. 对接岗位实际，确保课证融通　按照课程标准与职业标准融通、课程评价方式与职业技能鉴定方式融通、学历教育管理与职业资格管理融通的现代职业教育发展趋势，本套教材中的专业课程，充分考虑学生考取相关职业资格证书的需要，其内容和实训项目的选取尽量涵盖相关的考试内容，使其成为一本既是学历教育的教科书、又是职业岗位证书的培训教材，实现“双证书”培养。

7. 营造真实场景，活化教学模式　本套教材在继承保持人卫版职业教育教材栏目式编写模式的基础上，进行了进一步系统优化。例如，增加了“导学情景”，借助真实工作情景开启知识内容的学习；“复习导图”以思维导图的模式，为学生梳理本章的知识脉络，帮助学生构建知识框架。进而提高教材的可读性，体现教材的职业教育属性，做到学以致用。

8. 全面“纸数”融合，促进多媒体共享　为了适应新的教学模式的需要，本套教材同步建设以纸质教材内容为核心的多样化的数字教学资源，从广度、深度上拓展纸质教材内容。通过在纸质教材中增加二维码的方式“无缝隙”地链接视频、动画、图片、PPT、音频、文档等富媒体资源，丰富纸质教材的表现形式，补充拓展性的知识内容，为多元化的人才培养提供更多的信息知识支撑。

本套教材的编写过程中，全体编者以高度负责、严谨认真的态度为教材的编写工作付出了诸多心血，各参编院校为编写工作的顺利开展给予了大力支持，从而使本套教材得以高质量如期出版，在此对有关单位和各位专家表示诚挚的感谢！教材出版后，各位教师、学生在使用过程中，如发现问题请反馈给我们(renweiyaoxue@163.com)，以便及时更正和修订完善。

人民卫生出版社

2018年3月

全国高等职业教育食品类专业国家卫生健康委员会
“十三五”规划教材
教材目录

序号	教材名称	主编
1	食品应用化学	孙艳华　张学红
2	食品仪器分析技术	梁　多　段春燕
3	食品微生物检验技术	段巧玲　李淑荣
4	食品添加剂应用技术	张　甦
5	食品感官检验技术	王海波
6	食品加工技术	黄国平
7	食品检验技术	胡雪琴
8	食品毒理学	麻微微
9	食品质量管理	谷　燕
10	食品安全	李鹏高　陈林军
11	食品营养与健康	何　雄
12	保健品生产与管理	吕　平

全国食品药品职业教育教材建设指导委员会
成员名单

前　言

食品微生物检验技术是高职高专食品营养与检测等食品类专业人才培养和课程教学体系中一门重要的专业课，对学生未来职业能力和综合素质的培养起着关键作用。本教材是根据教育部有关高等职业教育的精神、食品检验行业发展需求和全国高职高专食品检测技术专业教学标准而组织编写的。编写组在编写过程中，认真讨论、分析了各校的专业人才培养目标，根据食品检验常规工作任务和职业岗位能力要求，结合食品微生物学检验最新国家标准，确定了编写思路和编写大纲。

编写组在教材编写中以高职高专教育教学理念为指导思想，坚持以岗位需求为导向，以专业能力为本位，牢牢把握教材的定位，即使用对象（专科学生）、教材目标（就业能力）、编写依据（行业衔接）的定位，认真进行教材内容的选编，力求使本教材既强调科学性、系统性，又突出实用性和针对性，尽量贴近行业需要和岗位实际。

教材围绕食品微生物检验技术课程要求学生应具备的基本知识、基本素养、基本检验能力，按照食品微生物检验工作内容对教材进行整合，将教材分为“食品微生物基础理论篇”和“食品微生物检验技术篇”，共8章、7个实训项目，按“储备基础知识、训练基本技能、用于岗位实践”的主线进行编排，注重基础知识与基本能力相结合、专业技能与工作任务相结合、知识传授与素质培养相结合，从而体现本教材服务学生、服务行业、服务岗位的特点。

基于“互联网+”教学模式的日益普及，本教材还配套编写了多样化的数字资源，如教学PPT、同步练习题、图库、拓展知识等，学生可以根据需求使用手机、个人计算机、平板计算机，在任何时间、任何地点获取需要的内容，为学生提供了更丰富的学习内容和更多的学习方式。书中还配有多种栏目，如“知识链接”“技能赛点”“点滴积累”“目标检测”等，以便于学生把握学习重点和评价学习效果。

本教材的编者们精心准备、认真编写，编写过程中还得到了各编者单位领导和同行们的大力支持，同时参考了诸多文献资料，在此一并致以衷心的感谢！

由于食品微生物检验技术发展、更新迅速，且编者的学术水平有限、编写经验不足，教材中难免存在疏漏甚至错误，恳请读者和同行专家们提出宝贵意见和建议。

编者

2020年3月

目　录

第一篇　食品微生物基础理论篇

第二篇 食品微生物检验技术篇

第一篇

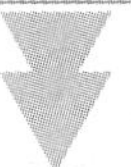

食品微生物基础理论篇

绪　论

导学情景

情景描述：

17 世纪下半叶，荷兰著名生物学家、显微镜专家安东尼·范·列文虎克把污水、雨水等放在自己设计制造的显微镜下观察，他惊奇地发现了许多人们从未见过的“微小动物”，它们在水中浮游着、繁衍着。这些游动着的微小动物当时被他称为“狄尔肯”（拉丁文 Dierken 的译音，意即细小活泼的物体）。

学前导语：

列文虎克观察到的这些“微小动物”就是“微生物”，这是人类首次对微生物进行的观察和描述，这一伟大发现使人类认识了一个完整的富有生命力的新世界，揭开了微观世界的面纱。通过本章的学习，我们将知道什么是微生物，微生物与动植物有什么不同，微生物与人类有什么关系，微生物与食品有什么关系。

第一节　微生物概述

扫一扫，知重点

一、微生物的概念与特点

（一）微生物的概念

自然界中，除人们熟悉的动物、植物以外，还存在着一类个体微小、结构简单、肉眼不能直接看见、必须借助于光学显微镜或电子显微镜才能观察到的生物，这类微小的生物就是微生物。

（二）微生物的特点

微生物是地球上最早的“居民”，但直到 17 世纪 70 年代发明了显微镜，才被逐渐揭开了面纱。微生物除具有一切生物所共有的生命特征外，还有其本身的特点。

1. 个体小、比表面积大　绝大多数微生物个体极其微小，需借助显微镜放大数百倍、数千倍甚至数万倍才能看清，通常用微米（μm）或纳米（nm）来描述微生物的大小。由于个体微小，微生物的比表面积（表面积与体积之比）就非常大，如葡萄球菌直径仅为 1μm，但其比表面积达 60 000cm^2。拥有巨大的比表面积有利于微生物与环境的物质、能量和信息的交换。

2. 吸收多、代谢旺　微生物通过其细胞表面来完成与外界的物质交换，巨大的比表面积有利于它们迅速地吸收营养、排出代谢产物。单位重量的微生物代谢强度要比高等动植物的代谢强度高成千上万倍，如大肠埃希氏菌在合适条件下，每小时可分解相当于自身重量100～1 000倍的乳糖。代谢旺的另一个表现形式就是微生物的代谢类型非常多，既可以CO_2为碳源进行自养型生长，也可以有机物为碳源进行异养型生长；既可以光能为能源，也可以化学能为能源；既可在有氧条件下生长，又可在无氧条件下生长。微生物的这一特点为其高速繁殖和产生大量代谢产物提供了重要基础，使微生物可能更好地发挥“活的化工厂”的作用，为食品、药品等生产服务；也由于该特点，一旦食品、药品被微生物污染，则可能导致其腐败变质，产生严重的损失。

3. 食谱杂、繁殖快 微生物利用物质的能力很强，不但能利用蛋白质、糖类、脂肪、无机盐等，也能利用一些动植物不能利用、甚至对动植物有害的物质，如纤维素、石油、塑料、氰化物等。这一特点有助于微生物的人工培养，也有助于开展综合利用，变废为宝，为社会创造财富。

微生物具有简单的繁殖方式和惊人的繁殖速度，如大肠埃希氏菌以二分裂方式繁殖，在适宜条件下每20～30分钟即可繁殖一代。照此速度，一个大肠埃希氏菌经24小时，可繁殖出约4.7×10^{23}个后代。微生物繁殖迅速，在食品发酵工业中有重要意义，体现为生产效率高、发酵周期短。如生产发面鲜酵母的酿酒酵母(每2小时分裂一次)，单罐发酵时，每12小时即可收获1次；但另一方面，如果微生物进入了人体或污染了食品，则可能在短时间内通过迅速繁殖引起严重感染和食物变质。

4. 适应强、易变异 微生物对环境尤其是恶劣的“极端环境”有极强的适应能力。如某些硫细菌可在250℃的高温条件下正常生长；大多数细菌在-196～0℃耐受；一些嗜盐菌能在饱和盐水(32%)中生存；许多微生物尤其是产芽孢的细菌可在干燥条件下存活几十年。

微生物多为单倍体，加上其与外界接触面大、代谢旺、繁殖快等特点，因而容易受环境因素影响而发生性状变化。如受0.1%苯酚的影响，变形杆菌失去鞭毛；受3% NaCl的影响，鼠疫耶尔森菌发生形态改变等。尽管变异的概率只有$1/10^{10}$～$1/10^{5}$，微生物却可以通过快速的繁殖在短时间内产生大量变异的后代，在外界环境发生剧烈变化时，变异的个体能适应新的环境而生存下来。这种变异的特性，有利于发酵工业中进行微生物诱变育种，获得高产优质的菌种，提高产品产量和质量，但是也容易造成菌种的退化，影响菌种的性能。

5. 种类多、分布广 微生物种类繁多，目前人们有所了解的约有10万种。由于微生物被发现晚、研究迟，有人估计目前已知的种类只占地球实际存在的微生物总数的10%～20%，所以，微生物很可能是地球上种类最多的生物。

虽然人们的肉眼不能直接看见微生物，但它们却是无处不在、无孔不入，除了火山喷发中心区和人为的无菌环境外，到处都有微生物的踪迹。85km的高空、11km的海底、2km深的地层、近100℃的温泉、-60℃的南极都有微生物的存在。甚至人和动物体内、体表也有众多微生物，如人体肠道经常聚居100～400种不同的微生物；一双成人的手上可带有4万～40万个细菌。

二、微生物的种类

根据微生物的结构和组成不同可分为两大类型。

（一）无细胞结构的微生物

即非细胞型微生物。这类微生物无细胞结构，可由一种核酸和蛋白质衣壳组成，有的仅为一种核酸或仅有蛋白质而没有核酸，他们必须寄生于活的易感细胞中生长繁殖。此类微生物如病毒、亚病毒和朊病毒（又称朊粒）。

（二）有细胞结构的微生物

这类微生物具有细胞结构，由一个或多个细胞构成。按其细胞内核的分化程度、酶与细胞器的完善程度，又分为原核细胞型微生物和真核细胞型微生物。

1. 原核细胞型微生物　这类微生物由单细胞组成，细胞核分化程度低，无核膜、核仁，染色体为裸露的 DNA 分子，胞质中缺乏完整的细胞器。此类微生物包括古菌、细菌、蓝细菌、放线菌、支原体、衣原体、立克次体和螺旋体等。除古菌外，其他原核细胞型微生物由于它们细胞水平上的结构和组成相近，故被列入广义的细菌范畴。

2. 真核细胞型微生物　这类微生物细胞核分化程度高，有核膜、核仁和染色体，胞质内有完整的细胞器。此类微生物有真菌、单细胞藻类和原虫等。

三、微生物与人类的关系

1. 参与物质循环　微生物代谢能力强，并能产生多种代谢产物被其他生物利用。因此，微生物在自然界的物质循环中起着十分重要的作用。以碳素循环为例，绿色植物的光合作用需要 CO_2，而大气中的 CO_2 只够其利用约 20 年，是微生物通过新陈代谢产生 CO_2 释放到环境中。据估计地球上约 90% 的 CO_2 是依靠微生物代谢活动形成的。又如，土壤中的微生物能将环境中的蛋白质（如动物、植物尸体）转化为无机含氮化合物，以供植物生长的需要。可以说，没有微生物，植物就不能进行新陈代谢，而人类和动物也将无法生存。

微生物家族

2. 用于生产实践　在食品加工业中，微生物直接或间接作出了巨大贡献，许多食品如面包、酸奶、奶酪、酸菜等，各种发酵酒精饮料如葡萄酒、啤酒、黄酒等，以及酱油、醋、味精等调味品，都是微生物作为材料或工具制备而成。在农业上，也广泛利用微生物制备微生物饲料、微生物农药等，开辟了以菌造肥、以菌催长、以菌防病、以菌治病等农业增产新途径。在医药工业中，微生物被用于生产抗生素、维生素、氨基酸、酶制剂以及疫苗等药物，如人类发现的首例抗生素——青霉素就是微生物代谢产物；可预防结核病的卡介苗也是应用微生物（结核分枝杆菌）制备而成的。此外，微生物还可用于皮革、纺织、石油、化工等多种工业领域。

3. 导致多种危害　大多数微生物对人类是有益无害的，有些还是必需的，但其中也有一部分可带来危害：①造成污染。无处不在的微生物，可污染食品、药物等使其发生变质，从而导致食源性、药源性疾病；可污染培养基等实验材料，影响微生物检验结果；可污染医院环境、医疗器械等，引发医院感染。②引发疾病。少部分微生物可引起人和动植物病害，这些具有致病作用的微生物称为病原性微生物。人类的许多传染病，如传染性很强的流感、肺炎等，感染率较高的肝炎，危害大、死亡率高的艾滋病等，均由相应的微生物感染引起。微生物引起的食源性疾病、食物中毒，是全球性的公共卫生难题。

四、微生物学及其发展

（一）微生物学

微生物学是研究微生物的生物学性状（形态结构、生命活动及其规律、遗传变异等）、生态分布，及其与人类、动植物、自然界之间相互关系的一门学科。学习、研究微生物学，有利于认识并充分利用和开发微生物资源，为人类生活生产服务；有利于控制微生物的有害作用，避免微生物污染，并预防和治疗传染病。

随着研究范围的日益扩大和深入，微生物学又逐渐形成了许多分支学科，如医学微生物学、工业微生物学、农业微生物学、药用微生物学、食品微生物学、海洋微生物学等。

（二）微生物学的发展

在古代，人们虽然未见过微生物，但在日常生活和生产实践中，已经觉察到微生物的生命活动及其所产生的作用，并广泛利用微生物进行食品加工、工农业生产和疾病防治。如我国北魏《齐民要术》里就记载有酿酒、制酱、造醋等方法；公元6世纪的《左传》中，有用麦曲治腹泻病的记载；公元10世纪的《医宗金鉴》中，有关于采用人痘接种预防天花的记载；民间用盐腌、糖渍、烟熏、风干等方法保存食物，其原理也是通过抑制微生物生长来防止食物变质。

1675年，荷兰人列文虎克利用自制的显微镜，从雨水、牙垢、粪便等标本中观察到了许多“小动物”，从而揭开了微生物的神秘面纱，展示了一个崭新的微观世界——微生物世界。列文虎克的发现对人类认识世界作出了巨大贡献，在微生物学发展史上具有划时代的意义。

自列文虎克首次观察到微生物之后的近200年间，人们对微生物的研究主要停留在形态描述的水平上，对微生物的生命活动规律、与人类的关系等方面的认识较少。

19世纪60年代法国科学家巴斯德通过著名的“曲颈瓶”实验证明肉汁的腐败是由微生物引起，从而推翻了当时盛行的自然发生学说，并通过反复实验，创立了至今仍在使用的“巴氏消毒法”，广泛用于牛奶、酒类的消毒处理。随后，巴斯德又开始研究人、禽、畜传染病（狂犬病、炭疽病和鸡霍乱等），证明这些传染病都是由相应微生物引起，还发明并使用了狂犬病疫苗。巴斯德在微生物方面的科学研究成果，为微生物学的发展建立了不朽的功勋，被后人誉为“微生物学之父”。

在巴斯德的影响下，英国外科医生李斯特开创了用苯酚喷洒手术室和煮沸手术器材的方法，为防腐、消毒以及无菌操作奠定了基础。德国医生科赫建立了细菌分离、培养等技术，将微生物研究从形态描述阶段推进到生理学研究阶段。1892年俄国学者伊凡诺夫斯基发现第一种病毒即烟草花叶病毒，开创了人类认识、研究病毒的历史。1897年德国的毕希纳从酵母菌“酒化酶”的研究开始，广泛地开展了寻找微生物有益代谢产物的工作，开始了微生物生物化学的研究。1929年英国细菌学家弗莱明发现青霉素，并于20世纪40年代应用于临床治疗传染性疾病，取得惊人的效果。随后链霉素、氯霉素、红霉素、土霉素等多种抗生素陆续被发现，并广泛应用于临床，为人类健康作出了巨大贡献。

我国学者也在微生物学的发展历程中作出了巨大贡献。20世纪30年代，学者黄祯祥发现并首创了病毒体外培养技术，为现代病毒学奠定了基础；50年代，病毒学家汤飞凡首先发现了沙眼衣原体;病毒学家朱既明首次将流感病毒裂解为亚单位,提出了流感病毒结构图像,为亚单位疫苗的研究提供了原理和方法。

近几十年来,生物化学、遗传学、细胞生物学、分子生物学等学科的发展,以及电子显微镜技术、免疫学技术、分子生物学技术、细胞培养等技术的创建和进步,使微生物的研究突破了细胞水平,已可以从分子水平上来研究微生物,促进了微生物学的发展。随着人类基因组计划的启动,微生物基因组的研究取得了重要成果,已完成多种微生物全基因组的测序。这些研究具有的理论和实用价值,将对微生物研究、微生物的开发利用以及控制等产生深远影响。以微生物的代谢产物和菌体本身为生产对象的微生物产业将更广泛地利用基因组学的成就,有针对性地挖掘各种生态环境的自然资源,构建出更多高效的基因工程菌,生产出各种外源基因表达的产物。因此开发微生物资源,发展和促进微生物生物技术的应用,形成微生物产业化,如微生物疫苗、微生物医药制品、微生物食品、微生物保健品、生物农药、生物肥料、环保生物修复等,将是世界性的生物产业热点,会得到极大的发展。

点滴积累

1. 微生物　是一类个体微小、结构简单、肉眼不能直接看见、必须借助于光学显微镜或电子显微镜才能观察到的微小生物。
2. 微生物的特点　具有“个体微小、代谢旺盛、繁殖迅速、容易变异、分布广泛、种类繁多”等特点。
3. 微生物的类型　按细胞结构和化学组成分为原核细胞型微生物、真核细胞型微生物、非细胞型微生物三大类。
4. 微生物与人类的关系　既有利于食品加工等生产实践活动，同时也可造成食品、药品污染以及人类疾病等。

第二节　食品微生物检验概述

一、食品微生物检验的概念与特点

食品微生物检验是运用微生物学的理论和方法,研究外界环境和食品中微生物的种类、数量、性质、分布、活动规律、对人及动物健康的影响,并进一步解决食品中微生物的污染、毒害、检验方法、卫生标准等问题的一门应用型学科,是食品检验、食品加工以及公共卫生领域的从业人员必须熟悉和掌握的专业知识之一。

食品在生产、加工、贮运和销售中的各个环节都存在被微生物污染的可能,从而影响食品的安全和质量。微生物检验是评价食品被微生物污染程度的有效手段。食品微生物检验具有以下主要特点。

1. 涉及的微生物范围广、样品种类多　一方面,食品种类多、来源广,在加工、运输、储藏等环节都可能受到微生物污染,因而,既要对食品成品进行食品微生物检验,也需要对与食品加工生产环境、原辅料等进行采样检验；另一方面，食品中的微生物种类繁多、性质各异。因此，食品微生物检验涉及的微生物包括经食物传播引起食源性疾病的微生物，如志贺菌等；与食物中毒有关的微生物，如金黄色葡萄球菌等；引起食品腐败变质的微生物，如假单胞菌、霉菌等；用于食品加工生产的有益微生物，如酵母菌、双歧杆菌等。

2. 涉及的学科多　食品微生物检验以微生物学为基础，其检验方法与原理还涉及医学、生物化学、免疫学、分子生物学、物理学等。微生物自动化、微量化鉴定技术的兴起与不断发展，使微电子学、计算机学等学科知识也融进食品微生物检验。

3. 样品采集要求高　无论是微生物的定量检测，还是致病菌的定性检验，其结果都与采样是否合格有极大关系。样品采集时除了要求严格执行无菌操作外，还应对食品的原料来源、加工方法、运输方式、保藏条件及销售中的各个环节进行调查的基础上，采集具有代表性样品。此外，需按照不同的检验目的，用适宜的方法采集规定数量的样品，同时做好完整的采样记录。

4. 检验具有法律性质　世界各国及相关国际组织机构均建立和颁布有食品安全管理体系和法规，规定了食品微生物检验指标和标准检验方法。我国通过《中华人民共和国食品安全国家标准——食品微生物检验》，制定了具体的食品微生物的检验程序和方法，是法定的检验依据。作为食品检验人员，在进行食品微生物检验时，必须遵守实验方法、操作流程、结果报告等相关法规标准的规定，不得随意更换。

二、食品微生物检验的范围

食品微生物检验的范围包括以下几个方面。

1. 生产环境的检验　包括生产用水、空气、地面、墙壁、操作台。

2. 原辅料的检验　包括动植物食品原料、食品添加剂等。

3. 食品加工、储藏、运输、销售等环节的检验　包括从业人员的健康及卫生状况、加工工具、运输工具、包装材料、储藏环境等。

4. 食品的检验　包括出厂食品、可疑食品、食物中毒食品等。

三、食品微生物检验的意义

食品中丰富的营养成分为微生物的生长繁殖提供了充足的物质基础，因而，微生物污染食品后很容易导致食品腐败变质，失去其营养价值，还可能引起急慢性食物中毒，甚至产生致癌、致畸、致突变等远期病变效应。

随着人民生活水平的提高，食品安全越来越受到社会的重视，与食品有关的各行各业都离不开微生物检验。食品微生物检验是微生物污染的溯源、控制和降低由此引起重大损失的有效手段，是食品安全监测必不可少的组成部分。其主要意义体现在以下几个方面。

1. 食品微生物检验是衡量食品卫生质量的重要指标，是判定被检食品能否食用的科学依据。

2. 通过食品微生物检验，可判断食品加工环境及食品卫生情况，能够对食品被微生物污染的程度、污染的来源做出正确评判，并为各级政府对食品的监督、管理、防治工作提供科学依据，从根本上提高食品的卫生质量。

3. 食品微生物检验坚持“预防为主”的方针，可有效防止或减少食物中毒、食源性疾病的发生，保障人民身体健康；同时，对提高产品质量、避免经济损失、保证出口等方面具有重大意义。

四、食品微生物检验的指标

食品微生物检验的指标是根据食品卫生的要求，为保障食品安全而从微生物学的角度提出的具体检验要求，按检验对象主要有细菌学检验和真菌学检验。

食品污染的细菌数量与种类是导致食品腐败变质的关键因素，衡量食品安全的细菌学检验指标主要包括菌落总数、大肠菌群和致病菌。霉菌和酵母菌是引起食品霉变的主要因素，是食品安全的真菌学检验指标。目前，我国食品安全标准中的微生物检验指标一般是指菌落总数、大肠菌群数、致病菌、霉菌和酵母菌总数这5个项目，这些项目均有对应的国家标准检验方法。做食品微生物检验时，应根据食品种类和检验项目，按规定方法进行检验，综合分析评定被检食品的安全状况。

1. 菌落总数　即细菌总数或活菌总数，是指在一定条件下培养后，在1g或1ml或$1cm^2$（表面积）样品中生成的细菌菌落总数。该指标是判断食品卫生质量的主要指标，其检验结果可以反映食品被细菌污染的程度、预测食品耐放程度和时间、估测食品腐败状况。

2. 大肠菌群　大肠菌群是一群在37℃培养24小时能发酵乳糖产酸产气的、需氧或兼性厌氧的革兰氏阴性无芽孢杆菌。大肠菌群寄居于人和温血动物肠道，可随粪便排出体外，故将其作为粪便污染食品的指标，来评价食品的安全卫生质量，并借此推断食品受肠道致病菌污染的可能性。

3. 致病菌　致病菌是导致食源性疾病或食物中毒的重要因素，因此，检验食品中的致病菌，对保证食品安全具有重要意义。由于食品种类不同，加工储存条件各异，加之污染食品的致病菌种类繁多，不能用少数几种方法将各种致病菌全部检出，而且多数情况下，污染食品的致病菌数量不多，所以进行致病菌检验时，应根据食品的种类、食品被污染的特点，选择某一种或者某些致病菌作为检验的重点对象。如蛋、禽类食品以沙门氏菌检验为主，海产品以副溶血性弧菌检验为主。

4. 霉菌和酵母菌数　指食品在一定条件下培养，经计数所得1g或1ml检样中含有的霉菌和酵母菌菌落数。霉菌和酵母菌广泛分布于自然界，其中一些种类可作为发酵菌剂，用于多种食品的加工制备（如面包、干酪、酿酒等）。但在某些情况下，霉菌和酵母菌也可导致粮食等食品发生霉变，部分霉菌还能产生霉菌毒素，引起人体急性或慢性中毒，甚至具有致癌作用。故此，检验食品中霉菌和酵母菌数，可判断食品被其污染的程度，也是食品安全性评价的重要依据。

部分食品的食品安全微生物学国家标准

点滴积累

1. 食品微生物检验　是运用微生物学的理论和方法，研究外界环境和食品中的微生物，并进一步解决食品中微生物的检验方法、卫生标准等问题的一门应用型学科。
2. 食品微生物检验的特点　涉及的微生物范围广、种类多、学科多；样品采集要求高；检验具有法律性质。

3. 食品微生物检验的范围　食品的检验；食品生产环境、原辅料的检验；食品加工、储藏、运输、销售等环节的检验。
4. 食品微生物检验的意义　衡量食品卫生质量；为食品监督、管理、防治工作提供科学依据；及时发现食品安全隐患，防止或减少食物中毒、食源性疾病的发生。
5. 食品微生物检验的指标　菌落总数、大肠菌群、致病菌、霉菌和酵母菌等。

第三节　食品微生物检验的展望

食品安全是一个重大的世界性公共卫生问题，不仅影响人类健康，还关系到社会的稳定和国家的经济发展。而其中细菌性食物中毒最为常见、导致的危害最为严重。经过长期的实践和探索，我国已基本形成了食品微生物检验体系框架。但社会上依然存在的食品安全事件，显示出我国的食品安全管理体系还不够完善，检验体系、检验机构也与我国高速发展的经济不相适应。为此，尽快完善我国食品微生物检验体系，发展食品微生物快速、准确、经济的检验方法，对预防和控制食品安全事件的发生、保障人民身体健康有着重要意义。

针对食品中的微生物，传统的检验方法有形态染色、分离培养、生化试验、血清学鉴定、毒素检验等，这些检验技术耗时长、效率低、敏感性差、卫生指导反馈慢。随着分子生物学、微电子技术的发展，全自动生化鉴定系统、PCR技术等微生物的自动化检验、分子生物学检验等新技术，被广泛用于食品微生物检验领域，大大地提高了检验工作的高效性、准确性和可靠性。

点滴积累

1. 食品安全管理　建立完善的食品检验体系对预防和控制食品安全事件的发生有重要意义。
2. 食品检验技术　发展高效、快速、准确的检验技术，对食品微生物检验、监督有积极意义。

目标检测

简答题：

1. 食品微生物检验对食品安全有什么意义？
2. 我国制定的食品微生物检验指标主要有哪些？

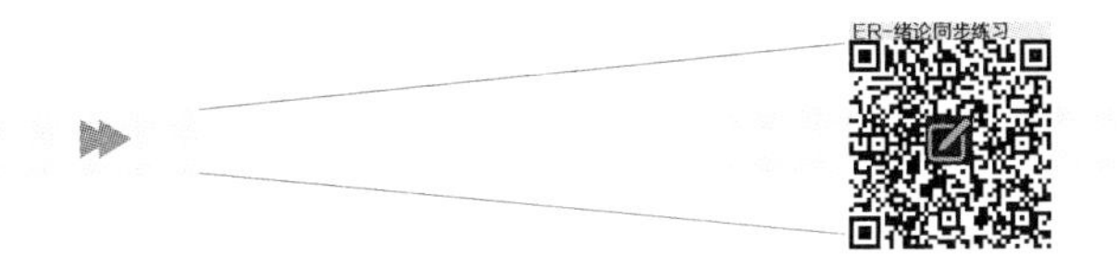

（段巧玲）

第一章

细　菌

导学情景

情景描述：

2016年，云南省食品药品监督管理局对市售饼干、饮料类食品进行抽检，结果发现云南某食品有限公司生产的法式软面包，细菌菌落总数超过国家标准186倍。 最后将相关批次的软面包全部召回并进行了无害化销毁。

学前导语：

细菌是常见的原核微生物，与人类关系极为密切，它既可有助于人类生活与生产，也可污染食品、药品，甚至引起人类疾病。 本章将为同学们介绍细菌这类微生物的重要生物学特性，以及如何观察细菌、如何培养和鉴定细菌。

扫一扫，知重点

细菌是一类个体微小、结构简单的单细胞原核微生物。细菌分布广、数量多，在自然界的物质循环、食品及发酵工业、医药工业、农业以及环境保护中都发挥着极为重要的作用，如利用醋酸杆菌酿造食醋、利用乳酸菌发酵生产酸奶、利用棒杆菌和短杆菌等发酵生产味精等。另外，细菌也可导致食品腐败变质，有的细菌还可引起人和动植物疾病。

第一节　细菌的形态与结构

了解细菌的形态与结构，对研究细菌的生理规律、致病性、与食品的关系、鉴定细菌种类等均具有重要的意义。

一、细菌的大小与形态

（一）细菌的大小

细菌的个体微小，不同种类细菌大小不一，常用微米（μm）作为测量其大小的单位。球菌的大小以直径表示，多为0.5～2.0μm；杆菌的大小以“宽×长”表示，多为（0.5～1.0μm）×（1～5μm）；螺旋菌的大小也以“宽×长”表示，多为（0.25～1.7μm）×（2～60μm）。螺旋菌的长度是菌体两端点间的距离，不是其实际的长度。

同一种细菌的大小相对固定，但也会因菌龄和环境因素的影响而出现差异。如幼龄菌往往比老龄菌大；经干燥固定处理的细菌细胞，其体积往往会比活菌细胞小；用衬托菌体的负染色法，其菌体往往大于普通染色法，有的甚至比活菌体还要大，有荚膜的细菌最容易出现此情况。

细菌的形态

（二）细菌的形态

细菌主要有3种基本形态：球状、杆状、螺旋状，分别称球菌、杆菌、螺旋菌。其中以杆菌最为常见，球菌次之，螺旋菌较少。在一定条件下，各种细菌通常保持其各自特定的形态，可作为分类和鉴定的依据（图1-1）。

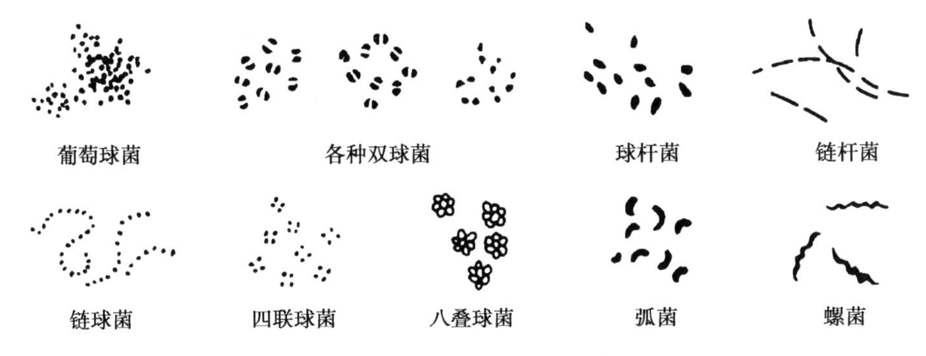

图1-1 细菌的各种形态和排列

1. 球菌 菌体呈球形或近似球形，按分裂后细胞的排列方式不同，可分为6种不同的排列方式。

（1）单球菌：细菌分裂后，菌体分散而单独存在。如尿素小球菌。

（2）双球菌：细菌沿1个平面分裂，且分裂后的菌体成双排列。如肺炎双球菌。

（3）链球菌：细菌在1个平面上分裂，且分裂后多个菌体相互连接成链状排列。如乳链球菌。

（4）四联球菌：细菌在两个相互垂直的平面上分裂，分裂后每4个菌体呈“田”字形排列在一起。如四联小球菌。

（5）八叠球菌：细菌在3个相互垂直的平面分裂，分裂后每8个菌体在一起成立方体排列。如乳酪八叠球菌。

（6）葡萄球菌：细菌在多个不规则的平面上分裂，且分裂后的菌体无规则地堆积在一起呈葡萄串状。如金黄色葡萄球菌。

2. 杆菌 细胞呈杆状或圆柱状。各种杆菌的长短、大小、粗细、弯曲程度差异较大，有的杆菌的两端或一端呈平截状，如炭疽杆菌；有的菌体末端膨大呈棒槌状，如棒状杆菌。

杆菌在培养条件下，有的呈单个存在，如大肠埃希氏菌；有的呈链状排列，如枯草芽孢杆菌；有的呈栅栏状排列或“V”“X”等字母状排列，如棒状杆菌。

3. 螺旋菌 菌体呈弯曲状。根据其弯曲的数量不同可分成2种类型，即弧菌与螺菌。

（1）弧菌：菌体仅1个弯曲，形态呈弧形或逗号形，如霍乱弧菌。

（2）螺菌：菌体有多个弯曲，回转卷曲呈螺旋状，如小螺菌。

除上述3种基本形态外，近年来，人们还发现了细胞呈梨形、星形、方形和三角形的细菌。

二、细菌的结构

细菌细胞结构包括基本结构和特殊结构。基本结构是各种细菌所共有的，如细胞壁、细胞膜、细胞质和内含物、拟核及核糖体，特殊结构只是某些细菌具有的，如芽孢、荚膜、鞭毛等(图 1-2)。

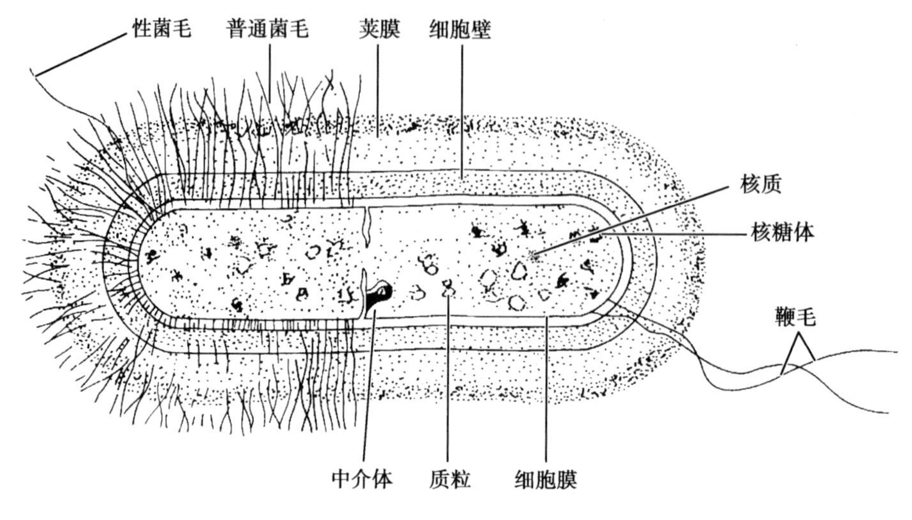

图 1-2　细菌细胞的模式结构

（一）细菌的基本结构

1. 细胞壁　细胞壁是包围在细胞最外的一层坚韧且具有弹性的无色透明薄膜，约占菌体干重的 10%～25%。细胞壁的主要功能是维持细胞形状；提高机械强度、保护细胞免受机械性或其他因素的破坏；阻拦酶蛋白和某些抗生素等大分子物质进入细胞，保护细胞免受溶菌酶、消化酶等有害物质的损害等。

细菌形态学研究中常用革兰氏染色法对细菌进行染色观察，该染色方法可将大多数的细菌分为革兰氏阳性菌(G^+)和革兰氏阴性菌(G^-)两大类。两类细菌的细胞壁的化学组成和结构不同。

(1)革兰氏阳性菌细胞壁：细胞壁较厚(20～80nm)，主要成分为肽聚糖，占细胞壁干重的 50%～80%。此外细胞壁还含少量的磷壁酸。

肽聚糖由聚糖骨架、侧链和交联桥三部分组成。聚糖骨架由 *N*-乙酰葡萄糖胺和 *N*-乙酰胞壁酸交替排列，经糖苷键联接而成；侧链是由 4 个氨基酸组成的短肽；交联桥由 5 个氨基酸组成。相邻骨架上的 2 条侧链通过交联桥连接在一起，从而使肽聚糖分子形成韧性和机械强度很大的三维空间结构(图 1-3A)。

肽聚糖是保证细胞壁坚韧性的重要成分，凡能破坏肽聚糖结构或抑制其合成的物质，大多能损伤细胞壁而杀伤细菌。例如溶菌酶能切断肽聚糖中 *N*-乙酰葡萄糖胺和 *N*-乙酰胞壁酸之间连结，破坏肽聚糖骨架，引起细菌裂解；青霉素和头孢菌素能抑制四肽侧链上 D-丙氨酸与五肽交联桥之间的连结，使细菌不能合成完整的细胞壁，而导致细菌死亡。

磷壁酸是革兰氏阳性菌细胞壁特有的成分，带有较多的负电荷，赋予革兰氏阳性菌细胞壁带负电的性质。此外，磷壁酸还可起到稳定和加强细胞壁的作用，并可介导细菌与宿主细胞的黏附(图 1-4A)。

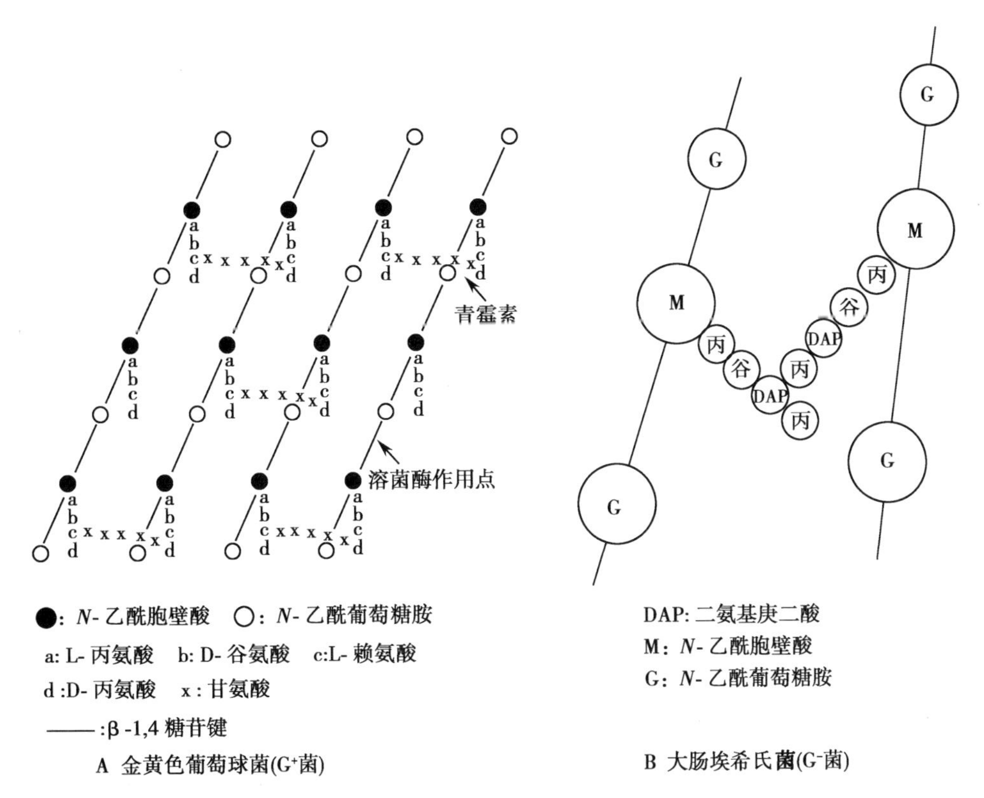

图 1-3　细菌细胞壁肽聚糖结构模式图

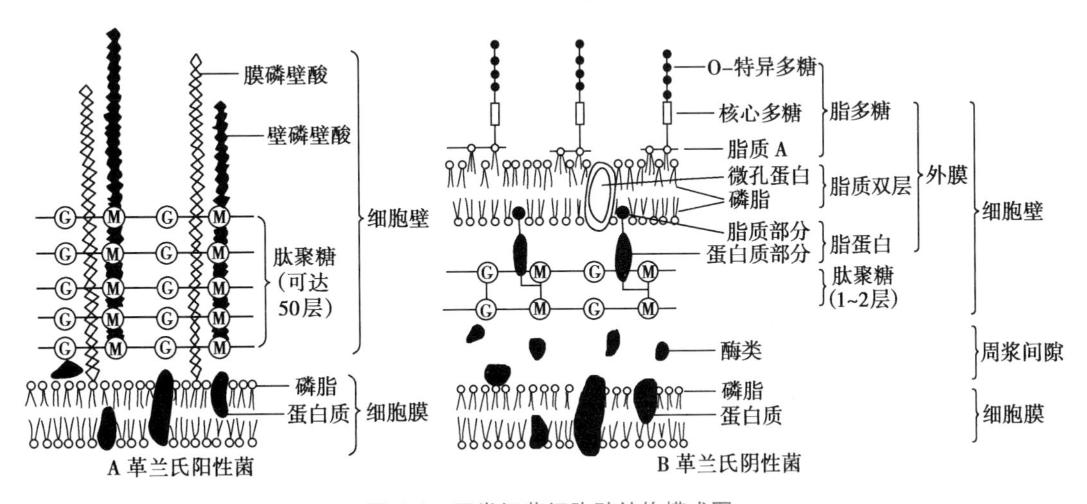

图 1-4　两类细菌细胞壁结构模式图

(2)革兰氏阴性菌细胞壁：细胞壁较薄(10~15nm)，化学组成比革兰氏阳性菌复杂，肽聚糖含量少，占细胞壁干重 5%~20%。主要组成是肽聚糖层外侧的外膜，约占细胞壁干重的 80%。

革兰氏阴性菌细胞壁的肽聚糖仅由聚糖骨架和侧链两部分组成，没有交联桥(图 1-3B)。相邻骨架上的侧链直接相连，形成结构疏松单层平面网络的二维结构，机械强度较小(见表 1-1)。

外膜是革兰氏阴性菌细胞壁的特征结构，由脂质双层、脂蛋白和脂多糖三部分组成。脂质双层是外膜的中心，其内侧含有较丰富的脂蛋白，由脂质双层向细胞外伸出的是脂多糖(LPS)。LPS 由脂质 A、核心多糖和特异多糖三部分组成，在革兰氏阴性菌致病中起重要作用(图 1-4B)。

表 1-1　革兰氏阳性菌与革兰氏阴性菌细胞壁成分比较

细胞壁组成	革兰氏阳性菌	革兰氏阴性菌
肽聚糖含量	多(占细胞壁干重 50%~80%)	少(占细胞壁干重 5%~20%)
肽聚糖组成	聚糖骨架、四肽侧链、五肽交联桥	聚糖骨架、四肽侧链
肽聚糖层数	多,可达 50 层	少,1~3 层
肽聚糖强度	较坚韧	较疏松
磷壁酸	有	无
外膜	无	有

2. 细胞膜　细胞膜又称细胞质膜、内膜或原生质膜,是紧贴细胞壁内侧、包围细胞质的一层柔软而富有弹性的半透性薄膜,结构和组成与其他生物细胞膜基本相同,为脂质双层并镶嵌有多种蛋白质。

细胞膜是具有高度选择性的半透膜,含有丰富的酶系和多种膜蛋白。具有重要的生理功能:①选择渗透性。在细胞膜上镶嵌有大量的渗透蛋白(渗透酶)控制营养物质和代谢产物的进出,并维持着细胞内正常的渗透压。②参与细胞壁各种组分以及糖等的生物合成。③参与产能代谢。在细菌中,电子传递和 ATP 合成酶均位于细胞膜上。

3. 细胞质　是细胞膜所包裹的除核质以外的所有溶胶性物质,亦称原生质。其主要成分为蛋白质、核酸、多糖、脂类、水分和少量无机盐类。由于含有较多的核糖核酸(特别在幼龄和生长期含量更高),所以呈现较强的嗜碱性,易被碱性和中性染料染色。细胞质中含有许多酶系,是细菌新陈代谢的主要场所。细菌细胞质中还含有许多内含物,如核糖体、贮藏性颗粒和气泡等。

(1)核糖体:是分散在细胞质中沉降系数为 70S 的亚显微颗粒物质,是合成蛋白质的场所。化学成分为蛋白质(40%)和 RNA(60%)。

(2)贮藏性颗粒:是一类由不同化学成分累积而成的不溶性颗粒,主要功能是贮藏营养物质,如硫粒、肝糖粒和淀粉粒。这些颗粒通常较大,并为单层膜所包围,经适当染色可在光学显微镜下观察到,它们是成熟细菌细胞在其生存环境中营养过剩时的积累,营养缺乏时又可被利用。

(3)气泡:一些无鞭毛的水生细菌,生长一段时间后,在细胞质出现几个甚至更多的圆柱形或纺锤形气泡。气泡使细菌具有浮力,漂浮于水面,以便吸收空气中的氧气供代谢需要。

4. 核区　细菌的核因无核仁和核膜,故称为核区或拟核、核质。它是由一条环状双链 DNA 分子高度折叠缠绕而形成。以大肠埃希氏菌为例,菌体长度仅 1~2μm,而它的 DNA 长度可达 1 100μm,相当于菌体长度的 1 000 倍。

核区是细菌细胞重要的遗传物质,携带着细菌的全部遗传信息,决定细菌的遗传性状和传递遗传信息。

除核区外,很多细菌还含有质粒。质粒为小型环状 DNA 分子。根据其功能不同可分为①致育因子(F 因子),与有性接合有关。②抗药性质粒(R 因子),与抗药性有关。③降解性质粒,与降解污染物有关。质粒既能自我复制、稳定地遗传,也可插入细菌 DNA 中,或与其携带的外源 DNA 片段共同复制;既可单独转移,也可携带细菌 DNA 片段一起转移至其他细菌细胞内。所以,质粒已成为遗传工程中重要的运载工具之一。质粒的有无与细菌的生存无关,但许多次级代谢产物如抗生素的产生,受质粒的控制。

（二）细菌的特殊结构

1. 荚膜 是某些细菌在代谢过程中产生的覆盖在细胞壁外的一层疏松透明的黏液状物质(图 1-5)。主要成分为多糖,少数含多肽、脂多糖等,含水量在 90% 以上。根据荚膜的厚度和形状不同又可分为①荚膜:厚约 200nm,较稳定地附着于细胞壁外,并且与环境有明显的边缘;②黏液层:没有明显的边缘且扩散在环境中。许多细菌的个体排列在一起时,其荚膜物质相互融合,可形成的具有一定形状的细菌团。

细菌的荚膜

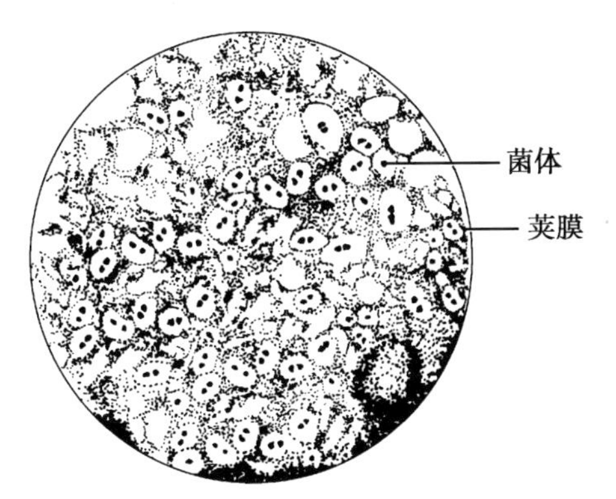

图 1-5 细菌的荚膜

(1)荚膜的形成条件:荚膜的形成与否主要由菌种的遗传特性决定,同时也与其生存的环境条件有关。在机体内和营养丰富的培养基中易形成荚膜,如肠膜明串珠菌在碳源丰富时易形成、炭疽杆菌只在其感染的宿主体内或在二氧化碳分压较高的环境中才能形成。产生荚膜的细菌并不是在整个生活期内都能形成荚膜,如某些链球菌在生长早期形成荚膜,后期则消失。细菌失去荚膜仍然能正常生长,所以不是生命活动中所必需的结构。

(2)荚膜的功能:①保护作用。可保护细菌免受干燥的损伤、保护细菌免受重金属离子的毒害,对于致病菌来说,可保护它们免受宿主细胞的吞噬。②贮藏养料。营养缺乏时可作为细胞外碳(或氮)源和能源的贮存物质。③黏附作用。荚膜多糖可使细菌彼此相连,并易于黏附于宿主细胞表面,增加感染的机会。

(3)荚膜的观察:荚膜折光率很低,不易着色,经革兰氏染色、负染色法染色,在普通光学显微镜下可见菌体外有一层肥厚的透明圈。也可用特殊的荚膜染色法,荚膜被染成与菌体不同的颜色。

知识链接

荚膜的应用

在食品工业中，可利用肠膜明串珠菌将蔗糖合成大量的荚膜物质——葡聚糖，再利用葡聚糖来生产右旋糖酐，作为代血浆的主要成分。 此外，还可从野油菜黄单胞菌的荚膜中提取黄干胶，作为石油钻井液、印染、食品等的添加剂。 但是，由于产荚膜细菌可污染面包、牛奶、酒类和饮料等食品，可导致食品黏性变质；制糖工业，肠膜明串珠菌可污染糖液并繁殖，使糖液变得黏稠而难以过滤，降低糖的产量。

2. 芽孢　是某些细菌（主要为革兰氏阳性杆菌）在一定条件下，细胞质浓缩脱水而形成一个折光性很强，具有多层膜状结构、通透性很低的圆形或卵圆形的小体，带有完整的核区、酶系统和合成菌体组分的结构，能保存细菌的全部生命必需物质。

（1）芽孢的形成条件：细菌能否形成芽孢除遗传因素外，与环境条件如气体、养分、温度、生长因子等密切相关。菌种不同所需环境条件也不相同，大多数细菌的芽孢在营养缺乏、代谢产物积累、温度较高等生存环境较差时形成。

细菌的芽孢

（2）芽孢的特性：芽孢含水量少、含有大量的吡啶二羧酸和耐热性酶等、具有多层厚而致密的结构使其通透性低，可抵抗有害因素的侵入。因此，芽孢对干燥、高温、辐射和消毒剂等理化因素有强大的抵抗力。如一般细菌的营养细胞在70~80℃时10分钟即死亡，而在沸水中，枯草芽孢杆菌的芽孢可存活1小时、肉毒梭菌的芽孢可存活6小时，炭疽芽孢杆菌的芽孢在5%苯酚中经5小时才被杀死。因此在微生物实验室或工业发酵中常以是否杀死芽孢作为灭菌是否彻底的指标。

芽孢是细菌的休眠体，不分裂繁殖，是帮助细菌度过不良环境的形式。其代谢活力极低，在普通条件下可保持几年至几十年的活力，一旦条件适宜，则可萌发成为一个菌体。一个细菌只能形成一个芽孢，一个芽孢发芽也只能生成一个细菌菌体，故芽孢的形成不是细菌的繁殖方式。

不同细菌的芽孢，其形态、大小、位置有一定差异，故观察芽孢的这些特征，有助于细菌的鉴别（图1-6）。如枯草芽孢杆菌等细菌的芽孢位于细胞中央或近中央，直径小于细胞宽度，而破伤风梭状梭菌的芽孢则位于细胞一端，且直径大于细胞宽度，使菌体呈鼓槌状。

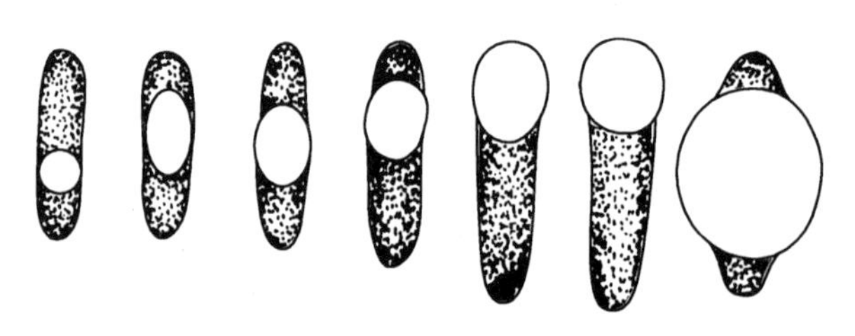
图1-6　细菌芽孢的各种形状和位置

（3）芽孢的观察：芽孢不易着色，革兰氏染色后，光镜下可见菌体内有一个无色透明的小体；若经特殊染色，芽孢可被染成与菌体不同的颜色。

3. 鞭毛　是某些细菌菌体上附着的细长并呈波状弯曲的丝状物。鞭毛多存在于螺旋菌、部分杆菌表面，长度可超过菌体的数倍到数十倍，需经特殊染色方可在光学显微镜下观察到。

根据鞭毛数量和排列情况，可将细菌鞭毛分为以下几个类型。①单毛菌：只有一根鞭毛，着生于菌体的一端，如霍乱弧菌；②双毛菌：菌体两端各有一根鞭毛，如空肠弯曲菌；③丛毛菌：菌体的一端或两端着生数根鞭毛，如铜绿假单胞菌；④周毛菌：菌体表面各部位均匀生长多根鞭毛，如大肠埃希氏菌、破伤风杆菌等。

细菌的鞭毛

鞭毛是细菌的运动结构，具有鞭毛的细菌在液体环境中能游动。少数细菌的鞭毛还与其致病性有关，如霍乱弧菌和空肠弯曲菌能通过鞭毛运动穿透覆盖在小肠黏膜表面的黏液层，利于细菌黏附于肠黏膜上皮细胞而导致疾病的发生。

鞭毛的着生位置、数量因菌种不同而异(图 1-7),常用来作为分类鉴定的重要依据。

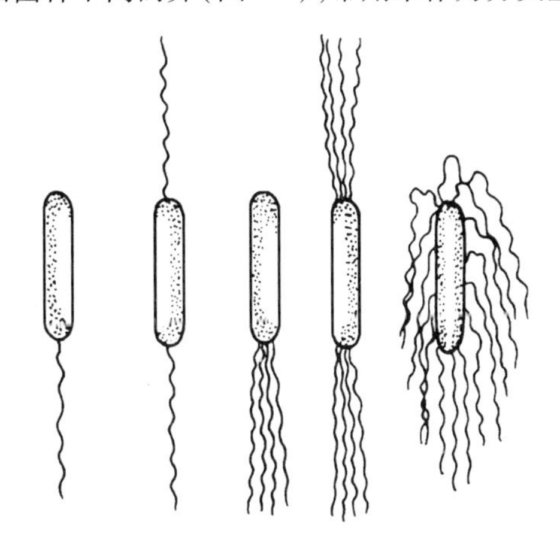

图 1-7 细菌鞭毛类型模式图

4. 纤毛 又称菌毛,是某些革兰氏阴性菌和少数革兰氏阳性菌细胞上长出的数目较多、短而直的丝状体。纤毛有 2 种:①普通纤毛,能使细菌黏附在某物质上或细胞表面,是细菌的重要侵袭因素;②性纤毛,又称性菌毛(F^-菌毛),它比普通菌毛长、数目较少,为中空管状,一般常见于 G^-菌中。有性纤毛的细菌称为 F^+菌或雄性菌,无性纤毛者称为 F^-菌或雌性菌。性纤毛的功能主要是作为细菌传递遗传物质的通道。

细菌的纤毛

点滴积累

1. 细菌的大小 体积微小,需在显微镜下观察;以微米(μm)为测量单位。
2. 细菌的形态 基本形态有球状、杆状、螺旋状。
3. 细菌的基本结构 细胞壁、细胞膜、细胞质、核区。
4. 细菌的特殊结构 ①荚膜:有保护细菌、贮藏营养等作用;②芽孢:对干燥、高温、辐射和消毒剂等理化因素有强大的抵抗力,常作为消毒灭菌是否彻底的判断标准;③鞭毛:细菌的运动结构;④纤毛:分为普通纤毛和性纤毛,前者是细菌的黏附结构,后者可帮助细菌传递遗传物质。

第二节 细菌的营养和生长繁殖

认识细菌的生长繁殖及新陈代谢的规律,对于掌握细菌的培养方法、了解细菌在食品工业中的作用及进行细菌的鉴定等均有重要意义。

一、细菌的营养

(一)细菌的化学组成

根据对各类细菌细胞物质成分的分析,发现细菌细胞的化学组成和其他生物相似,主要包括水、无机盐、蛋白质、糖类、脂类、核酸等。水是细菌细胞重要的组成成分,占细胞总重量的 70%~90%。

其余为固形物，其中核酸有核糖核酸（RNA）和脱氧核糖核酸（DNA）两种，RNA 主要存在于细胞质中，DNA 则主要存在于染色体和质粒中；蛋白质约占细菌干重的 50%～80%；糖类大多为多糖；无机离子是构成菌细胞的各种成分及维持酶的活性和跨膜化学梯度的重要成分。此外，细菌体内还含有一些细菌特有的化学物质，如肽聚糖、胞壁酸、磷壁酸、D 型氨基酸、二氨基庚二酸、吡啶二羧酸等。

细菌细胞的化学组成及其含量可随种类、培养条件及菌龄的不同在一定的范围内发生改变。

（二）细菌生长的营养物质

细菌生长所需的营养物质应该包含组成细胞的各种化学元素，按照其生理作用的不同，可分成五大类，即碳源、氮源、无机盐、水、生长因子。

1. 碳源　为细菌提供碳素，是细菌合成蛋白质、核酸、糖、脂类、酶类等菌体成分的原料，同时也为许多细菌新陈代谢提供能量。能作为细菌生长的碳源的种类极其广泛，既有简单的无机含碳化合物 CO_2 和碳酸盐等，也有复杂的天然的有机含碳化合物，如糖和糖的衍生物、醇类、有机酸、烃类、芳香族化合物等。

2. 氮源　为细菌提供氮素，作为细菌细胞合成蛋白质和核酸的主要原料，同时对细菌生长发育起调控作用。无机氮源一般不用作能源，只有少数化能自养细菌能利用铵盐、硝酸盐作为机体生长的氮源与能源。氮素在自然界以游离氮气、无机氮源和有机氮源 3 种形式存在，如分子态氮、铵盐、硝酸盐、蛋白质及氨基酸等。微生物对氮源的选择性利用一般遵循以下原则：铵离子优于硝酸盐、氨基酸优于蛋白质。实验室培养细菌常以铵盐、硝酸盐、氨基酸、蛋白胨、酵母浸膏、牛肉膏等为氮源。

3. 无机盐　无机盐是细菌生长必需的一类营养物质，也是微生物细胞不可缺少的组成成分，如钾、钠、铁、镁、钙、氯，以及微量元素钴、锌、锰、铜等。各类无机盐的主要功能有①构成有机化合物，成为菌体的成分；②作为酶的组成部分，维持酶的活性；③作为有些自养型细菌生长的能源物质；④调节菌体内外的渗透压、控制氧化还原电位。

4. 水　水是细菌细胞主要的组成成分，是细菌生命活动必需的物质。水是良好的溶剂，可使营养物质溶解，以利于细菌吸收。此外，水还是细菌细胞调节温度、进行新陈代谢的重要媒介，也是维持细胞渗透压、维持细胞正常形态的重要因素。

5. 生长因子　指某些细菌生长繁殖所必需的，但细菌自身不能合成的物质，如维生素、氨基酸、嘌呤、嘧啶等。而狭义的生长因子仅指维生素。缺少这些生长因子会影响细菌的酶活性，影响新陈代谢活动的正常进行，故人工培养这类细菌时，需在培养基中加入血液、血清、酵母浸出液等，为其提供生长因子。

（三）细菌的营养类型

各种细菌的生活环境和对不同营养物质的利用能力不同，其营养需要和代谢方式也不尽相同。通常根据细菌对碳源和能源的需求不同，分为光能自养型、光能异养型、化能自养型、化能异养型等四大营养类型。

1. 光能自养型细菌　这类细菌利用光作为其能源，以 CO_2 作为唯一碳源或主要碳源。光能自养型细菌含有光合色素，能够利用光能进行光合作用，以无机物如水、硫化氢或其他无机化合物为供氢体，使 CO_2 还原来合成细胞物质。主要有蓝细菌、紫硫细菌、绿硫细菌等。

2. 光能异养型细菌　这类细菌利用光作为能源，不能在完全无机化合物的环境中生长，而是以简单有机物作为供氢体来还原 CO_2，合成细胞有机物质。例如，红螺细菌利用异丙醇作为供氢体，进行光合作用，并积累丙酮酸。

3. 化能自养型细菌　这类细菌以无机物氧化过程中所产生的化学能作为能源，以 CO_2 作为唯一碳源或主要碳源。常见有硫化细菌、硝化细菌、氢细菌、一氧化碳细菌和甲烷氧化细菌等。它们分别以硫、还原态硫化物、氨，亚硝酸、氢、一氧化碳和甲烷作为能源。

4. 化能异养型细菌　这类细菌所需要的能源来自有机物氧化所产生的化学能，它们只能利用有机化合物，如淀粉、糖类、纤维素、有机酸等。因此有机碳化物对这类微生物来说既是碳源也是能源。它们的氮素营养可以是有机物（如蛋白质），也可以是无机物（如硝酸铵等）。化能异养微生物又可分为腐生型和寄生型。前者是利用无生命的有机物，而后者则是寄生在活的有机体内，从寄主体内获得营养物质，并可引起人和动物疾病。

二、细菌的生长繁殖

（一）细菌的繁殖方式

细菌一般以无性二分裂方式进行繁殖。球菌可从不同平面分裂，杆菌则沿横轴分裂。细菌分裂后有的分开形成单独存在的细胞；有的暂不分开，聚集形成葡萄状、链状等排列。个别细菌如结核分枝杆菌通过分枝方式繁殖。

由于菌种不同和营养条件的差异，各种细菌的繁殖速度也不相同。在适宜条件下，大多数细菌 20~30 分钟即可分裂一次，即繁殖一代，也有个别细菌繁殖速度较慢，如结核分枝杆菌需 18~20 小时才可繁殖一代。

（二）细菌生长繁殖的规律

在适宜条件下，细菌的生长繁殖有一定的规律性。将一定数量的细菌接种在定量的液体培养基中，于适宜的条件下培养。间隔一定时间取样测定活菌数目，以培养时间为横坐标，以活菌数的对数为纵坐标，可绘制出一条“S”形的曲线，称为细菌的生长曲线。生长曲线可人为地分为 4 个时期（图 1-8），可反映细菌在适宜环境中生长繁殖至衰老死亡的动态变化。

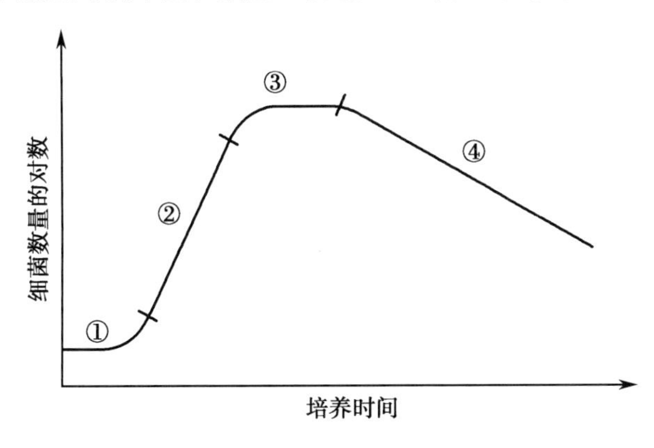

①延滞期；②对数生长期；③稳定期；④衰亡期。

图 1-8　细菌的生长曲线

1. 延滞期　又叫适应期、迟缓期。细菌接种到新的培养基中，一般不立即进行分裂繁殖，而是需要经一段时间自身调整，诱导合成必要的酶、辅酶或合成某些中间代谢产物。细菌在此期虽不分裂繁殖，但代谢活跃，细胞重量增加、体积增大。延滞期的长短与细菌种类、培养基性质有关，一般是细菌培养后的1~4小时。

2. 对数生长期　又称指数生长期。此时的细菌通过对新的环境适应后，细胞代谢活性最强、生长旺盛，以最快且相对恒定的速度进行分裂繁殖，菌数以几何级数增长，在生长曲线图上活菌数的对数呈直线上升至顶峰。对数生长期的细菌菌体形态与生理特征典型、抵抗不良环境的能力最强，因此这个时期的细菌培养物常用于观察研究细菌大小、形态、染色性、生理活性等。对数期一般在细菌培养后8~18小时。

3. 稳定期　细菌经过旺盛的生长后，培养基中的营养物质被消耗、毒性代谢产物逐渐积聚、pH发生改变，使细菌繁殖速度渐减而死亡速度渐增，新增殖的细胞数与老细胞死亡数几乎相等，处于动态平衡，活细菌数达到最高水平。这时，细胞内开始积累贮藏物质如肝糖原、异染颗粒、脂肪滴等；大多数芽孢细菌在此时形成芽孢；发酵液中细菌的产物的积累逐渐增多，是发酵目的产物（如抗生素等）生成的重要阶段。

4. 衰亡期　稳定期后，环境继续恶化，不适合于细菌的生长，细胞生活力衰退，死亡率增加，以致细胞死亡数大大超过新生数，活菌总数急剧下降，这时期称为衰亡期。这个时期菌体变形、出现多形态性、产生液泡等，有许多菌在衰亡期后期常产生自溶现象，使工业生产中后处理过滤困难。

细菌生长曲线是在体外人工培养的条件下出现的生长繁殖的规律，在自然界或人和动物体内繁殖时，受环境因素和机体免疫因素等多方面影响，不可能出现在培养基中的那种典型的生长曲线。

（三）细菌生长繁殖的条件

细菌的生长繁殖需要合适的条件。不同种类的细菌，其生长繁殖所需的条件不尽相同，个别种类的细菌有特殊需要，但基本条件包括以下几个方面。

1. 充足的营养物质　营养成分是细菌进行新陈代谢、生长繁殖的物质基础，主要包括水、碳源、氮源、无机盐和生长因子等。体外人工培养细菌时，一般是通过人工制备的培养基为细菌提供所需的全部营养物质。

2. 适宜的酸碱度　大多数细菌的最适酸碱度为7.2~7.6，在此pH时细菌的酶活性强，新陈代谢旺盛。但个别细菌更适宜在碱性或酸性环境中生长，如霍乱弧菌在pH 8.4~9.2、结核分枝杆菌在pH 6.4~6.8的环境中生长最好。许多细菌在代谢过程中会产酸，使培养基的pH下降，影响细菌继续生长，可通过在培养基中加入缓冲剂，起到稳定pH的作用。

3. 合适的温度　温度是影响细菌生长繁殖最重要的因素之一。在一定温度范围内，细菌代谢活动与生长繁殖随着温度的上升而增加，当温度上升到一定程度，开始对代谢活动产生不利的影响，如再继续升高，则细菌细胞功能急剧下降导致死亡。按细菌的生长温度范围，将其可分为低温型细菌、中温型细菌和高温型细菌（表1-2）。

表 1-2 三类细菌的生长温度范围

细菌类型		生长温度范围/℃			分布的主要处所
		最低	最适	最高	
低温型	专性嗜冷	-12	5~15	15~20	两极地区
	兼性嗜冷	-5~0	10~20	25~30	海水及冷藏食品上
中温型	室温	10~20	20~35	40~45	腐生环境
	体温	10~20	35~40	40~45	寄生环境
高温型		25~45	50~60	70~95	温泉、堆肥、土壤

低温型细菌可存活于冰箱、冷库等低温环境，并造成冷冻食品腐败；引起人和动物疾病的病原微生物、食品发酵工业应用的细菌以及导致食品腐败变质的细菌，大多属于中温型细菌；高温型细菌是罐头食品腐败的主要因素。

4. 必要的气体环境 细菌生长繁殖需要的气体主要是 O_2 和 CO_2。大多数细菌在代谢过程中产生的 CO_2 及空气中的 CO_2 即能满足其需要，不必额外补充。少数细菌如脑膜炎奈瑟菌等，在初次分离培养时，所需 CO_2 浓度较高（5%~10%），需人为供给。

不同种类的细菌对 O_2 的需求不一，由此将细菌分为四类。①专性需氧菌，也称专性好氧菌：此类细菌具有完善的呼吸酶系统，需要分子氧作为最终受氢体，以完成呼吸作用，因此必须在有氧环境中才能生长，如醋酸杆菌、枯草芽孢杆菌等。②专性厌氧菌：此类细菌缺乏完善的呼吸酶系统，不能利用分子氧，且游离氧对其有毒性作用，只能在无氧环境中进行无氧发酵，如嗜热梭状芽孢杆菌、拟杆菌属、双歧杆菌属、产甲烷菌、脆弱类杆菌等。③兼性厌氧菌：此类细菌既能进行有氧氧化又能进行无氧发酵，因而在有氧和无氧环境中均能生长。但在不同环境中生成不同的呼吸产物，如大肠埃希氏菌在有氧环境通过有氧呼吸产生大量 CO_2 及少量有机酸，而在无氧环境中则通过发酵生成大量乳酸、甲酸、乙酸及少量 CO_2。大多数细菌属于兼性厌氧菌，如金黄色葡萄球菌、大肠埃希氏菌等。④微需氧菌，也称微好氧菌：此类细菌宜在5%左右的低氧环境中生长，氧浓度>10%对其有抑制作用，如发酵单胞菌属、空肠弯曲菌等。

三、细菌的新陈代谢

细菌的新陈代谢是指在细胞内进行的化学反应的总和，有两个突出的特点。①代谢活跃：细菌菌体微小，相对表面积很大，因此物质交换频繁、迅速，呈现十分活跃的代谢现象；②代谢类型多样化：各种细菌其营养要求、能量来源、酶系统、代谢产物各不相同，形成多种多样的代谢类型，适应复杂的外界环境。代谢过程中，细菌可产生多种代谢产物，其中一些产物在细菌鉴定和食品工业中具有重要意义。

细菌的新陈代谢包括分解代谢和合成代谢。分解代谢是将复杂的营养物质降解为简单的化合物的过程，可伴有能量释放；合成代谢是将简单的小分子合成复杂的菌体成分和酶的过程，这一过程往往需要消耗能量。

（一）细菌的能量代谢

细菌代谢所需能量，绝大多数是通过生物氧化作用而获得的。所谓生物氧化，即在酶的作用下所发生的系列氧化还原反应，包括加氧、脱氢和失电子，细菌主要以脱氢或失电子的方式进行生物氧化，氧化过程中产生的能量以高能磷酸键（ATP）形式加以储藏。

在生物氧化过程中，细菌的营养物（如糖）经脱氢酶作用所脱下的氢，需经过一系列中间递氢体（如辅酶Ⅰ、辅酶Ⅱ、黄素蛋白等）的传递转运，最后交给受氢体。根据最终受氢体的类型不同，细菌生物氧化的类型分为需氧呼吸、厌氧呼吸与发酵。

1. 需氧呼吸　以分子氧作为最终受氢体的生物氧化过程称为需氧呼吸。在此过程中，由于底物被氧化彻底，因而产生的能量较多。如 1 分子葡萄糖通过需氧呼吸过程被彻底氧化成 CO_2 和 H_2O，可生成 38 分子 ATP。专性需氧菌和兼性厌氧菌可通过有氧呼吸获取能量。

2. 厌氧呼吸　以无机物（除 O_2 外）作为最终受氢体的生物氧化过程称为厌氧呼吸。仅有少数细菌以此方式产生能量。

3. 发酵　以有机物作为最终受氢体的生物氧化过程称为发酵。发酵作用不能将底物彻底氧化，因此产生的能量较少。如 1 分子葡萄糖通过发酵只能产生 2 分子 ATP，仅为需氧呼吸所产生能量的 1/19。专性厌氧菌和兼性厌氧菌可通过发酵获取能量。

（二）细菌的分解代谢

1. 糖的分解　糖是细菌代谢所需能量的主要来源，也是构成菌体有机物质的碳素来源。不同种类的细菌具有不同的酶系统，对糖的分解能力和形成的分解产物也不同，因此，利用生化试验检测糖分解产物，有助于鉴别细菌。

（1）淀粉的分解：淀粉是多种微生物用作碳源的原料，是葡萄糖的多聚物。细菌可分泌胞外淀粉酶，将细胞外的淀粉分解成糊精、麦芽糖、葡萄糖，再加以吸收利用。

（2）纤维素的分解：纤维素是葡萄糖由 β-1,4 糖苷键组成的大分子化合物。某些细菌通过产生纤维素酶，可将纤维素分解为葡萄糖。

（3）单糖的分解：多糖类物质须先经细菌分泌的胞外酶分解为单糖（葡萄糖），再被吸收利用。各种细菌将多糖分解为单糖，进而转化为丙酮酸的分解过程基本相同，而对丙酮酸的进一步分解，不同的细菌会产生不同的终末产物。需氧菌可将丙酮酸经三羧酸循环彻底分解成 CO_2 和 H_2O，在此过程中产生各种中间代谢产物。厌氧菌则发酵丙酮酸，产生各种酸类（如甲酸、乙酸、丙酸、丁酸、乳酸等）、醛类（如乙醛）、醇类（如乙醇、乙酰甲基甲醇、丁醇等）、酮类（如丙酮）。常用的检测糖分解代谢产物的试验有糖发酵试验、甲基红试验和 VP 试验等（详见实训项目四中任务二）。

2. 蛋白质的分解　蛋白质分子较大，不能被直接吸收进入细胞内。通常先在细菌分泌于胞外的蛋白酶作用下，水解成肽和氨基酸才可被细菌吸收。进入菌体内的氨基酸在胞内酶的作用下，以脱氨、脱羧等方式进一步被分解为各种产物，如某些细菌能使色氨酸脱氨基生成吲哚、CO_2 和 H_2O。不同细菌在不同的条件下所进行的脱氨基反应的方式（氧化脱氨基、还原脱氨基、水解脱氨基）及代谢产物不同，借此可利用相应生化试验鉴别细菌。常用的检测蛋白质和氨基酸分解产物的试验有靛基质试验、硫化氢试验等（详见实训项目四中任务二）。

（三）细菌的合成代谢

细菌合成代谢的进行，必须具备三个基本条件，即能量、小分子前体物质和还原基。自养型细菌的合成代谢能力很强，它们可利用无机物来合成自身物质。在食品工业，涉及最多的是异养型细菌，其所需要的能量、小分子前体物质及还原基都是通过对复杂有机物的分解而获得的。可见，细菌的分解代谢与合成代谢是相辅相成的，分解代谢为合成代谢提供原料和能量，而合成代谢又是分解代谢的基础，两者在细菌体内相互对立而又统一，同时决定着细菌的存在与发展。

（四）细菌的初级代谢与次级代谢

1. 初级代谢　细菌的初级代谢是指细菌从外界吸收各种营养物质，通过分解代谢和合成代谢，生成维持生命活动所需要的物质和能量的过程。这一过程的产物称为初级代谢产物，如糖、氨基酸、脂肪酸、核苷酸，以及由这些化合物聚合而成的高分子化合物，如多糖、蛋白质、脂类和核酸等。

初级代谢产物是细菌生长繁殖所必需的，因此，在细菌细胞中初级代谢途径是普遍存在的。

2. 次级代谢　细菌的次级代谢是指细菌生长到一定时期，以初级代谢产物为前体物质，合成一些对其生命活动无明显功能的物质的过程，这一过程的产物即次级代谢产物。重要的次级代谢产物有以下几种：

（1）抗生素：抗生素是由某些微生物在代谢过程中产生的、能抑制或杀灭某些其他微生物和肿瘤细胞的微量生物活性物质，广泛用于临床上治疗细菌感染。抗生素主要由放线菌和真菌产生，由细菌产生的抗生素较少，只有多黏菌素、杆菌肽等少数几种。

（2）毒素：毒素是细菌产生的对人或动物有毒性的物质，包括内毒素和外毒素两种。内毒素为革兰氏阴性菌细胞壁中的脂多糖，细菌死亡裂解后释放到细胞外发挥毒性作用，可引起发热、休克等症状。外毒素主要为由革兰氏阳性菌产生并释放至细胞外的毒性蛋白质，不耐热。其毒性强，不同外毒素可导致机体出现不同的症状。

（3）维生素：细菌能合成某些维生素，除供菌体本身所需外，还能分泌至菌体外。如人体肠道内的大肠埃希氏菌能合成维生素 B 和维生素 K，人体也可吸收利用。某些细菌的某种维生素产量较高，可用于工业上大量生产维生素。

（4）色素：色素是某些细菌在一定条件下产生的呈现某种颜色的产物。细菌产生的色素有水溶性和脂溶性两类。水溶性色素如铜绿假单胞菌产生的蓝绿色色素，可扩散至含水的培养基或组织中；脂溶性色素不溶于水，只存在于菌体中，如金黄色葡萄球菌产生的金黄色色素、灵杆菌产生的红色素。不同细菌产生不同的色素，在鉴别细菌上有一定意义，有的色素还可作为食用色素。

（5）激素：某些细菌与其他微生物能产生刺激动物生长或性器官发育的激素。目前已发现的由微生物产生的激素有赤霉素、细胞分裂素、生长素等十余种。

点滴积累

1. 细菌生长的营养物质　主要有碳源、氮源、无机盐、水、生长因子。
2. 细菌的营养类型　根据细菌对碳源和能源的需求不同，分为光能自养型、光能异养型、化能自养型、化能异养型等四大营养类型。

3. 细菌的生长繁殖　生长繁殖方式为无性二分裂；生长繁殖规律为在适宜条件下，细菌生长繁殖有一定规律性，可人为以生长曲线表示。

4. 细菌的新陈代谢　分为分解代谢与合成代谢，代谢过程中产生的多种代谢产物，与细菌的鉴定、疾病的治疗等有关。

第三节　细菌的人工培养

一、培养基

培养基是经人工方法配制的、适合细菌及其他微生物生长繁殖并产生代谢产物的营养基质。培养基是细菌试验的重要物质基础,适宜的培养基有利于细菌的繁殖,对细菌的培养与鉴定、传代和保存、生理特性研究、获取发酵产品等有重要意义。

(一) 选用和配制培养基的原则

选用和配制培养基,主要考虑以下几个因素。

1. 目的明确　明确配制目的是首要问题。选用和配制培养基首先应明确培养基的用途:是为了培养哪种微生物? 是用于实验室还是发酵工业? 是要获得大量细菌细胞还是积累细菌代谢产物? 是用于分离纯化、观察菌落还是用于生化试验? 不同的目的需要不同的培养基成分,例如若是为了得到细菌菌体则应考虑增加培养基中的含氮量、用于乳糖发酵试验的培养基则应含有乳糖、分离细菌则使用固体琼脂培养基。

2. 选择适宜的营养物质　细菌种类繁多,其生长繁殖所需的营养物质包括碳源、氮源、无机盐、生长因子、水等,但具体到某一种细菌,则需要根据此种细菌的营养需求,配制针对性强的培养基。例如自养型细菌的培养基可完全由简单的无机物组成,异养型细菌则需要有机碳源和氮源,固氮菌不需添加氮源,对于某些营养需求高的细菌还需要添加生长因子。

3. 控制营养物质的比例及浓度　培养基中营养物质的浓度对细菌生长有重要影响,若浓度过低,则不能满足细菌正常生长的需要;浓度过高不但造成浪费,由于渗透压过大,还可能对细菌生长有抑制作用。

此外,培养基中营养物质的配比也会影响细菌的生长和代谢产物的积累,尤其是碳源及氮源的比例,即碳氮比(C/N)。氮源不足,菌体会生长过慢;碳源不足,菌体易衰老和自溶;碳氮比太小,微生物会因氮源过多易徒长,不利于代谢产物的积累。在培养细菌时,尤其是发酵工业中,需要根据细菌种类、培养目的,合理地控制碳氮比。

4. 调节适宜的酸碱度　培养基的 pH 不仅影响细菌的生长,还会改变细菌的代谢途径、影响代谢产物的形成,因此培养基的 pH 必须控制在适宜的范围内,以满足不同类型细菌的生长繁殖或产生代谢产物的需要。一般来讲,细菌和放线菌适宜中性或偏碱性,酵母菌、霉菌等真菌适宜微酸性条件。

培养基的 pH 常因高压灭菌处理而降低,因此灭菌前培养基的 pH 应略高于所需要的 pH。此外,细菌在生长代谢过程中,由于对底物的分解,往往改变培养基的 pH,在培养基中加入一些缓冲物质如磷酸盐等,有利于稳定培养基的酸碱度。在培养乳酸菌时,由于乳酸菌能大量产酸,上述缓冲物质难以起到缓冲作用,这时可在培养基中添加难溶的碳酸盐(如 $CaCO_3$)来进行调节,以不断中和细菌产生的酸。

5. 控制营养物质的来源 选择制备培养基所需的原料时,应当考虑培养基的用途。用于细菌生物学性状的观察、研究的培养基,宜选用成分明确、纯度较高、易加工且使用方便的原料和试剂,如碳源可选择葡萄糖、蔗糖、淀粉等,氮源可选择蛋白胨、牛肉膏、酵母膏等。用于食品工业发酵的培养基,在保证满足微生物营养要求及工艺要求的前提下,可选用价格低廉、资源丰富、配制方便的材料,如麸皮、豆饼、米糠、酒糟、纤维水解物等农产品下脚料及酿造业等工业的废弃物都可作为培养基的主要原料。

6. 选择适宜的灭菌处理方法 培养基除了具有丰富的营养物质和适宜的酸碱度之外,还必须是无菌的,即不能存在任何活的微生物。因此,培养基配制完毕以后,应根据培养基成分、性质,采用不同的方法进行灭菌处理。

培养基的消毒灭菌方法多样,但无论采取哪种方法,都应做到既能杀死培养基中的微生物,又不破坏培养基的营养价值。常用方法有高压蒸汽灭菌法、间歇灭菌法等(详见第六章)。

(二)培养基的类型

根据培养基的成分来源、物理性状和用途,可把培养基分为不同类型。

1. 根据培养基的成分来源分类

(1)天然培养基:天然培养基指利用天然生物组织、器官或其抽提物配制而成的培养基,例如牛肉膏、麦芽汁、马铃薯、玉米粉、麸皮、米糠等制成的培养基属于此类。天然培养基的特点是配制方便、营养全面而丰富、价格低廉,适合于各类异养微生物生长,并适于大规模培养微生物之用。缺点是它们的成分复杂,不同单位生产的或同一单位不同批次所生产的产品成分也不稳定。

(2)合成培养基:合成培养基是用已知成分的化学物质配制而成的培养基。此类培养基优点是成分精确、重复性较强,一般用于实验室进行研究微生物形态、生理特性、测定代谢产物等方面的工作。缺点是配制复杂、成本较高、不适宜用于大规模生产。

(3)半合成培养基:用天然有机物和已知成分的化学药品配制而成。通常是以天然有机物作为氮源及生长因子等,用化学药品补充碳源、无机盐类。此类培养基用途最广,大多数微生物都可在此类培养基上生长。

2. 根据培养基的物理状态分类

(1)液体培养基:将各种营养物质溶于水中配制成的营养液,即为液体培养基。常用于微生物的增菌培养、研究微生物的理化特性等。

(2)固体培养基:在液体培养基中加入适量的凝固剂,即可制成固体培养基。最常用的凝固剂是琼脂,加入 1.5%~2.5%即可使培养基凝固。固体培养基常倒入培养皿或试管中,制成琼脂平板或琼脂斜面,用于样品中的细菌分离、活菌计数、菌种保藏及鉴定等。

(3)半固体培养基:在液体培养基中加入少量琼脂(0.2%~0.5%)即制成半固体培养基,主要用于观察细菌的动力、保存菌种等。

知识链接

固体培养基的发现

1881 年以前，固体培养基还没有出现，微生物的培养只能在液体培养基中进行。为了能直接观察微生物的形态及生长现象，科学家们希望能将微生物培养在固体表面，就像生长在橘皮或土豆上的微生物一样。德国科学家罗伯特·科赫尝试用明胶作为培养基的凝固剂。他将明胶加入液体培养基中融化，之后将混合均匀的液体缓慢地倒在一块玻璃板表面。当明胶冷却凝固后，就在玻璃板表面形成一层固体培养基。但他发现当温度高于 25℃时，明胶就液化了，而大多数微生物的培养温度都不低于 25℃。科赫的同事 Walter Hesse 也为同样的问题困扰着。Hesse 的妻子常常用琼脂做果冻，效果不错，于是建议 Hesse 试一试用琼脂作凝固剂。Hesse 采纳了妻子的建议，发现琼脂更适合作凝固剂。这一方法很快被其他科学家采用，并一直沿用至今。

3. 根据培养基的用途分类

(1)基础培养基：含有微生物生长繁殖所需的最基本营养成分的培养基，如肉膏汤、普通琼脂培养基等。基础培养基可用于营养要求不高的微生物的培养，广泛应用于微生物的培养与检验，也是制备其他培养基的基础成分。

(2)营养培养基：在基础培养基中加入血液、血清、生长因子、卵黄等特殊成分，即制成营养培养基，用于营养要求较高细菌和需要特殊生长因子细菌的培养。常用的有血液琼脂平板等。

(3)加富培养基：也称增殖培养基，此类培养基是在培养基中加入有利于某种微生物生长繁殖所需的营养物质，使这类微生物增殖速度比其他微生物快，从而使这类微生物能在混有多种微生物的情况下占优势地位。特别是那些自然界中为数较少的微生物，经过有意识的培养后再进行分离，就增加了分离这种微生物的机会。

(4)选择培养基：在基础培养基中加入某种抑菌剂，抑制不需要的微生物的生长，而有利于目的菌生长与繁殖，此类培养基为选择培养基。主要用于从混杂的微生物群体中将目的菌分离出来，如利用 SS 琼脂可帮助从混杂有其他细菌的样品中将沙门氏菌分离出来、伊红亚甲蓝琼脂常用于样品中大肠埃希氏菌的分离。

(5)鉴别培养基：不同种类的细菌对糖、蛋白质、氨基酸等底物的分解情况不同，在培养基中加入某种特定的底物，观察微生物对底物的分解能力及产物，可帮助鉴定和鉴别微生物，此类培养基称为鉴别培养基，如帮助鉴定大肠埃希氏菌的乳糖发酵培养基、帮助鉴别沙门氏菌的三糖铁琼脂培养基等。

二、细菌的接种与培养

（一）无菌技术

无菌技术是指在检验过程中，为防止微生物扩散进入机体或物体造成感染或污染而采取的一系列操作措施。微生物广泛分布于自然界及正常人体，这些微生物可能污染实验环境、实验材料等，因而影响实验结果的判断。此外，若检验样品中含有病原性微生物，则可能传播导致感染。因此，细菌检验工作中，工作人员必须牢固树立无菌观念，严格执行无菌操作技术。

细菌接种与培养过程中无菌技术的基本要点有：

1. 细菌接种应在超净工作台或相应级别的无菌室内进行，必要时应在生物安全柜里进行，且超净工作台、无菌室、生物安全柜等在使用前后需进行消毒处理。

2. 所有器具（如试管、吸管、培养皿等）、培养基等均需严格灭菌才能使用，使用过程中不能与未经灭菌的物品接触。

3. 接种环（针）在每次使用前后，均应在火焰中或红外线灭菌器内彻底烧灼灭菌。无菌试管、烧瓶等容器在开塞之后及塞回之前，口部均须在火焰上通过 2~3 次，以杀死可能附着于管口、瓶口的微生物。

4. 使用无菌吸管时，不能用嘴吹出管内余液，以免遭到口腔内杂菌的污染，应使用洗耳球轻轻吹吸，且吸管上端应塞有棉花起阻隔微生物的作用。

5. 微生物实验室所有污染废弃物、细菌培养物等不能拿出实验室，亦不能随意倒入水池。需进行严格消毒灭菌处理后，按相关规定处置。

6. 操作人员必须按要求穿戴工作衣、口罩、工作帽等，并用 75% 乙醇棉球擦拭消毒双手。

（二）细菌的接种

将待培养的细菌或样品用必要的接种工具转移至另一培养基中的过程即接种。这是进行细菌检验时最为重要的基本操作技术。根据标本种类、培养目的、培养基性状等，可使用不同的接种工具、采取不同的方法进行接种。常用接种工具有接种环、接种针、接种钩以及 L 涂棒、移液管等。其中，接种环多用于固体或液体培养基的细菌接种，接种针主要用于穿刺接种，移液管多用于定量吸取液体标本。

实验室常用的接种方法有平板涂布法、平板划线法、倾注平板法、穿刺法、点植法等。

1. 平板涂布法 平板涂布法一般采用涂布工具如 L 涂棒，将纯菌种或含菌材料涂布在固体培养基表面，使细菌细胞尽量均匀分散在整个培养基表面。

2. 平板划线法 平板划线法是将检样或待分离的菌种，用接种环在固体培养基的表面进行划线，使细胞在培养基表面被分散开，并使检样或菌种在培养基表面逐渐达到稀释的效果。这是细菌检验中有利于获得纯培养的最常用的接种方法之一（图 1-9）。

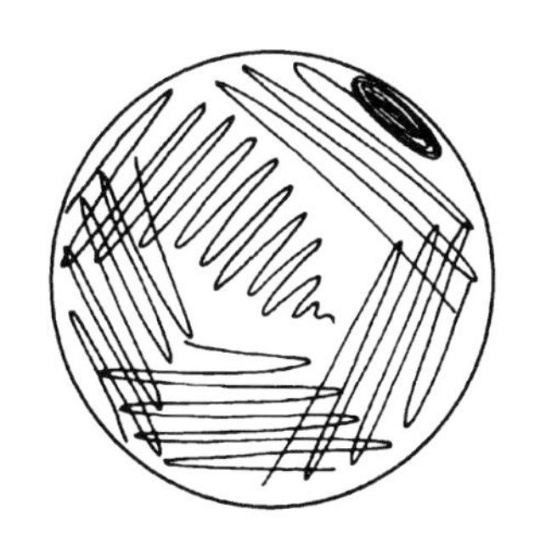

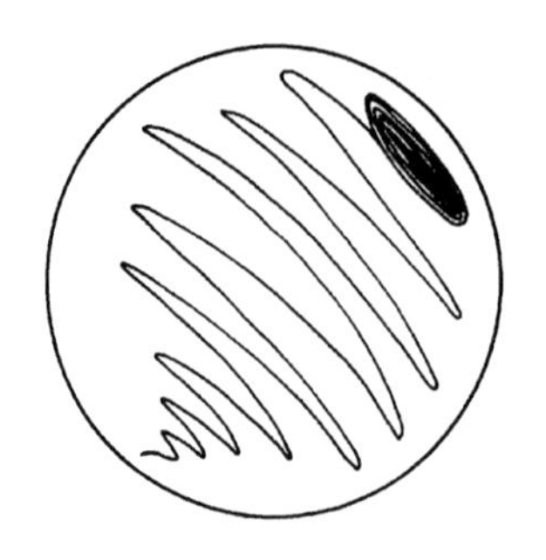
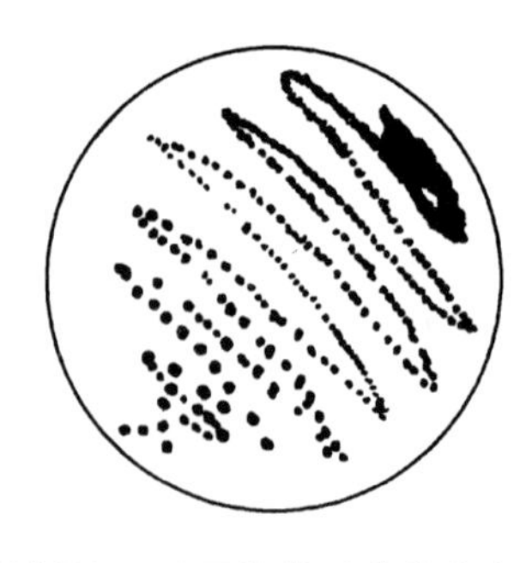

图 1-9　平板分区划线(上)与平板连续划线(下)及培养后菌落分布示意图

3. 倾注平板法　先将纯菌种或含菌材料制成含菌悬浊液,再取定量菌悬液(如 0.1~1.0ml)放入无菌培养皿中,然后将灭菌并冷却至 48℃左右的琼脂培养基倾入,使两者混合均匀,待其凝固后进行培养。此方法适用于水、牛乳、饮料等液体样品的细菌计数。

4. 穿刺法　用接种针取纯菌种或含菌材料,由半固体或固体培养基中央垂直刺入管底(图 1-10)。此方法主要用于观察细菌在半固体或固体培养基中有无动力或细菌的生化反应现象。

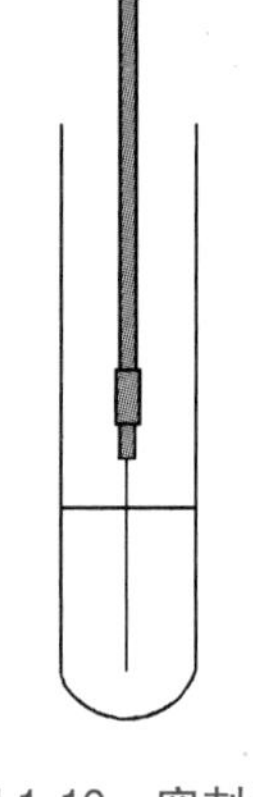

图 1-10　穿刺法

5. 点植法　点植法是利用接种针将纯菌种或含菌材料在固体培养基表面间隔的几个点进行点种。一般用于霉菌或放线菌的接种。

技能赛点

1. 熟练掌握倾注平板法的操作。
2. 严格执行无菌操作。

(三) 细菌的培养

应根据细菌的种类和培养目的,选择适宜的培养方法,以利于细菌生长繁殖。细菌检验时常用的培养方法有有氧培养、厌氧培养及二氧化碳培养等。

1. 有氧培养　亦称需氧培养,是将已接种好细菌的各类培养基置于 36℃普通培养箱内培养 18~24 小时。此法适用于需氧菌和兼性厌氧菌的培养,是实验室培养细菌最常用的方法。

2. 厌氧培养　厌氧菌对氧敏感,生长环境中不能有游离氧的存在,故需要借助适当的手段创造无氧环境。常用厌氧培养方法包括厌氧培养装置法、厌氧罐培养法、焦性没食子酸法、庖肉培养法等。

3. 二氧化碳培养　二氧化碳培养是将细菌置于 5%~10% CO_2 环境中进行培养的方法。少数细菌如脑膜炎奈瑟菌、布鲁氏菌等初次分离培养时在有 CO_2 环境中生长良好。常用方法有以下几种。

(1)二氧化碳培养箱培养法:二氧化碳培养箱能调节箱内 CO_2 的含量、温度和湿度。将已接种好细菌的培养基置于二氧化碳培养箱内,经孵育培养后可观察细菌的生长现象。

(2)烛缸培养法:将接种好细菌的培养皿置于玻璃干燥缸内,再将蜡烛放入缸内并点燃,加盖并用凡士林密封缸口，待蜡烛自行熄灭，缸内可产生5%~10%的CO_2，最后将此缸放入普通培养箱进行培养。

(3)化学法：将接种好细菌的培养皿置于标本缸内，按标本缸每升容积加碳酸氢钠0.4g和浓盐酸0.35ml比例，分别加入此两种化学物质于平皿内，将该平皿放入标本缸内，加盖密封标本缸。倾斜标本缸，使两种化学物质接触并发生化学反应，产生CO_2，最后将此缸放入普通培养箱进行培养。

点滴积累

1. 培养基的选用和配制原则　目的明确，选择适宜的营养物质，控制营养物质的比例及浓度，调节适宜的酸碱度，控制营养物质的来源，选择适宜的灭菌处理方法。
2. 培养基的类型　根据培养基的成分来源分为天然培养基、合成培养基、半合成培养基；根据培养基的物理状态分为液体培养基、固体培养基、半固体培养基；根据培养基的用途分为基础培养基、营养培养基、加富培养基、选择培养基、鉴别培养基。
3. 细菌的常用接种技术　根据标本种类、培养目的、培养基性状等不同，分为平板涂布法、平板划线法、倾注平板法、穿刺法、点植法等。
4. 细菌的培养方法　根据细菌对气体的需求不同，分为有氧培养、厌氧培养、二氧化碳培养等。

第四节　细菌的鉴定

明确食品中细菌的具体种类，对正确判断食品的卫生质量和安全性等有重要意义。食品中细菌鉴定的基本方法包括形态学检查、培养特性检查、生化试验、血清学试验等。

一、细菌的形态学检查

细菌的形态学检查是细菌鉴定技术中最常用的方法之一，是利用显微镜对细菌的大小、形态、排列、结构、动力和染色性等特征进行观察分析，不仅可初步识别细菌和对细菌分类，还可为进一步进行细菌生化鉴定、血清学鉴定提供依据。

（一）不染色标本检查法

不染色标本检查法是指细菌不经染色，直接于显微镜下观察活菌。该法主要用于检查细菌的动力，有动力的细菌在镜下呈活泼有方向的运动，可看到细菌自一处移至另一处，有明显的方向性位移；无动力的细菌受水分子撞击呈不规则的布朗运动，只在原地颤动而无位置的改变。常用方法有水浸片法、悬滴法。

1. 水浸片法　也称压滴法。在洁净载玻片的中央滴加一滴生理盐水，然后取适量待观察的细菌培养物于盐水中混匀，用盖玻片覆盖于菌液上，即可置于显微镜下进行观察。

2. 悬滴法　取洁净凹玻片及盖玻片各一张，先在凹玻片的凹孔四周平面上涂少许凡士林，然后取适量含菌液体于盖玻片中央，将凹玻片的凹孔对准盖玻片中央的液滴并盖于其上，然后迅速翻转180°，使菌液自然悬挂于凹孔内，即可置于显微镜下进行观察（图 1-11）。

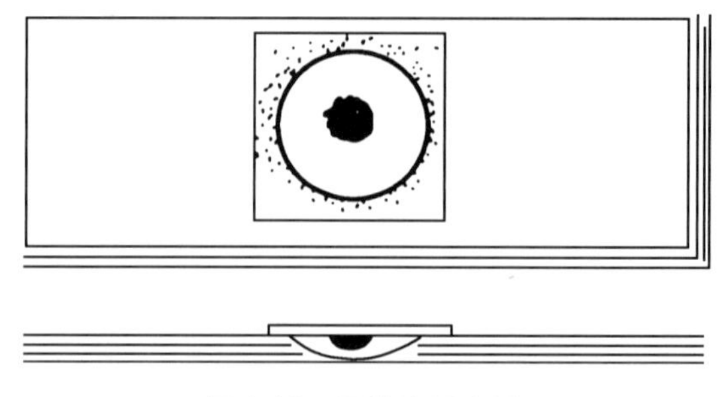

图 1-11　悬滴法示意图

（二）染色标本检查法

细菌细胞无色半透明，直接在光学显微镜下观察通常显示不清楚，经染色后，在颜色上与背景形成明显反差，因而图像更清晰，不仅可清楚看到细菌的形态、大小、排列方式和某些结构，还可根据染色反应将细菌进行分类。

细菌染色检查法的基本程序是①涂片：用生理盐水将待染色的细菌培养物制成均匀菌液，涂布在洁净载玻片上。②干燥：将涂片在室温下自然干燥，或置于酒精灯火焰上方慢慢烘干。③固定：将已干燥的细菌涂片以中等速度在酒精灯火焰中通过 2~3 次，以玻片触及手背皮肤热而不烫为度，固定的目的在于杀死细菌以尽可能保持细菌的原有形态和结构、改变细菌的通透性以有利于染料进入细胞内、使细菌附着于玻片以防止在染色过程中被水冲掉。④染色：根据检查目的用适宜的染色方法进行染色。根据所用染料种类的多少，又分单染法和复染法。单染色法只用一种染料，染色后所有细菌被染成同一种颜色，且只能显示细菌的形态、排列及简单的结构，对细菌的鉴定意义不大。复染色法是用两种或两种以上染料对细菌进行染色，可将不同细菌或同一细菌不同的结构染成不同的颜色，对细菌有较大鉴定价值。

复染色法的基本程序除涂片、干燥、固定以外，染色过程又可分为初染、媒染、脱色、复染四个步骤。①初染：用一种染液对已干燥固定的细菌涂片进行染色，通过此步骤可以初步显示细菌的形态特征和排列方式。②媒染：用媒染剂来增强染料与被染物的亲和力，使染料固定于被染物，或使细菌细胞膜通透性改变，有利于染料进入菌体以提高染色效果。常用的媒染剂有苯酚、碘液、鞣酸、明矾、酚等，也可用加热的方法促进细菌着色。媒染剂可于固定或初染后使用，也可含于固定液或染色液之中。③脱色：用脱色剂使已着色的被染物脱去颜色，可以检测某种染料与被染物结合的稳定性，常用于细菌的鉴别染色，常用的脱色剂有醇类、三氯甲烷、丙酮、酸类和碱类，其中 95% 乙醇是最常用的脱色剂。④复染：经过脱色处理的细菌再以复染液复染使其重新着色，并与初染颜色形成鲜明的对比，故又称对比染色。常用的复染剂有稀释复红、沙黄、亚甲蓝、苦味酸等。复染液颜色不宜过深、复染时间不宜过长，以免复染颜色遮盖初染的颜色。

常用的复染色法有革兰氏染色法、某些特殊染色法等。此处仅对食品微生物检验中最常用的革兰氏染色法进行详细介绍。

1. **革兰氏染色法**

（1）革兰氏染色法步骤及结果：先用结晶紫染液初染1分钟，然后用卢戈碘液媒染1分钟，增加染料和细胞间的亲和力，再使用95%乙醇脱色30~60秒，最后滴加稀释苯酚复红（或沙黄）复染30秒。染色结束后，于光学显微镜油镜下观察。凡被染成紫色的细菌为革兰氏阳性菌（G^+菌）；被染成红色的细菌为革兰氏阴性菌（G^-菌）。

（2）革兰氏染色原理：革兰氏染色的原理尚不完全明确，目前主要有以下几种学说。①渗透性学说。革兰氏阳性菌细胞壁结构致密、肽聚糖层厚、脂质含量少，脱色时乙醇不易渗入，反而使细胞壁脱水而降低通透性，阻碍结晶紫与碘的复合物渗出，故菌体仍保持结晶紫的紫色；而革兰氏阴性菌细胞壁结构疏松、肽聚糖层薄、脂质含量多，乙醇可溶解脂质使细胞壁通透性增高，进而渗入使结晶紫与碘的复合物被溶出而脱色。②化学学说。革兰氏阳性菌细胞内含有大量核糖核酸镁盐，易和结晶紫牢固结合而不易脱色，而革兰氏阴性菌细胞内核糖核酸镁盐含量极少、吸附染料量少，故易被乙醇脱色。③等电点学说。革兰氏阳性菌等电点（pH 2~3）比革兰氏阴性菌（pH 4~5）低，因此在相同pH溶液中革兰氏阳性菌带负电荷多，容易与带正电荷的结晶紫染料结合且不易脱色。

技能赛点

1. 熟练掌握革兰氏染色技术的操作步骤。
2. 熟练使用和维护光学显微镜油镜。
3. 正确判断并报告革兰氏染色结果。

2. 特殊染色法 细菌的特殊结构如芽孢、荚膜等，用革兰氏染色法均不易着色，往往需要用相应的特殊染色法才能染上颜色。常用的特殊染色法有荚膜染色法、芽孢染色法、鞭毛染色法等，其染色结果见表1-3。

表1-3 常用特殊染色法

细菌结构	染色法	染色结果
荚膜	黑斯染色法 密尔染色法	菌体及背景呈紫色，荚膜为淡紫色或无色 菌体呈红色，荚膜呈蓝色
鞭毛	改良Ryu法	菌体及鞭毛均呈红色
芽孢	芽孢染色法	芽孢呈红色，菌体呈蓝色

二、细菌的培养特性检查

细菌接种于培养基中经培养适当时间后，将生长繁殖并形成一定的生长现象。不同种类的细菌可表现出不一样的生长现象，据此可帮助鉴定鉴别细菌。

（一）细菌在固体培养基中的生长现象

细菌在固体培养基上不能自由移动，只能在固定的地方生长繁殖，形成菌落或菌苔。所谓菌落，是由单个细菌经多次分裂繁殖后，由子代细菌细胞堆积形成的肉眼可见的细菌集团。多个菌落融合在一起，则称为菌苔。理论上一个菌落是由一个细菌繁殖的后代堆积而成的，因而当进行食品样品中的活菌计数时，可通过琼脂平板上形成的菌落数量来测定标本中活菌数（用菌落形成单位 CFU 表示）。

细菌菌落

不同种类的细菌形成的菌落，其大小、形状、颜色、透明度（透明、半透明、不透明等）、表面（光滑、粗糙等）、湿润度（湿润、干燥等）、边缘（整齐、锯齿状、卷发状等）、质地（硬、软、黏、脆）、气味、黏度等方面各有差异（图 1-12）。有些细菌在代谢过程中产生水溶性色素，使菌落周围培养基出现颜色变化；有的细菌在琼脂平板上生长繁殖后，可产生特殊气味，如铜绿假单胞菌产生生姜味、白假丝酵母菌产生酵母味等。

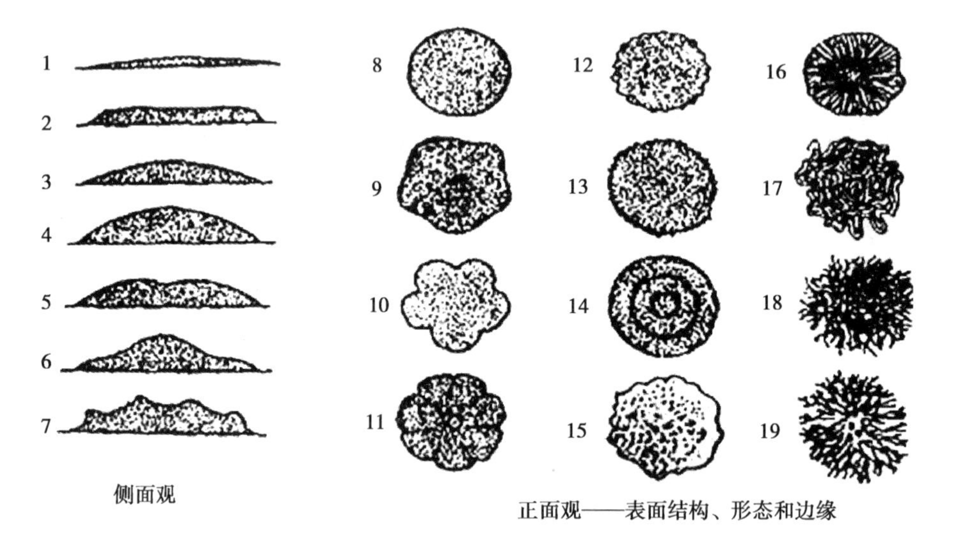

1—扁平；2—隆起；3—低凸起；4—高凸起；5—脐状；6—草帽状；7—乳头状表面结构；8—圆形，边缘整齐；9—不规则，边缘波浪；10—不规则；11—规则，放射状，边缘花瓣形；12—规则，边缘整齐，表面光滑；13—规则，边缘齿状；14—规则，有同心环，边缘完整；15—不规则，似毛毯状；16—规则，似菌丝状；17—不规则，卷发状，边缘波状；18—不规则，丝状；19—不规则，根状。

图 1-12　常见细菌菌落的特征

另外，细菌若接种于血液琼脂平板上，菌落周围还可出现不同的溶血现象。①α 溶血（亦称草绿色溶血）：菌落周围出现 1~2mm 的草绿色溶血环，可能是细菌代谢产物使红细胞中的血红蛋白变为高铁血红蛋白所致；②β 溶血（又称完全溶血）：菌落周围出现一个完全透明的溶血环，系由细菌产生溶血素使红细胞完全溶解所致；③γ 溶血（即不溶血）：菌落周围培养基无变化。

ER-1-7

细菌在半固体培养基中的生长现象

（二）细菌在半固体培养基中的生长现象

用穿刺接种法将细菌接种于半固体培养基中，可根据细菌的生长状态判断细菌的呼吸类型和有无动力。如果细菌只在穿刺线上部或培养基表面生长者为需氧菌；整条穿刺线上均能生长者为兼性厌氧菌；在穿刺线底部生长的为厌氧菌。若细菌只能沿着穿刺线生长，为无动力；由穿刺线向周围弥漫生长呈羽毛状或云雾状者，为有动力（图 1-13）。

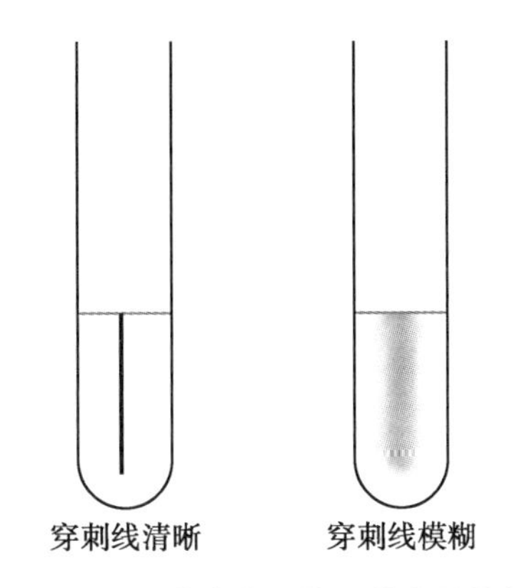

图 1-13 细菌在半固体上的生长特征

（三）细菌在液体培养基中的生长现象

细菌在液体培养基中生长可出现三种现象。

细菌在液体培养基中的生长现象

1. 混浊 细菌在液体培养基中生长繁殖后，分散在液体中，使原本清亮透明的培养基呈均匀混浊状态。大多数细菌在液体培养基中呈现这种生长现象，如金黄色葡萄球菌。

2. 沉淀 细菌繁殖后在液体底部形成沉淀，如链球菌、炭疽芽孢杆菌等。

3. 菌膜 细菌集中在液体表面生长，从而形成一层膜状物，即菌膜。多见于生长时需要充足氧气的专性需氧菌，如枯草芽孢杆菌等。

三、细菌的生化试验

细菌的生化试验

各种细菌具有各自独特的酶系统，因而在代谢过程中对底物的分解能力和分解方式也不一样，产生的代谢产物各有其特点。用生物化学方法检测这些代谢产物的方法称为细菌的生化试验。在食品细菌学检验工作中，除根据细菌的形态、染色性及培养特性对细菌进行初步鉴定外，还往往利用生化试验进行进一步的鉴定。细菌生化试验对绝大多数细菌具有鉴定鉴别作用，因此，掌握细菌生化反应的原理、方法及应用，对于鉴定和鉴别食品中的细菌种类具有重要意义。

（一）含碳化合物代谢试验

1. 糖（醇、苷）类发酵试验 由于各种细菌含有发酵不同糖（醇、苷）类的酶，故对糖的分解能力及分解糖产生的终末产物各不相同，如有的能分解糖类产酸、产气，有的仅产酸，有的不能分解糖。故可利用此特点以鉴别细菌。

2. 甲基红试验 甲基红试验简称为 M（或 MR）试验。细菌发酵葡萄糖产生丙酮酸，若丙酮酸被进一步分解成大量的混合酸，则培养基 pH 降至 4.4 以下，可使加入的甲基红指示剂呈现红色反应，如大肠埃希氏菌；若细菌产酸量少或因产酸后进一步分解为其他物质（如醇、醛、酮等），使培养基 pH 在 5.4 以上，则甲基红指示剂呈黄色，如产气肠杆菌。

3. 伏普试验 伏普试验简称为 V-P（Vi）试验。有些细菌（如产气肠杆菌）在发酵葡萄糖产生丙酮酸后，能使丙酮酸脱羧生成中性的乙酰甲基甲醇，乙酰甲基甲醇在碱性环境中被空气中的氧气氧化成二乙酰，二乙酰与培养基内蛋白胨中精氨酸所含的胍基反应，生成红色化合物。试验时，可加入α-萘酚以及含胍基的肌酸或肌酐，以加速反应和增加试验的敏感性。

4. β-半乳糖苷酶试验　有的细菌可产生β-半乳糖苷酶，能分解邻硝基酚β-半乳糖苷（ONPG）而释放黄色的邻硝基酚，故该试验也称ONPG试验。

细菌分解乳糖依靠两种酶的作用：一种是半乳糖苷渗透酶，它位于细胞膜上，可运送乳糖分子渗入细胞；另一种为β-半乳糖苷酶，它位于细胞内，能使乳糖水解成半乳糖和葡萄糖。具有上述两种酶的细菌，能在24~48小时内发酵乳糖，而缺乏这两种酶的细菌，不能分解乳糖。乳糖迟缓发酵菌只有β-半乳糖苷酶（胞内酶），而缺乏半乳糖苷渗透酶，因而乳糖进入细菌细胞很慢，故呈迟缓发酵现象。ONPG结构和乳糖相似，分子较小，可迅速进入细菌细胞，被β-半乳糖苷酶水解，释出黄色的邻位硝基苯酚，故由培养基液迅速变黄可测知β-半乳糖苷酶的存在，从而确知该菌为乳糖迟缓发酵菌。

（二）含氮化合物代谢试验

1. 靛基质（吲哚）试验　某些细菌（如大肠埃希氏菌）含有色氨酸酶，能分解培养基中的色氨酸产生靛基质（吲哚），靛基质与对二甲基氨基苯甲醛反应，形成红色的玫瑰靛基质（玫瑰吲哚）。该试验也称为吲哚试验。

2. 硫化氢产生试验　有些细菌（如变形杆菌）能分解培养基中的含硫氨基酸（胱氨酸、半胱氨酸等）产生H_2S，H_2S与培养基中的Fe^{2+}（或Pb^{2+}）反应生成黑色的硫化亚铁（或硫化铅）。

3. 尿素酶试验　有些细菌（如变形杆菌）能产生尿素酶，可分解尿素生成氨和CO_2，氨在水溶液中形成碳酸铵，使pH升高呈碱性，故培养基中的酚红指示剂显红色。

（三）酶类试验

1. 氧化酶试验　某些细菌具有氧化酶（也称细胞色素氧化酶），能将二甲基对苯二胺或四甲基对苯二胺氧化生成红色的醌类化合物。试验时，取洁净滤纸条蘸取被检细菌菌落，滴加氧化酶试剂（即1%盐酸二甲基对苯二胺或1%四甲基对苯二胺）1滴于菌落上，或将试剂直接滴加在被检细菌的菌落上。阳性者立即出现红色，继而变为深红色至深紫色。

2. 触酶试验　有的细菌具有触酶（也称过氧化氢酶），能催化过氧化氢生成水和新生态氧，继而形成氧分子并出现气泡。试验时，取少许待检细菌置于洁净的载玻片上，滴加3% H_2O_2试剂1~2滴，观察结果。1分钟内产生大量气泡者为阳性，不产生气泡者为阴性。

3. 血浆凝固酶试验　金黄色葡萄球菌能产生血浆凝固酶，可使血浆中的纤维蛋白原转变为不溶性的纤维蛋白。凝固酶有两种：①结合凝固酶，结合在细菌细胞壁上；②分泌到菌体外的游离凝固酶。

血浆凝固酶试验有两种方法①玻片法：取经抗凝处理的兔血浆1滴于载玻片上，挑取待检菌株少许与其混合，立即观察结果。若菌液呈均匀混浊状态，则凝固酶试验为阴性；菌液聚集成团块或颗粒状，则凝固酶试验为阳性。试验同时应以生理盐水作对照，细菌在盐水中应不发生凝集。此法用于测定结合凝固酶。②试管法：取3支洁净的试管，各加入0.5ml按1∶4的比例稀释的新鲜兔血浆

(或人血浆),在其中1支试管中加入0.5ml待检菌的肉汤培养物,另2支试管中分别加入0.5ml凝固酶阳性和阴性菌株肉汤培养物作对照,置37℃水浴箱中孵育1~4小时后观察结果。细菌使试管内血浆凝固成胶冻状,则凝固酶试验为阳性;试管内血浆能流动不凝固,则凝固酶试验为阴性。此法用于测定游离型凝固酶。

4. 氨基酸脱羧酶试验 某些细菌产生氨基酸脱羧酶,可分解培养基中的氨基酸使其脱去羧基产生胺和二氧化碳,胺使培养基呈碱性反应。试验时,将被检细菌接种到2支氨基酸脱羧酶培养基试管中(其中1支不含氨基酸,作对照管,另1支加有待检测的氨基酸),再在培养基上覆盖一层灭菌液体石蜡,36℃培养18~24小时观察结果。对照管应呈黄色,测定管呈紫色(指示剂为溴甲酚紫)为阳性,呈黄色为阴性。若对照管呈现紫色则试验无意义,不能作出判断。

(四)其他试验

1. 枸橼酸盐利用试验 某些细菌(如产气肠杆菌)能利用培养基中的枸橼酸盐作为唯一的碳源,也能利用其中的铵盐作为唯一氮源。细菌生长过程中分解枸橼酸盐产生碳酸盐,分解铵盐生成氨,两者均能使培养基呈碱性,导致溴麝香草酚蓝指示剂显蓝色。

2. 丙二酸盐利用试验 某些细菌(如克雷伯菌)可利用丙二酸盐作为唯一碳源,将丙二酸盐分解生成碳酸钠,使培养基变为碱性,溴麝香草酚蓝指示剂显蓝色。

四、血清学试验

抗原与抗体在体外可发生高度特异性的结合,并在一定条件下出现可见或可检测的反应现象。根据此原理,可用已知抗体检测未知抗原,或用已知抗原检测未知抗体。因抗体存在于血清等体液中,试验时需采用血清作为试验材料,故此类试验方法被称为血清学试验。

食品微生物检验工作中用于鉴定细菌等抗原的常用血清学试验方法有凝集反应、免疫荧光技术、酶联免疫吸附试验等。

1. 凝集反应 细菌等颗粒性抗原与相应抗体结合后,在有电解质存在时可出现肉眼可见的凝集现象。细菌检验中常用已知抗血清来检测细菌抗原,以帮助鉴定细菌,如食品中沙门氏菌的鉴定。

2. 免疫荧光技术 是利用免疫学特异性反应与荧光示踪技术相结合的显微镜检查手段。既保持了血清学的高特异性,又极大地提高了检测的敏感性,在细菌检测方面占有重要地位。以荧光物质标记抗免疫球蛋白抗体(抗Ig抗体),先使待检标本与已知的抗血清反应,如果标本中有相应细菌,则形成抗原-抗体复合物,可与随后加入的荧光标记抗Ig抗体进一步结合而固定在玻片上,在荧光显微镜下有荧光出现,借以检测细菌。间接法敏感性高于直接法,常用于致病性大肠埃希氏菌、志贺氏菌、沙门氏菌等细菌的检测。

3. 酶联免疫吸附试验 酶联免疫吸附试验(ELISA)既可用于病原检测、抗体检测,还可用于细菌代谢产物的检测,几乎所有可溶性抗原-抗体反应系统均可检测,最小可测值达纳克(ng)甚至皮克(pg)水平,具有高度的特异性和敏感性。试剂的商品化以及自动化操作仪器的广泛应用,使之成为细菌检验中应用最为广泛的免疫学检测技术。

点滴积累

1. 细菌形态学检查方法　①不染色标本检查法：主要用于观察细菌动力。②染色标本检查法：主要有革兰氏染色法。可观察细菌的形态、大小、排列方式、特殊结构、染色性。
2. 革兰氏染色法步骤与结果　结晶紫初染→卢戈碘液媒染→95%乙醇脱色→稀释苯酚复红（或沙黄）复染。镜检观察：菌体呈紫色为革兰氏阳性（G^+）菌、菌体呈红色为革兰氏阴性（G^-）菌。
3. 细菌的生长现象　细菌在不同培养基中繁殖后，可出现不同的生长现象，包括①固体平板上：形成菌落或菌苔；②半固体培养基中：形成清晰穿刺线（动力阴性）或模糊穿刺线（动力阳性）；③液体培养基中：出现混浊、沉淀、菌膜等现象。
4. 细菌生化试验　各种细菌具有不同的酶系统，因而在代谢过程中对底物的分解能力和分解方式也不一样，产生的代谢产物各有其特点。利用细菌生化试验可对绝大多数细菌进行鉴定鉴别。

目标检测

简答题

1. 试述革兰氏染色的步骤、结果判断、原理。
2. 简述培养基配制的基本原则。
3. 简述细菌的营养要素有哪些。
4. 简述细菌生长繁殖条件。

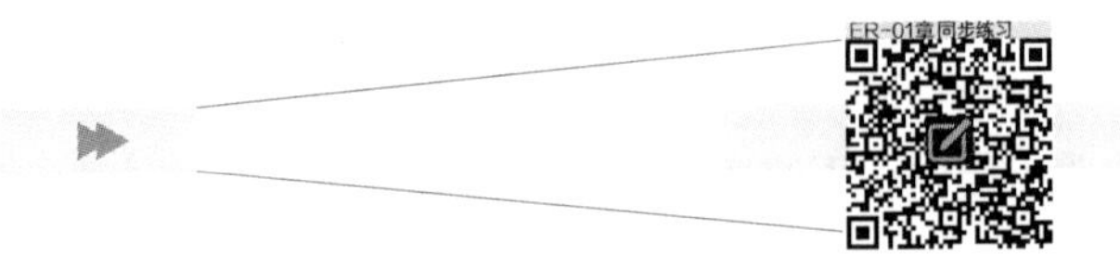

（邱秉慧　段巧玲）

第二章

真　菌

导学情景

情景描述：

人们经常会发现，买来的面包、水果等食物在常温下放置一段时间，就会发霉，而造成食品霉变的原因是霉菌在食物中的繁殖。人们食用被霉菌污染的食物会引起食物中毒。

学前导语：

霉菌是丝状真菌，是一类不含叶绿素，无根、茎、叶分化，具有细胞壁的真核细胞型微生物。本章我们将学习真菌的形态、结构，真菌的繁殖方式及人工培养方式。

第一节　真菌概述

扫一扫，知重点

一、真菌的概念与特征

（一）真菌的概念

真菌是一类具有典型细胞核和完整细胞器，能进行有性繁殖或无性繁殖，不分根茎叶，不含叶绿素，以腐生或寄生方式摄取营养的真核细胞型微生物。

真菌在自然界分布广泛，种类繁多，超过 10 万种。大多数真菌对人类有利，在人类生活生产中有广泛的应用，如用于酿酒、制酱、发酵食品、生产抗生素等。但一些腐生性真菌可造成食品污染、导致食品腐败变质，还有少数真菌可以引起人类感染、中毒或变态反应性疾病。

（二）真菌的特征

1. 真菌细胞具有完整的细胞核，含有包括核膜、核孔、核仁在内的完整构造。

2. 真菌细胞的细胞质内含有已分化的细胞器，如线粒体、内质网、高尔基体、溶酶体等。

3. 真菌细胞具有完整的细胞壁，通常不同类型的真菌，细胞壁的组成成分略有差异，低等的真菌含有纤维素、酵母菌含有葡聚糖、高等真菌含有几丁质。

4. 真菌少数为单细胞，如酵母菌；多数为有分枝的多细胞丝状体，如丝状真菌（霉菌）。

5. 真菌的繁殖方式包括无性繁殖和有性繁殖，可由有性或无性世代相互交替构成独特的生活周期。

6. 高等真菌可以产生类似植物的子实体，但是其无根、茎、叶的分化。

7. 真菌细胞不含叶绿素，不能进行光合作用，营养类型主要为化能异养，营腐生、寄生或共生生活。

8. 真菌细胞大多不能运动，仅少数种类的孢子，如游动孢子具有鞭毛。

真菌的这些特征，足以将其与原核生物、植物和动物区分开来，独立构成真菌界。

知识链接

真菌的分类

人类很早就在生产和生活中利用真菌，但真菌分类学的产生却是在近200年左右。1729年，米凯利首次用显微镜观察研究真菌，提出真菌分类检索表。1735年，林奈在《自然系统》等书中将真菌分为10个属。1772年，林奈“双名法”的采用，使真菌在很长一段时间被列入植物界。现代分类学家已将真菌划分为一个单独的界，即真菌界，并且根据各自不同的观点建立了许多新分类系统。在将多个分类系统比较之后，多数学者认为安斯沃思和亚历克索普罗斯两人的分类系统较为合理和全面。其中，安斯沃思的分类系统，在真菌界下设立两门：黏菌门和真菌门，他将藻状菌进一步划分为鞭毛菌和结合菌，将原来属于真菌门的几个大纲，在门下升级至亚门，共有五亚门：鞭毛菌亚门、结合菌亚门、子囊菌亚门、担子菌亚门和半知菌亚门。亚力克索普罗斯将真菌界分为裸菌门（即黏菌门）和真菌门，后者又分为鞭毛菌门、无鞭毛菌门。

二、真菌的形态与结构

真菌的形态多样，按形态、结构可分为单细胞真菌和多细胞真菌两大类。与食品关系密切的酵母菌属于单细胞真菌，霉菌（丝状真菌）属于多细胞真菌。

（一）酵母菌的形态与结构

“酵母菌”这个术语无分类学意义，是以出芽为主要繁殖方式的单细胞真菌的俗称，在分类上属于子囊菌纲、担子菌纲和半知菌纲。酵母菌在自然界分布广泛，主要生长在偏酸性的潮湿的含糖质较高的环境中，如果品、花蜜、蔬菜、植物叶子表面、果园土壤中，大多为腐生型，少数为寄生型。

酵母菌一般呈卵圆形、圆形或圆柱形，大小约（1～5μm）×（5～30μm），最长的可达100μm（图2-1）。各种酵母菌有其一定的大小和形态，但也随环境条件的不同有一定的差异。

酵母菌细胞具有典型的真核生物细胞结构，包括细胞壁、细胞膜、细胞质、细胞核及各种细胞器。细胞壁的主要成分为葡聚糖或甘露醇糖；细胞核包括核膜和核仁，DNA与蛋白质结合形成染色体；细胞质中有线粒体、液泡、芽体等细胞器，其中线粒体是酵母菌细胞的能量代谢中心（图2-2）。有些酵母菌还可形成假菌丝、荚膜等结构。

（二）霉菌的形态与结构

霉菌也称丝状真菌，是一类在基质上生长形成绒毛状、棉絮状、蛛网状的多细胞真菌，在分类上属于藻状菌纲、子囊菌纲和半知菌纲。

构成霉菌营养体的基本单位是菌丝，许多菌丝交织在一起形成的菌丝团，称为菌丝体。菌丝是一种管状的丝状结构，直径约2～10μm，比一般细菌和放线菌菌丝大几倍到几十倍。

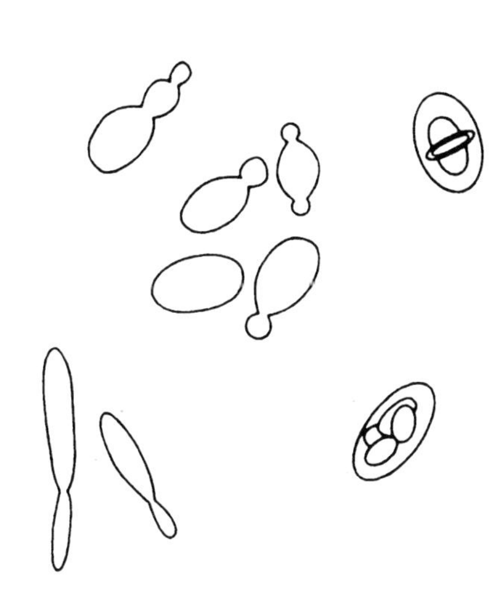

图 2-1 酵母菌的形态

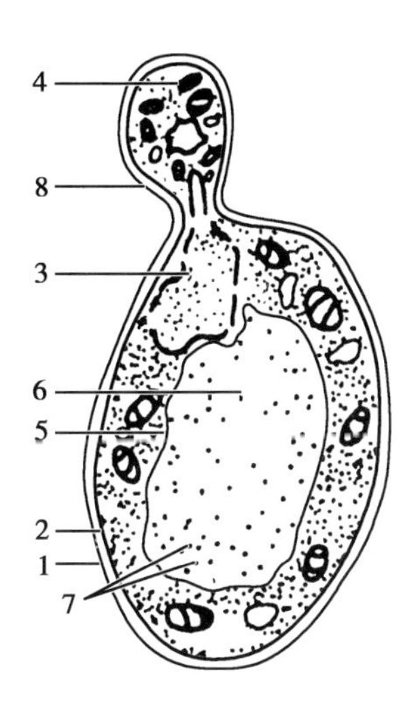

1—细胞壁;2—细胞膜;3—细胞核;4—线粒体;
5—液泡膜;6—液泡;7—液泡粒;8—芽体。

图 2-2 酵母菌的细胞构造

根据菌丝中有无隔膜,把霉菌的菌丝分为两类:①无隔菌丝。整个菌丝为长管状单细胞,细胞质内大多含有多个细胞核,其生长过程只表现为菌丝的延长和细胞核的裂殖增多以及细胞质的增加,如根霉、毛霉等。②有隔菌丝。菌丝由横隔膜分隔成许多细胞,每个细胞内含有一个或多个细胞核(图 2-3)。有些菌丝,从外观看虽然像多细胞,但横隔膜上具有小孔,使细胞质和细胞核可以自由流通,每个细胞的功能也都相同,绝大多数霉菌菌丝均属此类。

根据霉菌菌丝在固体培养基上生长部位的不同,菌丝又可分为三类:营养菌丝、气生菌丝和繁殖菌丝。菌丝伸入营养基质(如培养基)内吸收养料,称为营养菌丝;菌丝侧向伸展到空中生长,称为气生菌丝;有的气生菌丝发育到一定阶段,分化产生多种孢子,又称为繁殖菌丝或孢子菌丝(图 2-4)。

菌丝有多种形态,如螺旋状、球拍状、结节状、鹿角状、关节状和破梳状等。不同种类的真菌可形成不同形态的菌丝,故观察菌丝形态有助于鉴别菌种(图 2-5)。

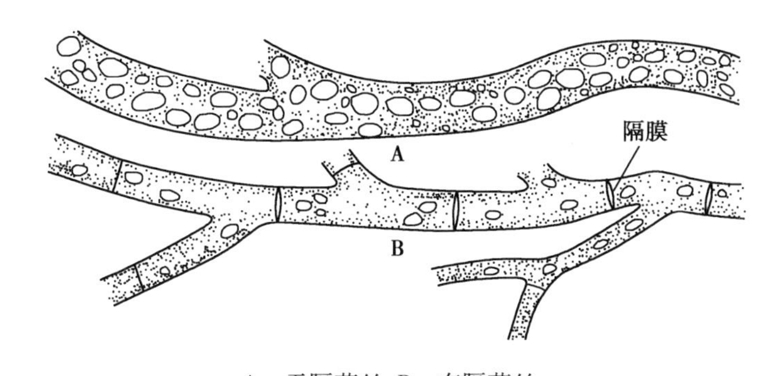

A—无隔菌丝;B—有隔菌丝。

图 2-3 霉菌有隔菌丝和无隔菌丝

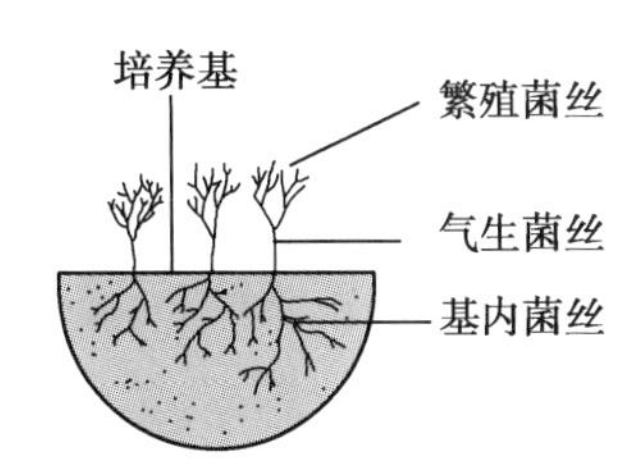

图 2-4 霉菌菌丝类型

霉菌菌丝细胞均由细胞壁、细胞膜、细胞质、细胞核及各种细胞器组成。幼龄时,细胞质充满整个细胞,老龄的细胞则出现大的液泡,其中含有多种贮藏物质,如糖原、脂肪颗粒及异染颗粒等。

霉菌菌丝

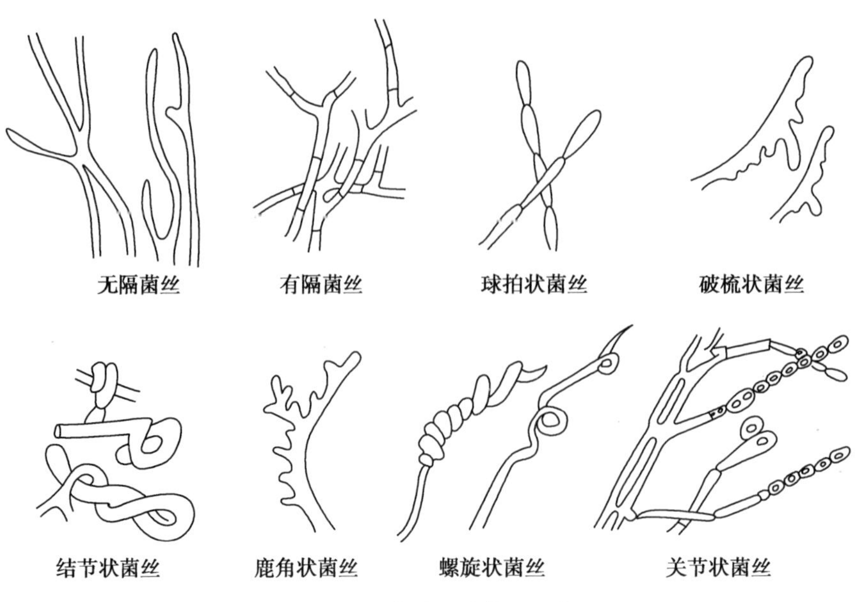

图 2-5　霉菌的各种菌丝形态

1. 细胞壁　细胞壁厚约 100~250nm，主要由多糖组成。除少数水生低等霉菌的细胞壁中含纤维素外，大部分霉菌细胞壁由几丁质组成。几丁质是由数百个 *N*-乙酰葡萄糖胺分子以 β-1,4 葡萄糖苷键连接而成的多聚糖，它与纤维素结构很相似，只是每个葡萄糖上的第二个碳原子和乙酰氯相连，而纤维素的每个葡萄糖上的第二个碳原子却与羟基相连。

几丁质和纤维素分别构成了高等霉菌和低等霉菌细胞壁的网状结构即微纤丝。实验证明，根据细胞壁的组分不同，可将霉菌分为许多类别，这些类别与常规的分类指标有密切关系。因此，在真菌分类中，细胞壁组分分析是重要的鉴定依据之一。

2. 细胞膜　细胞膜厚约 7~10nm，其组成结构与其他真核细胞相似。

3. 细胞质　细胞质中含有线粒体、核糖体和糖原、脂肪颗粒等颗粒内含物等。幼龄菌细胞质均匀，老龄菌细胞质中可出现液泡等。

4. 细胞核　如同高等生物一样，霉菌的细胞核由核膜、核仁组成，核内有染色体。核的直径为 0.7~3.0μm，核膜上有直径为 40~70nm 的小孔，核仁的直径约为 3nm。

点滴积累

1. 真菌的概念　真菌是一类具有典型细胞核和完整细胞器，能进行有性繁殖或无性繁殖，不分根茎叶，不含叶绿素，以腐生或寄生方式摄取营养的真核细胞型微生物。
2. 真菌的形态与结构　酵母菌一般呈卵圆形、圆形或圆柱形，某些酵母菌可形成假菌丝。霉菌（丝状真菌）的菌体由分枝或不分枝的菌丝构成，其中气生菌丝可发育并分化形成孢子，作为霉菌的繁殖结构。

第二节　真菌的繁殖与人工培养

真菌的繁殖方式通常分为有性繁殖和无性繁殖两类。有性繁殖以细胞核的结合为特征，无性繁殖是指不经过两性细胞的配合，由母细胞直接产生子代的繁殖方式。不同类型的真菌，其繁殖方式也有所不同。

一、酵母菌的繁殖方式

（一）酵母菌的无性繁殖

酵母菌的无性繁殖方式主要有芽殖、裂殖、无性孢子繁殖。

1. 芽殖 芽殖是酵母菌无性繁殖的主要方式。芽殖开始时，成熟的酵母菌细胞液泡产生一根小管，同时在细胞表面向外突出形成一个小突起，小管穿过细胞壁进入小突起内；接着母细胞的细胞核分裂成两个子核，一个随母细胞的部分原生质进入小突起内，并逐渐变大成为芽体；当芽体长大到母细胞大小一半时，两者相连部分收缩，在芽体与母细胞之间形成横隔壁，然后脱离母细胞，成为独立的新个体（图 2-6）。一个成熟的酵母细胞通过芽殖可产生几个至数十个子细胞。

酵母菌芽殖

当生长环境适宜时，酵母菌繁殖旺盛，芽殖形成的子细胞不脱离母细胞，其再进行出芽繁殖，形成以狭小的面积连在一起的细胞串，这种藕节状的细胞串在外观上像霉菌的菌丝，因而被称为假菌丝（图 2-7）。

2. 裂殖 裂殖是少数酵母菌借助于细胞的横分裂而繁殖的方式。细胞成熟后，细胞核分裂为两个，之后在细胞中产生隔膜，将细胞一分为二。

酵母菌的假菌丝

3. 无性孢子繁殖 有些酵母菌可通过形成掷孢子、厚垣孢子和节孢子等无性孢子进行繁殖。如掷孢酵母属等少数酵母菌可在卵圆形的营养细胞上生出小梗，在小梗上形成呈肾状或镰刀形的掷孢子，当孢子成熟后，通过特有的喷射机制将孢子射出，完成繁殖；白假丝酵母菌也可通过在假菌丝的顶端产生厚垣孢子进行无性繁殖。

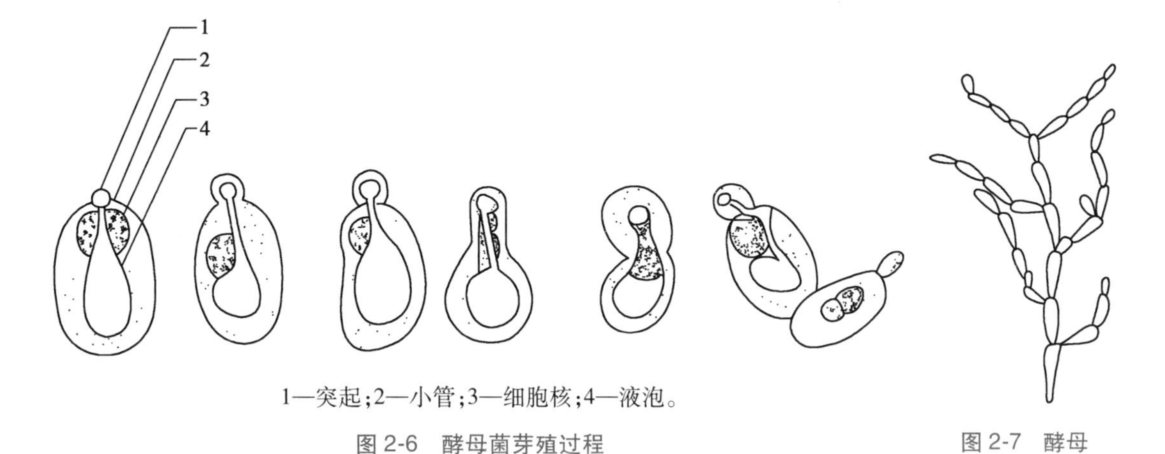

1—突起；2—小管；3—细胞核；4—液泡。

图 2-6 酵母菌芽殖过程

图 2-7 酵母细胞的假菌丝

（二）酵母菌的有性繁殖

酵母菌的有性繁殖是通过两个性细胞的结合而产生新的酵母菌细胞。酵母菌的有性繁殖分为三个阶段，即质配、核配、减数分裂。质配是两个配偶细胞的原生质融合在同一个细胞中，而两个细胞核并不结合，每个核的染色体数都是单倍的；核配是两个配偶细胞的细胞核结合成一个双倍体的核；减数分裂则使细胞核中的染色体数目又恢复到原来的单倍体。

当酵母菌细胞发育到一定阶段，邻近的两个性别不同的细胞各自伸出一根管状原生质突起，随即相互接触，接触处的细胞壁溶解，融合成管道，然后通过质配、核配形成双倍体细胞，该细胞在一定条件下进行1~3次分裂。第一次是减数分裂，形成四个或八个子核，每个子核与其附近的原生质，在其表面形成一层孢子壁，之后就形成了一个子囊孢子，而原有的营养细胞就成了子囊。形成子囊孢子的酵母菌也可以芽殖，芽殖的酵母菌同时也可能裂殖。

二、霉菌的繁殖方式

霉菌主要依靠形成无性孢子或有性孢子进行繁殖。

（一）霉菌的无性繁殖

霉菌的无性繁殖是通过产生无性孢子来实现。无性孢子的形成，不需要经过两性细胞的结合，只是通过营养细胞的分裂或营养菌丝的分化形成。霉菌产生的无性孢子主要有孢子囊孢子、分生孢子、关节孢子、厚膜孢子、芽生孢子（图2-8）。

霉菌孢子

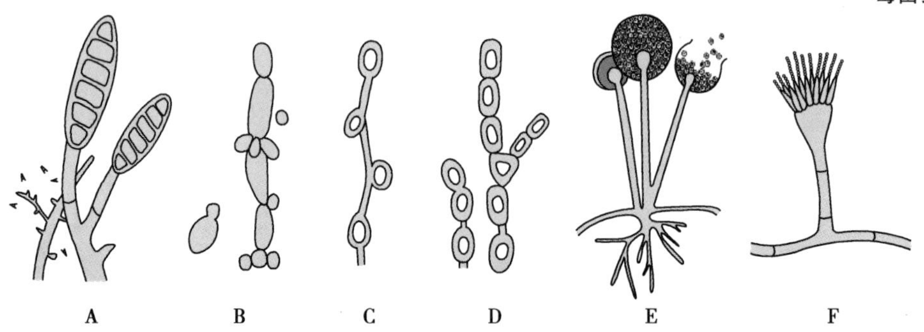

A—大分生孢子；B—芽生孢子；C—厚膜孢子；D—关节孢子；
E—孢子囊孢子；F—小分生孢子。

图2-8　真菌的无性孢子

1. 孢子囊孢子　孢子囊孢子在孢子囊内产生。在孢子形成前，气生菌丝顶端膨大，形成孢子囊，囊内形成许多细胞核，每一个核外包以细胞质，产生孢子壁，即形成了孢子囊孢子。产生孢子囊的菌丝叫孢囊梗，孢囊梗伸入孢子囊的膨大部分叫囊轴。孢子成熟后孢子囊破裂，孢子囊孢子扩散。孢子囊孢子按运动性分为两类，一类是游动孢子，在其侧面或后端有1~2根鞭毛，如水霉的游动孢子顶生两根鞭毛；另一类是不动孢子或静孢子，由陆生霉菌产生，无鞭毛、不能游动，通过孢子囊破裂，孢子散于空气中而传播，如毛霉、根霉等。

2. 分生孢子　分生孢子是由菌丝分枝顶端细胞或菌丝分化形成的分生孢子梗的顶端细胞以出芽方式形成的单个、成链或成簇的孢子。分生孢子的形状、大小、结构、着生方式随菌种不同而异。分生孢子在菌丝上着生的位置和排列特点是：①分生孢子着生在菌丝或其分枝的顶端，产生的孢子是单个的、成链的或成簇的；②分生孢子着生在分生孢子梗的顶端或侧面，其与一般菌丝的区别是细胞壁加厚或菌丝直径增宽；③霉菌菌丝已经分化成分生孢子梗和小梗，分生孢子着生在小梗顶端，成链或成团。分生孢子是霉菌中最常见的一类无性孢子，大多数霉菌以此方式进行繁殖。因为分生孢子是生在菌丝细胞外的孢子，所以又称外生孢子，这种外生方式有利于分生孢子借助于空气传播，如曲霉、青霉等。

3. 关节孢子 关节孢子又称裂生孢子，由菌丝断裂形成。当霉菌菌丝生长到一定阶段，菌丝细胞出现许多横隔膜，之后从横隔膜处断裂，产生许多单个的孢子，孢子形态多呈圆柱形。如白地霉幼龄菌体为多细胞丝状，衰老时菌丝内出现许多横隔膜，然后自横隔膜处断裂，形成一串串短柱形、筒状形或两端钝圆的细胞，即关节孢子。

4. 厚垣孢子 厚垣孢子又称厚壁孢子或厚膜孢子。厚垣孢子的形成方式为：首先在菌丝细胞顶端或中间，一部分细胞的原生质浓缩、变圆；然后，在浓缩的原生质周围，生出厚壁或细胞壁变厚；最终形成球形、纺锤形或长方形的休眠孢子。厚垣孢子是霉菌的休眠体，其对不良环境有很强的抵抗力。若霉菌菌丝因不良生长环境而死亡，厚垣孢子则能继续存活，当环境条件好转时，厚垣孢子便萌发形成新的菌丝体。

5. 芽生孢子 芽生孢子和酵母菌的出芽现象一样，是由母细胞出芽而形成的。母体菌丝细胞像发芽一样产生小突起，经过细胞壁紧缩而形成一种球形的小芽体。当芽细胞长到正常大小时，就会脱离母细胞或直接连在母细胞上。如玉米黑粉菌产生的芽生孢子，某些毛霉或根霉在液体培养基中形成的酵母型细胞也属于芽生孢子。

（二）霉菌的有性繁殖

霉菌的有性繁殖同酵母菌一样分为3个阶段：质配、核配、减数分裂。霉菌的有性繁殖多发生在特定条件下，在人工培养基上不常出现。

霉菌的有性繁殖是通过产生各种类型的有性孢子来完成的。经过两性细胞结合而形成的孢子称为有性孢子。有性孢子的产生没有无性孢子那样产生频繁和种类丰富。常见有性孢子有：

1. 卵孢子 卵孢子由2个大小不同的配子囊结合发育而成。小型配子囊叫雄器，大型配子囊叫藏卵器，它们均由菌丝分化而来。藏卵器中的原生质在与雄器配合前，收缩成1个或数个原生质团，称为卵球。当雄器与藏卵器配合时，雄器中的细胞质和细胞核通过受精管进入藏卵器，并与卵球配合，以这种方式形成的有性孢子称为卵孢子(图2-9)。

2. 接合孢子 接合孢子是由菌丝生出的结构基本相似、形态相同或略有差异的两个配子囊接合而成。接合过程是：2个相邻的菌丝相遇，各自向对方伸出极短的侧枝，称为原配子囊，原配子囊接触后，顶端各自膨大并形成横隔，分隔形成2个配子囊细胞。然后相接触的2个配子囊之间的横隔消失，发生质配、核配，同时外部形成厚壁，即形成接合孢子囊。在接合孢子囊内，发生减数分裂后，形成4个单倍体的接合孢子(图2-10)。

菌丝与菌丝之间的接合有2种情况：一种是由同一菌株的2根菌丝，甚至同一菌丝的分支相互接触，形成接合孢子，这种方式称为同宗配合；另一种是由不同菌株的菌丝相遇后，形成接合孢子，这种由不同母体产生的菌丝间发生的配合现象，称为异宗配合。

3. 子囊孢子 子囊孢子是在子囊内形成的有性孢子。子囊是一种囊状结构，有球形、棒形或圆筒形，还有的为长方形。子囊通常聚集产生，在多个子囊外部，由菌丝体组成共同的保护组织，整个结构成为1个子实体，子囊包在其中，这种有性子实体成为子囊果。子囊内孢子数目通常有2~8个，子囊孢子数目是2的倍数，典型的子囊中有8个子囊孢子。子囊果成熟后，子囊孢子从子囊中释放出来，在适宜条件下萌发成为1个新的菌体。不同霉菌形成子囊的方式各异，最简单的是2个营养细胞接合后直接形成子囊，进而产生子囊孢子（图2-11）。

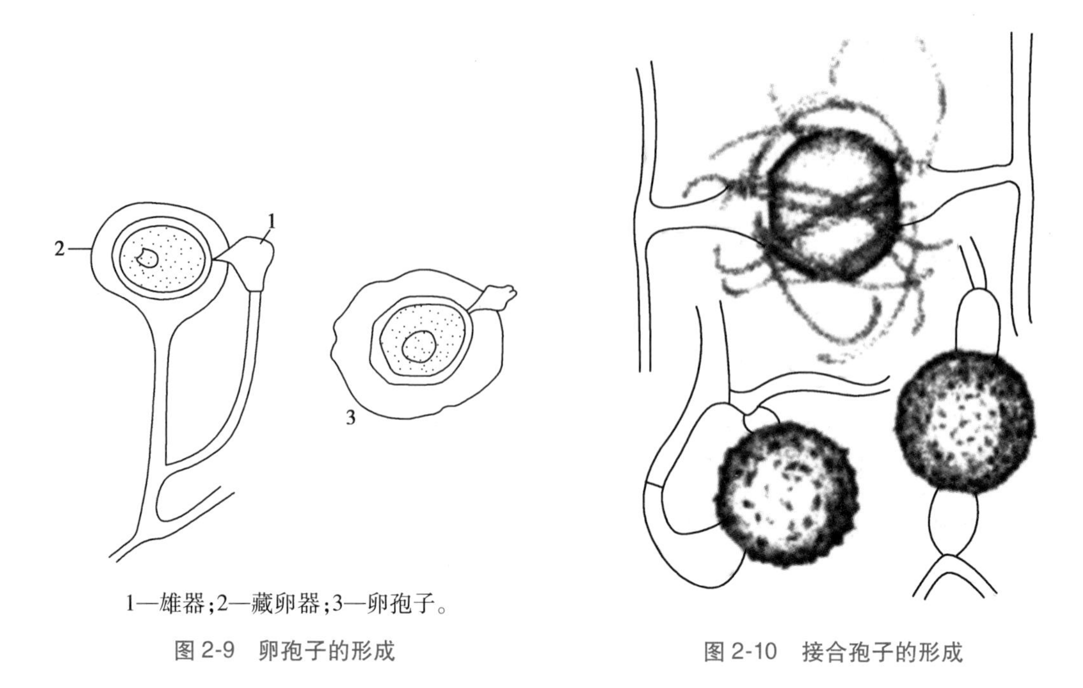

1—雄器；2—藏卵器；3—卵孢子。

图2-9　卵孢子的形成

图2-10　接合孢子的形成

从霉菌的繁殖方式可以看出，霉菌从一种孢子开始，经过一定的生长发育，最后又能产生同一种孢子。这一过程包括无性繁殖和有性繁殖两个阶段，称为霉菌的生活史。典型的生活史是：霉菌的菌丝体在适宜的条件下产生无性孢子，无性孢子萌发形成新的菌丝体，如此重复多次，称为霉菌的无性繁殖阶段。霉菌生长发育后期，在一定条件下，开始发生有性繁殖，即从菌丝体上分化出特殊的性器官或性细胞，经过质配、核配，形成双倍体细胞核，最后经减数分裂形成单倍体有性孢子，有性孢子萌发再形成新的菌丝体，这就是霉菌的有性繁殖。霉菌的生活史包括无性世代和有性世代，两者相互交替，形成独特的生活周期。

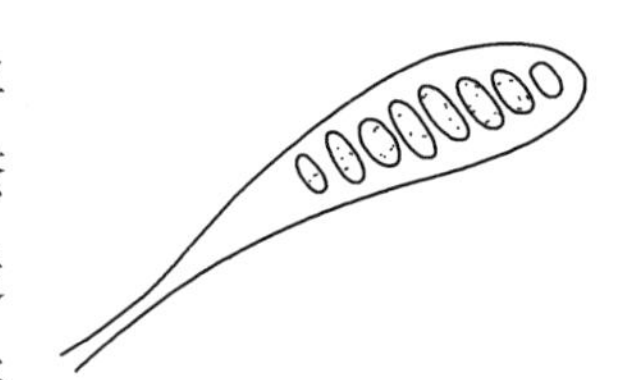

图2-11　子囊孢子

三、真菌的人工培养

真菌的营养要求不高，人工培养常用沙保琼脂培养基，其中主要含有蛋白胨和葡萄糖等；真菌生长最适宜的酸碱度为4.0~6.0，最适温度为22~28℃，某些深部感染真菌一般在37℃中生长最好；培养真菌需要较高的湿度、氧气和糖。虽然真菌繁殖能力很强，但生长速度比细菌慢，多数需要培养数天后才能长成典型的菌落。

四、真菌的生长现象

（一）酵母菌的菌落特征

酵母菌为单细胞微生物，其菌落特征与细菌相似，通常较大而厚，表面湿润、光滑、有黏性，容易挑取。菌落颜色较单一，大多呈乳白色，少数为红色、黑色等。若培养时间长，则菌落表面由湿润转为干燥，呈皱褶状、颜色变暗。不产假菌丝的酵母菌，其菌落隆起、边缘圆整，称为酵母型菌落；产大量假菌丝的酵母菌，其菌落扁平无光泽，边缘不整齐，称为类酵母型菌落。菌落质地、颜色、光泽、表面和边缘等特征是鉴定酵母菌的重要依据。

液体培养基中生长的酵母菌可使培养液变混浊，依种类不同也有不同的特征：有的在培养基底部生长且产生沉淀物；有的在培养基中均匀生长；有的生长在培养基表面产生菌膜。这些特征反映了酵母菌对氧气需求的差异。

（二）霉菌的菌落特征

霉菌的细胞呈丝状，在固体培养基上有营养菌丝和气生菌丝的分化，形成的菌落由菌丝体组成，称为丝状菌落。丝状菌落通常比细菌菌落大几倍至几十倍，外观呈疏松的绒毛状、絮状或蜘蛛网状，干燥、不透明。菌落与培养基连接紧密，不易挑取。因孢子颜色与基质内营养菌丝颜色的差异、某些菌丝产生水溶性色素分泌于基质内等原因，霉菌菌落正面与反面可呈现不同的颜色。霉菌菌落的中心与边缘也可呈现不同的颜色，通常处于中心的菌丝菌龄较大，发育分化和成熟越早，颜色一般也越深。

霉菌菌落

不同霉菌的菌落大小、颜色、形状、结构等特征存在差异，可作为鉴别霉菌的依据。

五、几种常见的霉菌和酵母菌

（一）啤酒酵母菌

啤酒酵母主要用于发酵、酿酒，其个体较大，细胞呈圆形、卵圆形。啤酒酵母无性繁殖产生芽孢子，有性繁殖形成子囊孢子。

（二）毛霉

毛霉是一种较低等的真菌，多为腐生，较少寄生。具有分解蛋白质的能力，在食品工业中，是用于制腐乳、豆豉的重要菌种。有的可用于大量产生淀粉酶，如鲁毛霉总状毛霉等。梨形毛霉是生产柠檬酸的重要菌种，具有转化甾族化合物的能力。毛霉分布于土壤肥料中，也常见于水果蔬菜以及各种淀粉性食物和谷物上，霉腐变质。毛霉生长迅速，产生发达的菌丝。菌丝一般白色，不具隔膜，不产生假根。毛霉以孢囊孢子进行无性繁殖，孢子囊黑色或褐色，表面光滑。有性繁殖则产生接合孢子（图 2-12）。

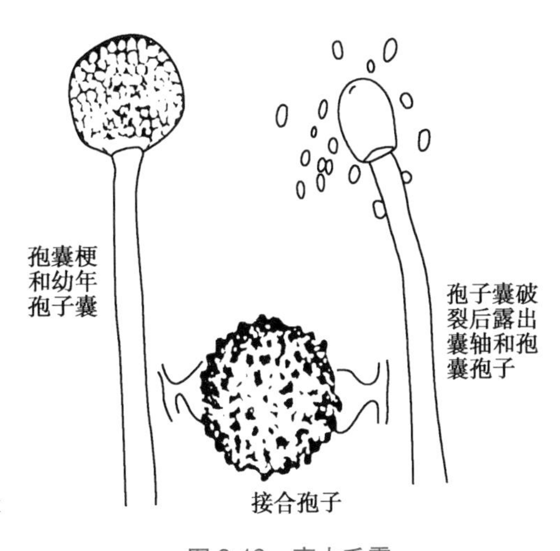

图 2-12 高大毛霉

（三）根霉

根霉与毛霉同属于毛霉目，很多特征相似，主要区别在于根霉有假根和匍匐菌丝。匍匐菌丝呈弧形，在培养基表面水平生长。其在匍匐菌丝着生孢子囊梗的部位，菌丝可伸入培养基内呈分枝状生长，犹如树根，故称假根，这是根霉的重要特征。其有性繁殖产生接合孢子，无性繁殖形成孢囊孢子（图 2-13）。

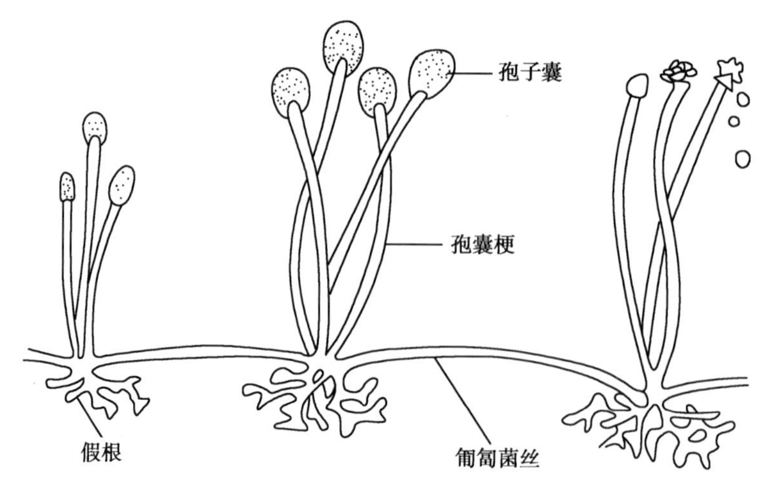

图 2-13　根霉

根霉菌丝体白色，无隔膜，单细胞，气生性强，在培养基上交织成疏松的絮状菌落，生长迅速，可蔓延覆盖整个表面。在自然界分布很广，空气、土壤以及各种器皿表面都有存在，并常出现于淀粉质食品上，引起馒头、面包、甘薯等发霉变质，或造成水果蔬菜腐烂。

根霉能产生淀粉酶、糖化酶，是工业上有名的生产菌种。有的用作发酵饲料的曲种。我国酿酒工业中，用根霉作为糖化菌种已有悠久的历史，同时也是农家甜酒曲的主要菌种。近年来，在甾体激素转化有机酸的生产中被广泛利用。常见的根霉有匐枝根霉、米根霉等。

（四）曲霉

曲霉是发酵工业和食品加工业的重要菌种，已被利用的有近 60 种。2000 多年前，我国就用于制酱，也是酿酒、制醋曲的主要菌种。现代工业利用曲霉生产各种酶制剂、有机酸，农业上用作糖化饲料菌种，例如黑曲霉、米曲霉等。曲霉广泛分布在谷物、空气、土壤和各种有机物品上，可引起水果、蔬菜、粮食的霉变。如生长在花生和大米上的曲霉，能产生对人体有害的黄曲霉毒素 B_1，其能导致癌症。

曲霉菌丝有隔膜，为多细胞丝状真菌。曲霉在幼小而活力旺盛时，菌丝体产生大量的分生孢子梗，分生孢子梗顶端膨大成为顶囊，一般呈球形。顶囊表面长满一层或两层辐射状小梗。最上层小梗瓶状，顶端着生成串的球形分生孢子以上几部分结构合称为孢子穗，孢子呈绿、黄、橙、褐、黑等颜色。分生孢子梗生于足细胞上，并通过足细胞与营养菌丝相连（图 2-14）。曲霉孢子穗的形态，包括分生孢子梗的长度顶囊的形状小梗着生是单论还是双轮，分生孢子的形状大小表面结构及颜色等，都是霉菌鉴定的依据。曲霉属中的大多数仅发现了无性阶段，极少数可形成子囊孢子，故在真菌分类中多数仍归于半知菌类。

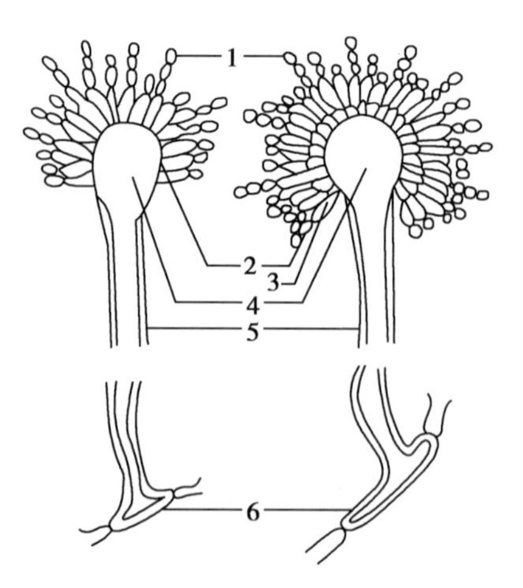

1—分生孢子；2—小梗；3—梗基；
4—顶囊；5—分生孢子梗；6—足细胞。

图 2-14　曲霉

点滴积累

1. 真菌的繁殖方式 包括无性繁殖和有性繁殖。酵母菌的无性繁殖方式有芽殖、裂殖、无性孢子繁殖；霉菌的无性繁殖主要是通过产生无性孢子的方式来实现。酵母菌和霉菌的有性繁殖分为三个阶段，即质配、核配、减数分裂。
2. 真菌的繁殖条件 营养要求不高，最适 pH 为 4.0~6.0，最适生长温度多为 22~28℃，需要较高的湿度、氧气和糖。
3. 真菌的生长繁殖现象 酵母菌的菌落湿润、光滑，颜色多呈乳白色。霉菌的菌落疏松、干燥，呈绒毛状、絮状或蜘蛛网状。

目标检测

简答题

1. 真菌的繁殖方式有哪些？
2. 解释菌丝体、假菌丝、孢子的概念。
3. 列举几种生活中常见的真菌。

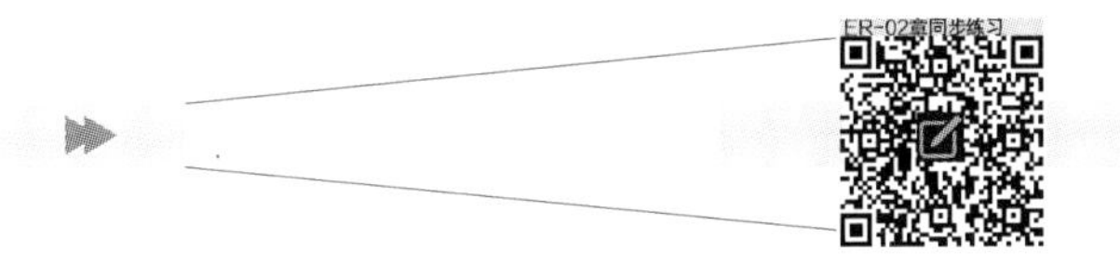

（史正文）

第三章 病毒

导学情景

情景描述:

1988 年初，上海市民中突然发生不明原因的发热、呕吐、食欲缺乏、乏力和黄疸等症状的病例，数日内成倍增长，截止到当年 3 月 18 日，共发生 29 万余例，且患者大部分是青壮年。这场罕见的爆发性流行病给全市人民的身体健康和生产、交通等方面造成很大的危害和损失，严重影响了正常的社会秩序。经卫生防疫部门的调查、检疫，确定这是因市民食用了被甲型肝炎病毒污染的不洁毛蚶所致的甲型肝炎。

学前导语:

甲型肝炎，是由甲型肝炎病毒引起的、以肝脏炎症病变为主的传染性疾病。什么是病毒？想通过努力为有效控制病毒性疾病作出一份贡献吗？本章我们将学习病毒的基本知识、理解噬菌体（感染细菌、真菌等微生物细胞的病毒）与食品发酵工业的关系。

扫一扫，知重点

病毒(virus)是一类个体微小、结构简单、只含有一种类型的核酸(DNA 或 RNA)、必须在活的易感细胞内以复制的方式进行增殖的非细胞型微生物。其基本特点是①个体微小:能通过滤菌器,需用电子显微镜才能观察到。②非细胞结构:不具备细胞结构,无包膜病毒仅由核酸核心和蛋白质外壳组成。③严格活细胞内寄生:病毒缺乏完整的酶系统,无细胞器,不能独立进行代谢活动,故不能在无生命的培养基内生长繁殖而只能寄生于活细胞内。④以复制方式增殖:病毒只能在活的宿主细胞内借助宿主细胞提供给原料、能量和必需的酶,才能在核酸控制下合成新的病毒核酸和蛋白质并装配成子代病毒,并以一定方式释放到细胞外,这种增殖方式称为复制。病毒以其基因为模板,在宿主细胞内复制出新的病毒颗粒。⑤抵抗力特殊:一般耐冷不耐热,对抗生素不敏感,对干扰素敏感。

病毒的发现史

病毒广泛存在于自然界,人、动物、植物、真菌、细菌体内均有病毒寄生。绝大多数病毒对人类有害,它们导致的疾病传染性强、流行面广、死亡率高。虽然病毒不能在食物中生存,但是病毒仍然是食品中重要的微生物类群之一。一些病毒可以通过食品传染给人类,威胁食品安全和人类健康。此外,人们认识到噬菌体会影响食品发酵已经有很长时间了。因此,学习病毒知识对控制病毒带给人类的危害,防止病毒对食品造成的污染,以及减少食品发酵生产中因噬菌体污染而造成的经济损失均有一定的意义。

第一节　病毒的形态与结构

一、病毒的大小与形态

完整、成熟、具有感染性的病毒颗粒称为病毒体或病毒粒子（virion）。病毒体是病毒在细胞外的存在形式，具有病毒的典型形态结构和感染性。观察病毒体大小、形态和结构是确定和研究病毒的前提。

（一）病毒的大小

病毒体的测量单位为纳米（nm）。各种病毒体大小差别悬殊，大的病毒约为 200～300nm，如痘类病毒，在光学显微镜下勉强可见；中等大小的病毒约为 80～150nm，如流行性感冒病毒、腺病毒；小病毒约为 20～30nm，如脊髓灰质炎病毒、口蹄疫病毒。最小的病毒如菜豆畸矮病毒，大小仅有 9～11nm。绝大多数病毒体小于 150nm，必须用电子显微镜放大数千倍至数万倍才能看到（图 3-1）。

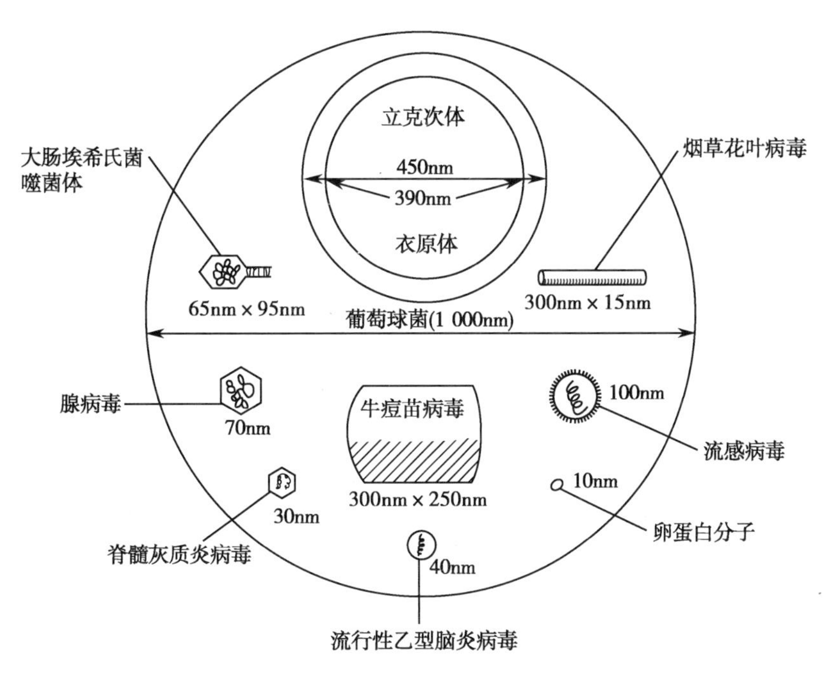

图 3-1　病毒大小的比较

（二）病毒的形态

病毒的形态多种多样，人、动物和真菌的病毒大多呈球形或近似球形（如腺病毒、蘑菇病毒），少数呈弹形（如狂犬病毒）、砖形（如痘类病毒）、丝状体（如新分离的流感病毒）；植物病毒和昆虫病毒多呈杆状和线状（如烟草花叶病毒），细菌病毒多呈蝌蚪状（图 3-2）。

多种多样的病毒

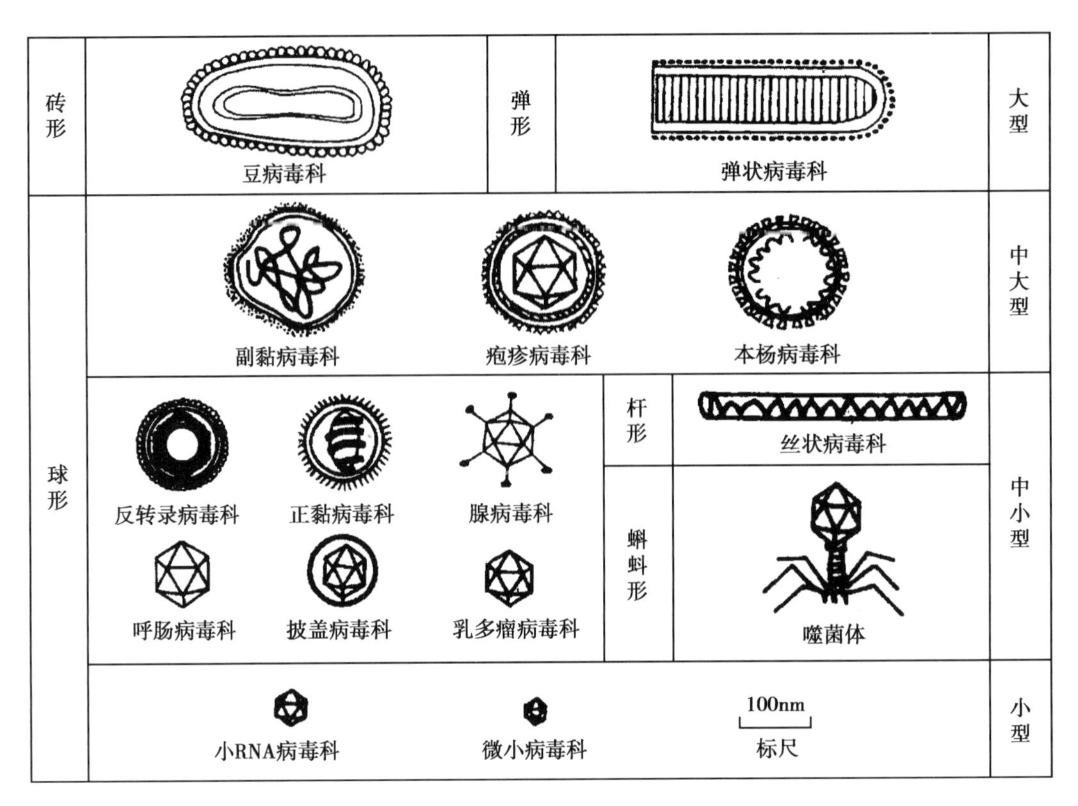

图 3-2　各种病毒的形态与大小比较模式图

二、病毒的结构与化学组成

病毒在形态和大小方面虽有很大差异，但其结构则有共同之处。

（一）病毒的结构

病毒的结构简单，无完整的细胞结构。其基本结构是由核心和衣壳构成的核衣壳，有些病毒的核衣壳外还有包膜（图 3-3）。有包膜的病毒称为包膜病毒，无包膜的病毒体称为裸露病毒或裸病毒。

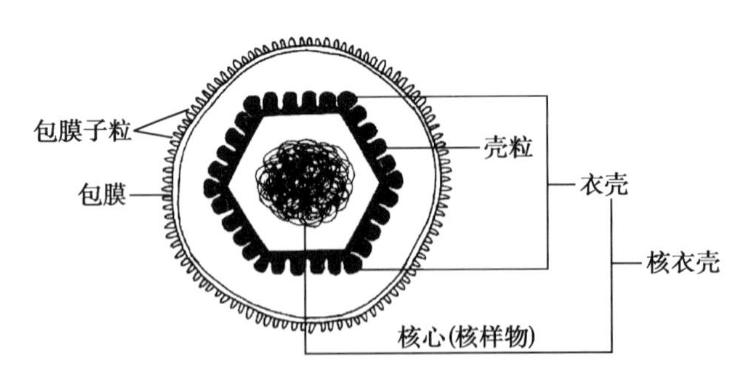

图 3-3　病毒结构模式图

1. 核心　核心（core）是病毒体的中心结构，主要成分是核酸（DNA 或 RNA）。此外还有少量功能性蛋白质，主要是一些酶类物质。

2. 衣壳　包绕在核酸外面的蛋白质外壳，称衣壳（capsid）。衣壳具有抗原性，是病毒体的主要抗原成分。保护病毒核酸免受环境中核酸酶或其他因素的破坏,能介导病毒进入宿主细胞。衣壳由一定数量的壳粒组成,每个壳粒被称为形态亚单位,由一个或多个多肽分子组成。壳粒的排列方式呈对称性,不同的病毒体,衣壳所含的壳粒数目和对称方式不同,可作为病毒鉴别和分类的依据之一。根据壳粒的排列方式,衣壳有如下 3 种类型。

(1)螺旋对称型:病毒核酸呈盘旋状,壳粒沿着核酸链排列呈螺旋对称型,如流感病毒、弹状病毒等(图 3-4)。

(2)20 面体立体对称型:病毒核酸浓集在一起形成球形或近似球形,其壳粒呈 20 面体对称排列(图 3-4)。20 面体的每个面都是等边三角形,由许多壳粒镶嵌组成,如脊髓灰质炎病毒、流行性乙脑病毒等。多数情况下病毒的衣壳是包绕核酸形成的,但也可见先形成空衣壳,再将核酸注入衣壳内的情况。

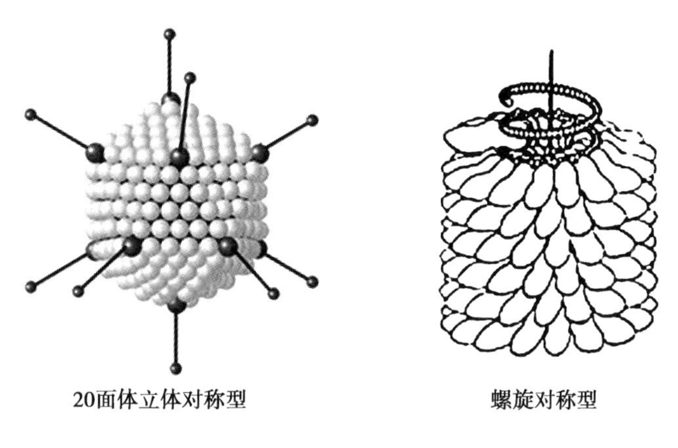

图 3-4 病毒的对称形式

(3)复合对称型:既有立体对称又有螺旋对称的病毒,结构较复杂。如痘类病毒和噬菌体(头部是 20 面体对称结构,尾部是螺旋对称结构)等。

3. 包膜 包膜(envelope)是包裹在核衣壳外面的膜状结构,主要含有蛋白质、多糖及脂类。包膜是病毒在成熟过程中以出芽方式向宿主细胞外释放时穿过核膜和/或细胞膜、空泡膜时获得的,故含有宿主细胞膜和/或核膜成分。但包膜上的蛋白质是由病毒基因编码的,多糖、脂类多来自宿主细胞。包膜表面常有不同形状的突起,称为包膜子粒或刺突。

(二)病毒的化学组成及功能

1. 病毒的核酸 病毒核酸位于病毒体的核心,只含有 DNA 或 RNA,构成病毒体的基因组,为病毒的遗传和变异提供遗传信息,决定病毒对宿主细胞的感染性。

病毒核酸的功能有①病毒复制:病毒进入活的易感细胞后,可释放核酸,自我复制出更多同样的子代核酸。②决定病毒特性:病毒核酸携带了病毒的全部遗传信息,决定了病毒的生物学性状。③具有感染性:有的病毒核酸在除去衣壳蛋白后,仍能进入易感细胞增殖,具有感染性,将其称为感染性核酸。感染性核酸不易吸附细胞,易被核酸酶降解,故其感染性比病毒体低。但因其不受相应病毒受体限制,所以感染宿主的范围比病毒体广泛。如脊髓灰质炎病毒不能感染鸡胚与小鼠细胞,但其感染性核酸则有感染能力。

2. 病毒蛋白质　分为结构蛋白和非结构蛋白。

(1)结构蛋白:指构成病毒有形成分(衣壳、包膜)的蛋白质。衣壳蛋白由多肽组成。由病毒基因编码的包膜蛋白多为糖蛋白,突出于病毒体外。基质蛋白是衣壳和包膜蛋白连接的部分,多具有跨膜和锚定的功能域。

结构蛋白的功能:①保护病毒核酸,使之免遭环境中的核酸酶或其他理化因素(如紫外线、射线等)的破坏;②参与病毒感染的过程,如衣壳蛋白、包膜蛋白与病毒特异性吸附易感细胞膜表面受体有关;③衣壳蛋白、包膜蛋白具有良好的抗原性,可诱发机体产生免疫应答,不仅有免疫防御作用,也可能引起免疫病理损害,与病毒的致病机制有关。

(2)非结构蛋白:非结构蛋白是由病毒基因组编码的,但不参与病毒体的构成。可以存在病毒体内,也可以存在于感染细胞内,包括①病毒编码的酶类,如DNA多聚酶、蛋白水解酶等;②特殊功能蛋白质,如抑制宿主细胞生化合成的蛋白质、某些经MHC呈递的病毒蛋白等,它们仅存在于被感染细胞中。

3. 脂类和糖类　病毒体的脂质主要存在于包膜中,有些病毒含少量糖类,以糖蛋白形式存在,也是包膜的表面成分之一。包膜的主要功能是维护病毒结构的完整性。包膜中所含磷脂、胆固醇及中性脂肪等能加固病毒的结构。来自宿主细胞膜的病毒包膜的脂类与细胞脂类成分同源,彼此易于亲和及融合,因此包膜也起到辅助病毒感染的作用。另外,包膜具有病毒种、型特异性,是病毒鉴定、分型的依据之一。包膜构成病毒体的表面抗原,与致病性和免疫性有密切关系。

点滴积累

1. 病毒　是一类个体微小、结构简单、只含有一种类型的核酸(DNA 或 RNA)、必须在活的易感细胞内以复制的方式进行增殖的非细胞型微生物。
2. 病毒的大小与形态　病毒的测量单位为纳米(nm),形态多种多样,人、动物和真菌病毒大多呈球形或近似球形。
3. 病毒的结构和化学组成　其基本结构是由核心和衣壳构成核衣壳,核心主要成分是核酸(DNA 或 RNA),衣壳的成分是蛋白质。衣壳由一定数量的壳粒组成,根据壳粒的对称方式,衣壳有螺旋对称型、20 面体立体对称型、复合对称型 3 种类型。有的病毒核衣壳外还有一层包膜,包膜表面有不同形状的刺突。有包膜的病毒称为包膜病毒,无包膜的病毒称为裸露病毒或裸病毒。

第二节　噬菌体

噬菌体(bacteriophage,phage)是感染细菌、真菌、放线菌或螺旋体等微生物的病毒的总称,因部分能引起宿主菌的裂解,故称为噬菌体。噬菌体具有病毒的共同特征:个体微小,可通过细菌滤器;无细胞结构,主要由蛋白质构成的衣壳和包含于其中的核酸组成;只能在活的微生物细胞内复制增殖,是一种专性细胞内寄生的微生物。

噬菌体分布极广，凡是有细菌的场所就可能有相应噬菌体的存在。在人和动物的排泄物或污染的井水、河水中，常含有肠道菌的噬菌体；在土壤中，可找到土壤细菌的噬菌体。噬菌体有严格的宿主特异性，只寄居在易感宿主菌体内，故可利用噬菌体进行细菌的流行病学鉴定与分型，以追查传染源。噬菌体与食品发酵工业关系密切，如果生产菌种污染了噬菌体，将造成菌体裂解，不能积累发酵产物，从而发生倒灌事件，造成较大的经济损失。因此，如何防止噬菌体污染十分重要。

一、噬菌体的形态与结构

噬菌体形态极其微小，需用电子显微镜观察。不同的噬菌体在电子显微镜下有三种基本形态，即蝌蚪形、微球形和细杆状（线状或丝状），大多数噬菌体呈蝌蚪形。以蝌蚪形大肠埃希氏菌 T_4 噬菌体为例（图 3-5），其构成包括头部、颈部和尾部三部分。

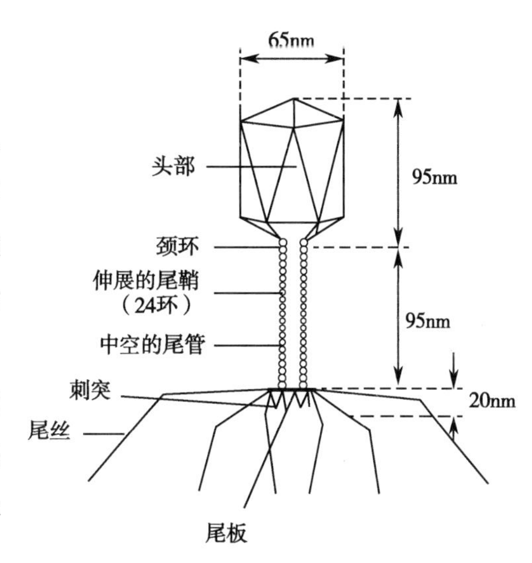

图 3-5 大肠埃希氏菌 T_4 噬菌体结构模式图

1. 头部 头部呈六边形，立体对称，由核心和衣壳构成。核心主要组成是线状 dsDNA，衣壳由壳粒有规律地对称排列，呈椭圆形正 20 面体立体对称。

2. 颈部 颈部由颈环和颈须构成。颈环为一个六角形的盘状构造，其上长有 6 根颈须，用于裹住吸附前的尾丝。

3. 尾部 尾部是一个管状结构，由尾鞘、尾管、尾板（基板或基片）、尾丝和刺突（尾刺）五部分构成。尾鞘由壳粒缠绕成的 24 环螺旋组成，呈螺旋对称，具有收缩功能；中空的尾管是头部核酸注入宿主菌的必经之路；尾部末端有尾板、尾丝和尾刺，尾板内有裂解宿主菌细胞壁的溶菌酶，尾丝为噬菌体的吸附器官，能识别宿主菌体表面的特殊受体。有的噬菌体尾部很短或缺失。

二、噬菌体的增殖

根据噬菌体与宿主菌的相互关系，可将噬菌体分为两种类型：一类能在宿主细胞内复制增殖，产生许多子代噬菌体，并最终裂解细菌，此为毒（烈）性噬菌体；另一类感染宿主菌后不立即增殖，而是将其核酸与宿主菌染色体整合，随宿主菌核酸的复制而复制，并随细菌的分裂而传至子代宿主菌，此为温和噬菌体。

噬菌体需要寄生于易感微生物细胞内增殖，其增殖过程和其他病毒基本相似，一般分为吸附、侵入、复制、装配（成熟）和释放（裂解）五个阶段。从吸附到宿主菌细胞裂解释放子代噬菌体的过程，称为噬菌体的复制周期或溶菌周期。

病毒的增殖动画

（一）毒性噬菌体的增殖

大肠埃希氏菌 T_4 噬菌体是一种毒性噬菌体，它是双链 DNA 病毒，由 20 面体的头部和一个可收缩的蛋白质尾鞘组成，尾鞘有 6 根尾丝。毒性噬菌体入侵增殖的基本过程如以下步骤（图 3-6）。

毒性噬菌体的增殖动画

1. **吸附** 吸附是噬菌体表面蛋白与其宿主菌表面受体发生特异性结合的过程，其特异性取决于两者分子结构的互补性。不同噬菌体的吸附方式不同，丝形噬菌体以其末端吸附；某些细杆状及微球形噬菌体可吸附于细菌的性菌毛上；蝌蚪形噬菌体以尾丝、尾刺吸附，T_4 噬菌体以尾部末端和宿主的受体吸附。一种细菌可被多种噬菌体感染，不同的感染噬菌体在同一宿主菌的不同受体点上吸附，因此，一个宿主菌（例如大肠埃希氏菌）与一种噬菌体（T_4）如饱和吸附后，并不妨碍和另一种噬菌体（如 T_6）再吸附。

2. **侵入** 有尾噬菌体吸附于宿主菌后，借以尾部末端的溶菌酶在宿主菌细胞壁上溶一小孔，然后通过尾鞘的收缩，将头部的核酸注入菌体内，而蛋白质衣壳留在菌体外。无尾噬菌体与丝状噬菌体可以脱壳的方式使核酸进入宿主菌内。从吸附到侵入的时间间隔很短，只有几秒钟到几分钟。

3. **复制** 噬菌体核酸进入宿主菌细胞后，一方面通过转录生成 mRNA，再由此翻译成噬菌体所需的与其生物合成有关的酶、调节蛋白和结构蛋白，但不形成带壳体的粒子；另一方面以噬菌体核酸为模板，大量复制子代噬菌体的核酸。

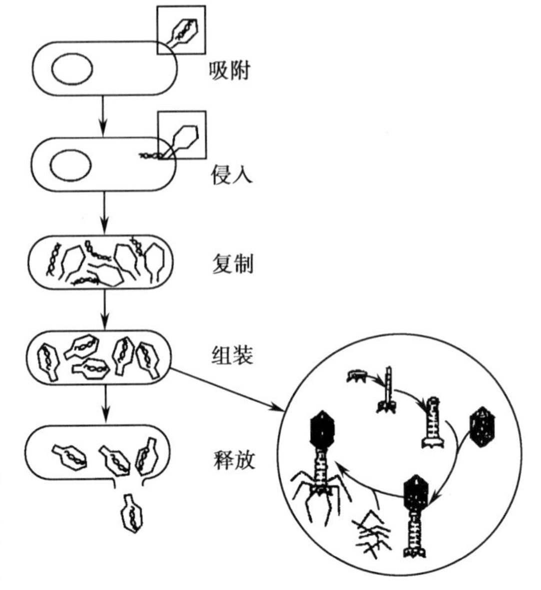

图 3-6 T 偶数噬菌体的侵染复制过程

4. **成熟（组装）** 宿主细胞合成噬菌体壳体（T_4噬菌体包括头部、尾部），并按一定程序与子代核酸一起装配成完整的成熟噬菌体，即子代噬菌体。

5. **宿主细胞的裂解（释放）** 当子代噬菌体达到一定数目时，即裂解宿主菌细胞，释放出子代噬菌体。后者又可感染新的宿主菌。噬菌体的释放量随种类而有所不用，一个宿主细胞可释放10~10 000个子代噬菌体。

在液体培养基中，噬菌体裂解宿主菌可使混浊菌液变澄清；而在固体培养基上，将适量的噬菌体和宿主菌液混合接种培养后，培养基表面可出现透亮的溶菌空斑，称为噬菌斑。不同噬菌体形成的噬菌斑的形态与大小不尽相同。每个噬菌斑系由一个噬菌体复制增殖并裂解宿主菌后形成的，因此通过噬菌斑计数，可测知一定体积内噬斑形成单位（plaque forming units，PFU）数目，即噬菌体的数量。

（二）温和噬菌体的增殖

温和噬菌体感染宿主菌后，其基因组整合于宿主菌基因组中，这种整合在细菌染色体上的噬菌体基因称前噬菌体。前噬菌体可随细菌染色体的复制而复制，并通过细菌的分裂而传给子代细菌，不引起细菌裂解，这种带有前噬菌体的细菌称溶原性细菌。前噬菌体偶尔可自发地或在某些理化和生物因素的诱导下脱离宿主菌染色体而进入溶菌周期，产生成熟的子代噬菌体，导致细菌裂解。由此可知，温和噬菌体有三种存在状态：①游离的具有感染性的噬菌体颗粒；②宿主菌细胞质内类似质粒形式的噬菌体核酸；③前噬菌体。温和噬菌体有溶原性周期和溶菌性周期（图 3-7）。

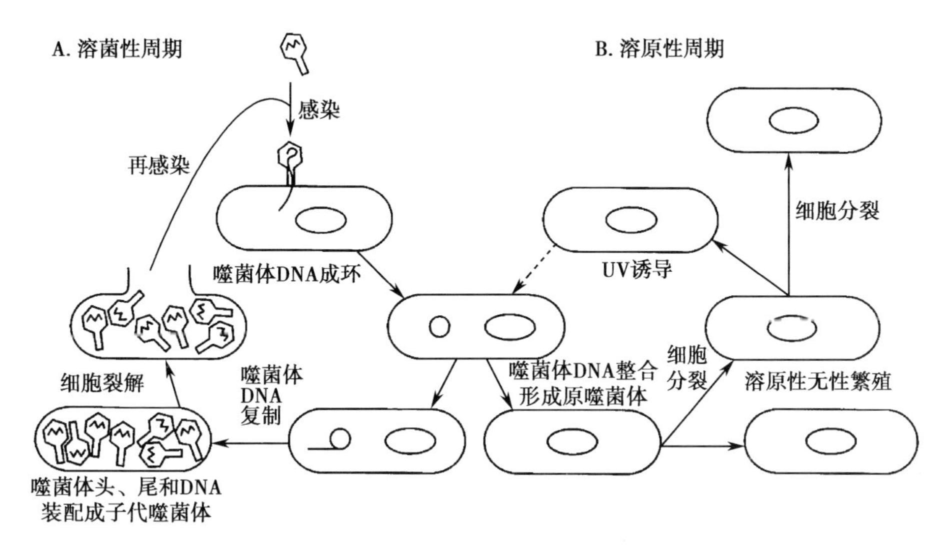

图 3-7 温和噬菌体溶菌性周期和溶原性周期

溶原性细菌具有抵抗同种或有亲缘关系噬菌体重复感染的能力，即使宿主菌处在一种噬菌体免疫状态。某些前噬菌体可导致细菌基因型和性状发生改变，称为溶原性转换。

三、噬菌体对食品生产的危害及预防

噬菌体与食品生产的关系主要体现在对发酵工业的危害。

（一）噬菌体对食品发酵工业的危害

在食品发酵工业中，噬菌体的危害是污染生产菌种，造成菌体裂解，发生倒灌事件，造成经济损失。例如，生产谷氨酸的北京棒状杆菌、生产酸乳的乳酸菌、生产食醋的产乙酸菌、生产丙酮和丁醇的丙酮丁醇梭菌、生产链霉素的灰色链霉菌等，当发酵液受到相应噬菌体感染则会出现异常发酵。异常发酵常表现为发酵缓慢，周期明显延长、碳源消耗缓慢、菌体因细胞裂解而数量下降、发酵液变澄清、pH 异常、不能积累发酵产物等，严重的可造成倒灌、停产。故在食品发酵工业中，需采取防治措施，减少由噬菌体造成的损失。

（二）噬菌体危害的防治

要防治噬菌体的危害，首先是提高有关工作人员的思想认识，建立“防重于治”的观念。

预防噬菌体污染的措施主要有①不使用可疑菌种：认真检查摇瓶、斜面及种子罐所使用的菌种，坚持废弃任何可疑菌种；②严格保持环境卫生：良好的卫生设施可以减少噬菌体在加工设备上的积累；③不排放或随意丢弃活菌液：环境中存在活菌，就意味着存在噬菌体赖以增殖的大量宿主，正常发酵液和污染后的发酵液均应严格消毒或灭菌后才能排放；④注意通气质量：空气过滤器要保证质量并经常严格灭菌；⑤加强管道和发酵罐的灭菌；⑥采用非敏感噬菌体培养物，不断筛选抗性菌种，并经常轮换生产菌种以及采用混合菌种。

一旦发现噬菌体污染时，要及时采取的合理措施有①尽快提取成品：如果发现污染时发酵液中的代谢产物含量已较高，应及时提取或补加营养并接种抗噬菌体菌种后再继续发酵，以挽回损失。②使用药物抑制：目前防治噬菌体污染的药物还很有限，在谷氨酸发酵中，加入某些金属螯合剂（如

0.3%~0.5%的草酸盐、柠檬酸铵）可抑制噬菌体的吸附和侵入；加入1~2μg/ml金霉素、四环素或氯霉素等抗生素或0.1%~0.2%的“吐温60”“吐温20”或聚氧乙烯烷基醚等表面活性剂均可抑制噬菌体的增殖或吸附。③及时改用抗噬菌体生产菌株。

点滴积累

1. 噬菌体　感染细菌、真菌、放线菌或螺旋体等微生物的病毒的总称。
2. 噬菌体的形态与结构　多数噬菌体呈蝌蚪形，由头部、颈部、尾部三个部分构成。
3. 噬菌体的种类　①毒（烈）性噬菌体：在宿主菌内以复制方式进行增殖，并最终裂解细菌；②温和噬菌体：感染宿主菌后不立即增殖，而是将其核酸与宿主菌染色体整合，随宿主菌核酸的复制而复制，并随细菌的分裂而传至子代宿主菌。
4. 噬菌体与食品发酵工业的关系　噬菌体可污染生产菌种，造成菌体裂解，发生倒灌事件。要防治噬菌体的危害，首先是提高有关工作人员的思想认识，建立“防重于治”的观念。

目标检测

简答题

1. 试述病毒的概念、特点、结构与化学组成。
2. 试述的概噬菌体的概念、形态与结构。
3. 简述毒性噬菌体与温和噬菌体的增殖特点。
4. 简述噬菌体对食品发酵工业的危害。

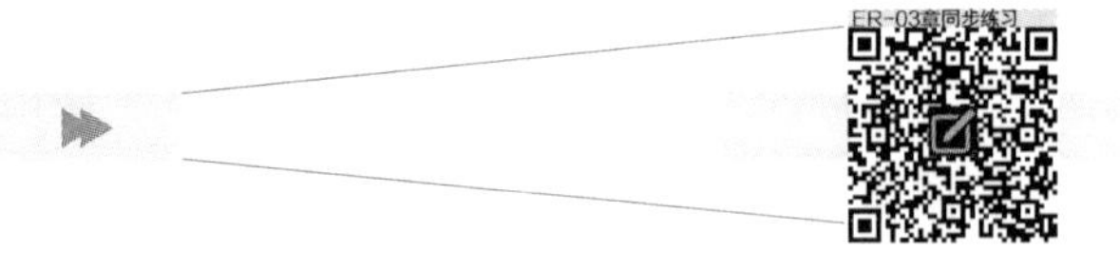

（王红梅）

第四章

微生物的遗传变异与菌种保藏

导学情景

情景描述：

俗语常说“种瓜得瓜，种豆得豆”，子女往往长得很像他们父母，有时也会有很大的差异，而兄弟姐妹之间的相似程度往往更小。这些都是我们日常生活中常见的遗传变异现象。遗传使子女与父母之间有许多相似之处，而变异又使子女和父母之间有许多差异。那么，对于肉眼看不到的微生物，是否也存在遗传变异现象呢?

学前导语：

遗传和变异是生物最基本的属性，微生物同其他生物一样，也具有遗传和变异的生命特征。本章我们将学习遗传与变异的概念以及遗传与变异的物质基础和机制是什么，微生物常见变异现象有哪些，如何来保藏微生物菌种。

扫一扫，知重点

第一节 微生物的遗传变异

一、遗传与变异的概念

遗传和变异是生物最基本的属性之一，微生物同其他生物一样，也具有遗传和变异的生命特征。

任何一种生物都要通过无性繁殖或有性繁殖方式繁衍后代，从而保证生命在世代间的延续，并使子代与亲代相似，这种世代间子代与亲代相似的现象就是遗传。正是由于微生物的遗传性，亲代才能传递给子代一套相同的遗传物质，使微生物的种属得以延续。但是微生物的子代与亲代，以及子代不同个体之间，在性状上总存在某些差异，这就是变异。变异性使微生物更能适应外界环境的变化，并产生新的变种。微生物的遗传性和变异性，既保证了它们能维持物种的特征，又能在自然界不断进化。

微生物的变异性分遗传性变异和非遗传性变异。遗传性变异是由微生物细胞内遗传物质的结构发生改变引起的，变异的性状可遗传给后代，又称基因型变异。非遗传性变异通常是由外界环境的作用而引起，变异的性状并不遗传给后代，又称表型变异。

二、遗传变异的物质基础

（一）微生物的遗传物质

生物学界曾对生物体中是否存在着专门行使遗传变异功能的物质有过激烈的争论，直至 20 世纪40年代,通过肺炎链球菌的转化实验、噬菌体感染实验、烟草花叶病毒的拆开和重建实验,才逐步证明生物体内的遗传物质是核酸。大多数微生物的遗传物质是脱氧核糖核酸(DNA),只有部分病毒的遗传物质是核糖核酸(RNA)。

肺炎链球菌的转化实验

噬菌体感染实验

烟草花叶病毒的拆开和重建实验

（二）遗传物质在细胞中的存在方式

1. 细胞水平　从细胞水平来看,微生物的遗传物质主要存在于细胞核或核区中。在不同微生物细胞或同种微生物的不同类型细胞中,细胞核的数目常有所不同。大多数微生物细胞,尽管在高速生长阶段可出现多核现象,但最终一个细胞内只有一个核;部分霉菌和放线菌的菌丝细胞中可有多个核存在。

真核微生物的细胞核外有一层核膜包裹,显微镜下可见其具有完整的形态,核内的DNA与组蛋白结合成染色体。原核微生物的核没有核膜包裹,其染色体仅由一条裸露的DNA按一定构型缠绕、折叠,以松散的网状形式存在于细胞质中,故称之为核区。

2. 分子水平　从分子水平看,微生物的遗传物质是DNA或RNA。绝大多数微生物的DNA是双链的,只有少数病毒为单链结构,RNA也有双链(大多数真菌病毒)与单链(大多数RNA噬菌体)之分。同是双链DNA,其存在状态也有不同,多数呈环状,但有的呈线状(如某些病毒的DNA),还可呈超螺旋状(如细菌质粒);RNA都是呈线状。

在核酸大分子上存在着决定某些遗传性状的特定区段——基因,它的物质基础是一个具有特定核苷酸顺序的核酸片段,DNA上的特定核苷酸排列如同遗传密码,负载了所有的遗传信息。生物体内执行各种生理功能的蛋白质,就是按DNA分子结构上遗传信息的指令,通过转录、翻译而合成出来的。

（三）微生物遗传物质的类型

微生物细胞内可存在多种不同类型的遗传物质,重要的有染色体和质粒。

1. 染色体　真核微生物的染色体由DNA与组蛋白结合在一起而构成,存在于细胞核中;原核微生物的染色体不含组蛋白,由裸露DNA构成。染色体是微生物生命活动所必需的遗传物质,控制着微生物的代谢、繁殖、遗传和变异。

2. 质粒　质粒主要存在于细菌细胞内,是细菌染色体外的双链闭合环状的DNA。质粒的主要特征有①具有自我复制的能力:质粒在细菌细胞内可不依赖染色体而自主复制,并随细菌的分裂传入子代细菌;②可决定细菌的某些遗传性状:质粒携带的遗传信息能赋予宿主菌某些生物学性状,如致育性、致病性、耐药性和某些生化特性等;③可从宿主细胞中消失:质粒不是细菌生命活动所必需的物质,可自行丢失,也可经人工诱导处理而消除(这种诱导处理不会影响宿主细胞的繁殖),随着质粒的消失,质粒所赋予细菌的性状亦随之失去,但细菌仍然可存活;④具有转移性:质粒可通过接合、转化、转导等方式在细菌间转移,从而使受体菌获得相应的生物学性状。

根据质粒基因编码的生物学性状可将质粒分为①致育质粒(F 质粒):编码细菌性菌毛。带有 F 质粒的细菌为雄性菌,有性菌毛;无 F 质粒的细菌为雌性菌,无性菌毛。②耐药质粒(R 质粒):具有耐药基因,编码细菌对抗菌药物的耐药性。③毒力质粒或 Vi 质粒:编码与细菌致病性有关的毒力因子,如大肠埃希氏菌的产肠毒素菌株因为含有编码肠毒素的质粒而引起旅行者腹泻。④代谢质粒:编码产生与代谢相关的多种酶类。

三、遗传变异的机制

微生物变异分非遗传型变异和遗传型变异。非遗传型变异没有基因结构的改变,只是微生物为了适应外界环境而发生的暂时性的性状改变,比如细菌的菌落形态变异大多属于非遗传型变异。遗传型变异是由基因结构改变引起的,能使相应性状出现稳定可遗传的变化,其变异机制主要包括突变、基因转移与重组。

(一) 突变

突变是指生物细胞的遗传物质(DNA 或 RNA)中的核苷酸顺序突然发生稳定的可遗传的变化,包括基因突变和染色体畸变。在微生物中,突变经常发生,其中基因突变尤为常见。实践中可利用理化因素作用于微生物,诱导其发生突变,从而帮助获得优良品种。

1. 突变的类型

(1)按突变涉及范围分类:①基因突变,也称点突变,是 DNA 链上的一对或少数几对碱基因缺失、插入或置换,而导致微生物发生较少的性状改变;②染色体畸变,是大段的 DNA 变化(损伤)现象,包括染色体的插入、缺失、重复、倒位和易位。

(2)按突变原因分类:①自发突变,指微生物在没有人工干预下自然发生的突变,该突变可随时发生,突变概率很低,一般在 $1/10^9 \sim 1/10^6$ 之间。②诱发突变,指人为应用各种诱变剂处理微生物而引起的突变,其概率比自发突变要高 $10 \sim 10^5$ 倍。诱变剂系指能显著提高突变频率的各种理化因素,如高温、紫外线、辐射、各种碱基类似物、烷化剂等。

(3)按突变引起的表型改变分类:①形态突变型。因突变导致细胞形态或菌落形态发生改变。②营养缺陷突变型。因突变导致代谢障碍,必须添加某种营养物质才能正常生长。③致死突变型。由于基因突变而导致个体死亡的突变型。④条件致死突变型。在某一条件下表现致死效应,而在另一条件下却不表现致死效应的突变型,如温度敏感突变型。⑤抗性突变型。由于基因突变而产生了对某种化学药物或致死物理因素具有抵抗能力的突变型。⑥其他如抗原性突变型、毒力突变型、代谢产物突变型、糖发酵突变型等。

2. 基因突变的特点　在整个生物界,由于遗传物质基础是相同的,所以显示在遗传变异的特性上都遵循着共同的规律,这在基因突变的水平上尤为明显。基因突变主要有以下特点。

(1)自发性:是指各种性状的突变,可以在没有人为的诱变因素处理下自发地发生。

(2)不对应性:是指突变的性状与引起突变的原因间无直接对应的关系。例如,细菌在有青霉素的环境中出现了抗青霉素的突变体，在紫外线作用下出现了抗紫外线的突变体。但这些突变的性状并不是由于青霉素、紫外线诱发的，而是通过自发或任何诱变因子诱发，青霉素、紫外线只不过是起到了淘汰原有非突变型个体的作用。

（3）稀有性：自发突变虽可随时发生，但突变的概率是较低和稳定的，一般在 $1/10^9 \sim 1/10^6$ 间。

（4）独立性：突变的发生一般是独立的，即在某一群体中，既可发生抗青霉素的突变型，也可发生抗任何其他药物的抗药性，而且还可发生其他不属抗药性的任何突变。某一基因的突变，既不提高也不降低其他基因的突变率。

（5）诱变性：自发突变的概率可通过诱变剂的作用而提高，一般可提高 $10 \sim 10^5$ 倍。

（6）稳定性：是指突变产生的新性状是稳定的、可遗传的。

（7）可逆性：由原始的野生型基因变异为突变型基因的过程，称为正向突变。相反的过程则称为回复突变。任何性状既有正向突变，也可发生回复突变，但回复突变的概率很低。

（二）基因转移与重组

外源性遗传物质由供体菌转入受体菌细胞内的过程称为基因转移或基因交换。供体菌的基因进入受体菌细胞，并在其中自行复制与表达，或与受体菌 DNA 整合在一起的过程称为基因重组。基因转移与重组可使受体菌获得供体菌的某些特征。外源性遗传物质包括供体菌的染色体 DNA 片段、可转移的质粒 DNA 片段及噬菌体基因等。微生物的基因转移与重组有以下方式。

1. 原核微生物的基因重组

（1）转化：是受体菌直接摄取供体菌提供的游离 DNA 片段整合重组，使受体菌的性状发生变异的过程。

（2）转导：是以温和噬菌体为媒介，将供体菌的基因转移到受体菌内，导致受体菌基因改变的过程，分为普遍性转导和局限性转导。以温和噬菌体为载体，将供体菌的一段 DNA 转移到受体菌内，使受体菌获得新的性状，如转移的 DNA 是供体菌染色体上的任何部分，则称为普遍性转导。噬菌体 DNA 脱离宿主染色体时发生偏差，把自身一段 DNA 留在染色体上，而将细菌染色体上原整合部位两侧的基因带走，这种转导称为局限性转导。

（3）接合：是供体菌通过性菌毛将所带有的 F 质粒或类似遗传物质转移至受体菌的过程。

（4）溶原性转换：是温和噬菌体感染宿主菌，并将 DNA 整合至宿主菌染色体上，使宿主菌遗传结构发生改变而获得新的遗传型性状。

（5）原生质体融合：两种经过处理失去细胞壁的原生质体混合可发生融合，融合后的双倍体细胞可发生细菌染色体间的重组。

2. 真核微生物的基因重组

（1）有性生殖：一般指性细胞间的接合和随之发生染色体重组，并产生新遗传型后代的一种方式。真菌的有性生殖和性细胞间的接合发生于单倍体核之间。大多数真菌核融合后进行减数分裂，并发育成新的单倍体细胞。亲本的基因重组主要是通过染色体的独立分离和染色体之间的交换。

（2）准性生殖：是一种类似于有性生殖但比它更为原始的生殖方式，它是同一生物的两个不同来源的体细胞经融合后，不通过减数分裂而实现低频率的基因重组。准性生殖常见于某些真菌，尤其是半知菌中。

四、常见变异现象

微生物发生的变异可以源于遗传性变异，也可以是非遗传性变异，变异现象可见于微生物的各种性状，如形态、结构、菌落、抗原性、毒力、酶活性、耐药性、宿主范围等。

（一）形态和结构的变异

微生物受外界环境条件的影响，其大小形态和结构可发生变异。如有的细菌在青霉素或免疫血清等因素影响下，可失去细胞壁变异成为细胞壁缺陷型细菌（细菌 L 型），出现泡状、哑铃状、梨状等不规则形态；炭疽杆菌在 42~43℃下培养，经 10~20 天后丧失形成芽孢的能力；有鞭毛的变形杆菌，在含有 1%苯酚培养基上生长时，会失去鞭毛；有荚膜的肺炎双球菌在无血清的普通培养基中，传代数次后，可失去形成荚膜的能力。

（二）菌落的变异

细菌在固体培养基上生长成的菌落可分为光滑型（S 型）和粗糙型（R 型）两类。光滑型菌落表面湿润，有光泽，菌落边缘整齐；粗糙型菌落表面干燥，无光泽，菌落边缘不整齐。在某些条件下，细菌菌落性状可出现光滑型和粗糙型相互的变异。如某些 S 型菌落在陈旧培养基中长期培养后，菌落变为 R 型；炭疽芽孢杆菌在含 $NaHCO_3$ 的琼脂平板上生长，其菌落可由粗糙型变异成为黏液型。这些特征的变化用肉眼就能观察到，大多数细菌的菌落由光滑型变异为粗糙型时往往还伴随有毒力和抗原性的改变。

（三）毒力的变异

微生物的毒力可因某种原因发生变异使得其原有毒力减弱或增强。如有毒牛型结核分枝杆菌在含有胆汁的甘油、马铃薯培养基上经 13 年传 230 代，变异成为无毒力但仍保持免疫原性的变异株，此即卡介苗的制备材料。再如无毒力的白喉杆菌被 β-棒状杆菌噬菌体感染发生溶原化后，同时获得产生外毒素的能力，变异为有毒株，可引起白喉。

知识链接

矮玉米与“卡介苗”

20 世纪初，法国微生物学家 Calmette、Guerin 与其他科学家们为征服严重危害人类健康的结核病而努力着。一个秋日的下午，Calmette 和 Guerin 路过巴黎近郊的一个农场，发现田里的玉米秆矮小穗少，以为缺乏肥料。农场主说：“这玉米引种到这里已经十几代了，可能有些退化了，一代不如一代啦！”“退化现象”引起了两人的联想：如果把毒性强烈的结核杆菌一代代培养下去，它的毒性是否也会退化呢？用毒性退化的结核杆菌制成疫苗，注射到人体内，能否既无伤害又预防结核病呢？为此，两位科学家在实验室足足花了 13 年的时间，终于成功培育出了毒力大大减弱的结核杆菌并制备成疫苗，危害人类健康的结核病终于被驯服了！为纪念这两位科学家，人们将这种预防结核病的疫苗称为“卡介苗”。

（四）抗原变异

细菌的抗原性变异比较常见，尤其在志贺菌属和沙门氏菌属中更为普遍。如沙门氏菌属的鞭毛抗原较易在Ⅰ相和Ⅱ相之间相互转变；福氏志贺菌菌体抗原有 13 种，其中Ⅰa 型菌株的型抗原可消失变异为 Y 变种，Ⅱ型菌株的型抗原可消失变异为 X 变种。

（五）耐药性变异

细菌对某种抗菌药物从敏感变为不敏感的变异现象称为耐药性变异。由于抗生素在临床上的广泛使用，使一些原本对某种药品敏感的细菌发生染色体耐药基因的突变、耐药质粒的转移和转座子的插入等，从而产生一些新的酶类或多肽类物质，破坏抗菌药物或阻挡药物向靶细胞穿透，或发生新的代谢途径，进而产生对抗生素的耐药性，造成临床药物治疗的失败。例如金黄色葡萄球菌对青霉素产生的耐药性菌株、结核分枝杆菌对链霉素产生的耐药性菌株日益增多，甚至有些细菌产生了多种耐药性的菌株。

（六）酶活性变异

酶是微生物新陈代谢的重要因素，发生酶活性变异，对其生长繁殖、生化反应等都会产生影响。如某些细菌由于紫外线照射或化学诱变剂等因素的作用，基因型发生改变，丧失了代谢途中的某种酶，从而导致其合成生长所必须的某些氨基酸和维生素的能力缺失，必须加入某些营养物才能生长。这种变异的细菌称为营养缺陷型，变异的性状可传给后代。又如大肠埃希氏菌只有当培养基中有乳糖存在时才产生 β-半乳糖苷酶以分解乳糖，当培养基中无乳糖时，则不产生这种酶。

点滴积累

1. 微生物的遗传物质　为核酸，以染色体、质粒或其他形式存在于细胞内。
2. 微生物遗传变异的机制　突变、基因转移与重组。
3. 微生物常见变异现象　形态和结构的变异、菌落的变异、毒力的变异、抗原变异、耐药性变异、酶活性变异等。

第二节　微生物菌种保藏

一、菌种保藏的目的与意义

由于微生物在使用和传代过程中容易发生污染、变异甚至死亡，因而常常造成菌种的衰退，并有可能使优良菌种丢失。因此，需要通过妥善的保藏手段来达到防止菌种退化、保持菌种生活能力和优良生产性能，尽量减少、推迟负变异，防止死亡，并确保不污染杂菌，以达到便于研究、交换和使用等目的。

菌种是一个国家拥有的重要生物资源，优良的菌种无论对基础研究还是工业生产都具有重要意义。在基础研究中，菌种保藏可以保证研究结果获得良好的重复性。对于实际应用的生产菌种，可靠的保藏措施可以保证优良菌种长期高产稳产。各国都非常重视菌种的保藏工作，许多国家都设有专门的菌种保藏机构。我国也在 1979 年成立了中国微生物菌种保藏管理委员会，负责全国的菌种保藏管理业务。

二、常用菌种保藏方法

菌种保藏有很多方法，其原理都是挑选典型菌种的优良纯种，最好是在它们的休眠体（如孢子、芽孢等）的基础上，根据微生物生理、生化特点，人为创造一个最有利的环境条件（如干燥、低温、缺氧、避光、缺乏营养以及添加保护剂或酸度中和剂等），使微生物长期处于代谢不活泼、生长繁殖受抑制、不易发生变异的休眠状态，从而达到菌种保藏的目的。

水分对生化反应和一切生命活动都非常重要，因此，干燥尤其是深度干燥，在菌种保藏中占首要地位。温度是影响微生物生长的另一个重要的因素，低温可抑制微生物的生长，也是菌种保藏中的重要条件。微生物生长的温度下限约在-30℃，在水溶液中能进行酶促反应的温度下限约在-140℃左右，因此低温往往需要与干燥结合才能达到更好的保藏效果。

不同微生物的遗传特性不同，对环境条件的要求和适应能力也不同，适宜采用的保藏方法也不一样。一种良好有效的保藏方法，首先应能长期保持菌种原有的优良性状不变，同时还需考虑到方法本身的简便和经济。下面介绍几种常用的菌种保藏方法。

（一）斜面低温保藏法

斜面低温保藏法是一种简单常用的菌种保藏方法，即将菌种接种在适宜的斜面培养基上，待菌种生长完全后，直接在4℃下保藏，每隔一定时间（保藏期）再转种到新的斜面培养基上，生长后继续保藏，如此连续不断。斜面低温保藏法广泛适用于细菌、放线菌、酵母菌和霉菌等大多数微生物菌种的短期保藏，以及不宜用冷冻干燥保藏的菌种。

由于采用低温保藏，微生物的代谢繁殖速度大大减缓，突变频率降低。同时，低温减少了培养基的水分蒸发，使其不至于干裂。斜面低温保藏法简便易行、容易推广、存活率高，在教学科研和生产中经常使用。但由于斜面含有营养和水分，菌种生长繁殖并没有完全停止，仍有一定程度的代谢活动，故保藏期短。此外，传代次数较多，也容易使菌种发生变异和被污染。

（二）石蜡油封藏法

石蜡油封藏法亦称矿物油保藏法，也是一种常用的工业微生物菌种保藏方法。它其实是斜面保藏的一种方式，是将菌种接种在适宜的斜面培养基上，最适条件下培养至菌种长出健壮菌落后，无菌条件下注入灭菌并蒸发掉水分的石蜡油，油层液面高出斜面顶部1cm左右，使菌体与空气隔绝，再直立放置于4℃环境下进行保存的一种菌种保藏方法。相比于斜面低温保藏法，由于在斜面中加入了石蜡油，保藏期间可以防止培养基水分蒸发并隔绝氧气，更有利于降低代谢活动，推迟细胞退化，保藏效果更好。一般情况下，保藏时间能达到1~2年，甚至更长。石蜡油封藏法操作简单，它适于保藏霉菌、酵母菌、放线菌、好氧性细菌等，对霉菌和酵母菌的保藏效果较好，可保存几年，甚至长达10年。但对很多厌氧性细菌的保藏效果较差，特别是对某些能分解烃类的菌种不适宜用此法保藏。

（三）砂土管保藏法

砂土管保藏法是一种常用的长期保藏菌种的方法，适用于产孢子类的放线菌、芽孢杆菌、曲霉属、青霉属以及少数酵母如隐球酵母和红酵母等，不适用于病原性真菌的保藏，特别是不适于以菌丝发育为主的真菌的保藏。其方法是先将待保藏菌种接种于斜面培养基上，充分培养后制成孢子悬液，将孢子悬液滴入已灭菌的砂土管中，孢子即吸附在砂子上，将砂土管置于真空干燥器中，吸干砂土管中的水分，经密封后置于4℃环境下保藏。砂土管保藏法利用干燥、缺氧、缺乏营养、低温等诸多条件综合抑制微生物生长繁殖，减少菌株突变，从而延长保藏时间。它的保藏效果较好、微生物移接方便、经济简便，比石蜡油封藏法的保藏期长。

（四）冷冻真空干燥保藏法

冷冻真空干燥保藏法又称冷冻干燥保藏法，简称冻干法，是菌种保藏最有效的方法之一。通常是用保护剂制备拟保藏菌种的细胞悬液或孢子悬液于安瓿管中，然后将菌（或孢子）悬液快速降至冰冻状态，减压抽真空，使冰升华成水蒸气排出，从而使其脱水干燥，之后在真空状态下立即密封瓶口隔绝空气，造成无氧的真空环境，然后置于低温下保藏。由于同时具备干燥、缺氧、低温的保藏条件，微生物代谢活动基本停止，处于休眠状态，因此不易发生变异，保藏时间长，一般可达5～15年，且存活率高，变异率低。常用保护剂有血清、淀粉、脱脂牛奶、葡聚糖等高分子物质，在冰冻和真空干燥过程中保护剂的某些化学结构可以与细胞稳定结合，取代细胞表面束缚水的位置，从而避免冷冻干燥对细胞带来的损伤或死亡。

冷冻真空干燥保藏法对大多数微生物如病毒、细菌、放线菌、酵母菌、丝状真菌等都适用，但不适宜保藏不产孢子的丝状真菌。该法是目前被广泛采用的一种较理想的保藏方法，但操作比较烦琐，对设备、技术要求较高。

（五）液氮超低温保藏法

液氮超低温保藏法简称液氮保藏法或液氮法，是将悬浮于甘油、二甲基亚砜等保护剂中的菌种分装入耐低温的安瓿瓶中后，经程控降温后，移至液氮罐中的液相（-196℃）或气相（-156℃）中的长期超低温保藏的方法。

由于一般微生物在-130℃以下新陈代谢就完全停止了，因而可以达到有效保藏的目的。该法保藏时间长，一般可达15年以上，且保藏效果好，菌种不易退化，比其他任何方法都要优越，是被世界公认的防止菌种退化的最有效方法。除少数对低温损伤敏感的微生物外，该法适用于各种微生物菌种的保藏，甚至连藻类、原生动物、支原体等都能用此法获得有效的保藏。其缺点是对设备及人员的操作水平要求较高，保藏成本也较高。

知识链接

中国普通微生物菌种保藏管理中心

中国普通微生物菌种保藏管理中心（China General Microbiological Culture Collection Center，CGMCC）成立于1979年，隶属于中国科学院微生物研究所，是我国最主要的微生物资源保藏和共享利用机构。自1985年起，作为国家知识产权局指定的保藏中心，承担用于专利程序的生物材料的保藏管理工作；经世界知识产权组织批准，于1995年7月，获得布达佩斯条约国际保藏单位的资格。2010年，成为我国首个通过ISO 9001质量管理体系认证的保藏中心。

作为公益性的国家微生物资源保藏机构，CGMCC 致力于微生物资源的保护、共享和持续利用。CGMCC 的工作主要包括：广泛分离、收集、保藏、交换和供应各类微生物菌种；保存用于专利程序的各种可培养生物材料；微生物菌种保藏技术研究；微生物分离、培养技术研究；微生物鉴定和复核技术研究；保藏菌种的资料情报收集和提供及编辑微生物菌种目录。CGMCC 目前保存各类微生物资源超过 5 000 种，46 000 余株，用于专利程序的生物材料 7 100 余株，微生物元基因文库约 75 万个克隆。

点滴积累

1. 菌种保藏的目的和意义　通过菌种保藏来达到防止菌种退化、保持菌种生活能力和优良生产性能，尽量减少、推迟负变异，防止死亡，并确保不污染杂菌，以及便于研究、交换和使用等目的。
2. 菌种保藏的原理　挑选典型菌种的优良纯种，最好是在它们的休眠体（如分生孢子、芽孢等）的基础上，根据微生物生理、生化特点，人为创造一个最有利的环境条件（如干燥、低温、缺氧、避光、缺乏营养以及添加保护剂或酸度中和剂等），使微生物长期处于代谢不活泼、生长繁殖受抑制、不易发生变异的休眠状态。
3. 常用菌种保藏方法　斜面低温保藏法、石蜡油封藏法、砂土管保藏法、冷冻真空干燥保藏法、液氮超低温保藏法。

目标检测

简答题

1. 举例说明 DNA 是遗传的物质基础。
2. 菌种保藏的基本原理是什么？

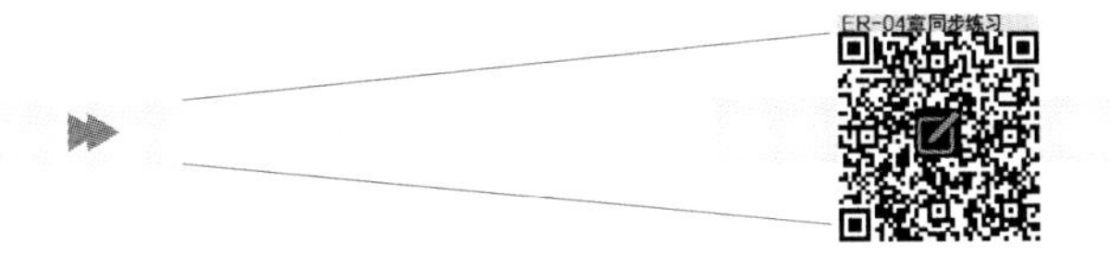

（郝瑞锋）

第五章

食品微生物污染与腐败变质

导学情景

情景描述：

国家市场监督管理总局公布了食用油、肉制品、糕点、水产制品和食用农产品等 8 类食品共 1 341 批次样品的抽检结果。其中两款食品（湖北某食品有限公司生产的云片糕和河南某食品有限公司生产的蒜香味豌豆）的大肠菌群数超标，三款食品（厦门市某有限公司生产的榴莲饼、连云港市某食品有限公司生产的寿司海苔、四川省遂宁市某饼业有限公司生产的鸳鸯夹心饼干）的菌落总数超标。

学前导语：

菌落总数和大肠菌群数是反映食品卫生质量的重要指标，食品中检出的菌落总数和大肠菌群数若超过限定的标准，则提示该食品受到微生物污染，可能对人体健康产生威胁。那么，导致食品污染的微生物是从哪里来的？微生物在食品中滋生繁殖会产生什么危害？微生物是如何引起食品腐败变质的？如何对食品的腐败变质加以鉴定？通过本章学习，我们将得到以上问题的答案。

扫一扫，知重点

第一节　食品中微生物污染的来源与途径

微生物在自然界中分布十分广泛，食品从原料、生产、加工、储存、运输、销售到烹饪等各个环节，都有可能遭到微生物的污染。研究并弄清食品中微生物污染的来源与途径、污染的微生物在食品中的消长规律，对于切断污染途径、防止食品腐败变质、延长食品保藏期、减少食物中毒的发生具有非常重要的意义。

一、污染食品的微生物的来源

（一）来源于土壤

土壤是大多数腐生性微生物生活的良好环境，具有适合于这些微生物生长繁殖所必需的营养物质、水分、酸碱度以及气体环境。因此，土壤中的微生物数量大、种类多，1g 土壤可含有几千万至几千亿个微生物，以细菌最多，放线菌、霉菌次之。

土壤中除含有大量的常住（原住）微生物外，还有随人和动物分泌物、排泄物、尸体以及污水等进入土壤的异养菌。食品在生产加工、运输贮藏、烹饪制作的某一环节因直接或间接接触了土壤，土壤中的微生物就有可能侵入食品中引起污染。

（二）来源于水

水也是微生物生存的天然环境。水中有天然生存的微生物群，也有来自土壤、人畜排泄物、尘埃、垃圾的微生物。水中的微生物因不同的水源及不同的存在状态，其分布的群类和数量均不同，一般静止水比流动水含菌量多、地面水比地下水含菌量多、沿岸水比中流水含菌量多；海水中以嗜盐性微生物为主；受生活污水、人畜粪便等污染，所以水中还会含有痢疾志贺菌、伤寒沙门氏菌、霍乱弧菌等致病微生物，是传播疾病的重要媒介。

水在食品加工中是食品的重要原料或配料，食品生产设备、场地、原料的清洗等也离不开水，所以各种天然水源不仅是微生物的污染源，也是微生物污染食品的主要途径。

（三）来源于空气

空气中的微生物主要来自于土壤、水，以及人和动物体表脱落物、呼吸道和消化道的排泄物。空气由于干燥、流动、受日光照射、缺乏营养物质，不利于微生物的生存和生长繁殖，因而微生物种类、数量较少，常见的主要是一些耐干燥、耐紫外线的抵抗力较强的微生物类群，如产生芽孢的细菌、霉菌和放线菌的孢子等。

空气中微生物的类群和数量受到高度、气候、地区、人口密度、风速等因素的影响。空气中的尘埃越多、越靠近地面、人和动物活动越频繁，微生物污染的程度越严重。如公共场所、畜舍、屠宰场、通风不良的室内空气中的微生物数量较高，海洋、高山、森林等空气清新的地方微生物的数量较少。

空气中的微生物也是造成食品污染的重要来源，其中的病原菌污染食品可引起人体食源性疾病，非病原菌污染食品往往会引起食品变质，故在先进的食品生产厂家，常采用净化处理的 GMP 车间进行食品生产加工。

（四）来源于人和动物体

由于与自然界密切接触，所以正常人体的体表皮肤、黏膜以及与外界相通的腔道，如口腔、鼻咽腔、呼吸道、消化道、泌尿生殖道等，均有一定类群和数量的微生物，我们称之为正常菌群。若为传染病患者，则体内还会含有大量的病原微生物。人体内的正常菌群和病原微生物均可通过直接接触或通过排泄物污染食品，成为食品中的微生物污染来源。此外，动物体内存在的正常菌群也是动物性食品发生内源性污染的重要原因。

（五）来源于食品用具

用于制作食品的一切用具，如生产加工设备、运输工具、包装材料或容器，以及食品加工的炊具等，常存在有微生物，如果未经清洗、杀菌，则会成为污染食品的媒介。食品接触的污染用具越多，被污染的机会也越多。

案例分析

案例

2017 年广东省食品药品监督管理总局发布该年度第 34 期食品安全抽检信息显示，共有 8 批次不合格食品，其中某食品厂的紫菜肉松凤凰卷、某食品厂的榴莲饼被检出菌落总数超标，某食品厂的桂花花瓣糖被检出大肠菌群数超标。

分析

经调查，上述食品的菌落总数和大肠菌群数超标的原因，主要是产品的加工原料、包装材料受污染，或生产过程中生产设备、器具、环境受污染，或储运条件控制不当，最终导致该批食品卫生指标未达到相关标准。

微生物广泛分布于自然界，在食品加工、运输、储存等诸多环节都可能对食品造成污染。因此，为保证食品安全和消费者健康，食品企业应按要求进行加工生产，严格控制食品生产的卫生条件。

二、食品中微生物污染的途径

食品在生产加工、运输、储存、销售、烹调直至食用的整个过程的各个环节，都有可能存在微生物的污染。其污染途径可分为内源性污染和外源性污染两大类。

（一）内源性污染

作为食品原料的动植物体在生活过程中，由于本身带有的微生物而造成食品的污染称为内源性污染，也称第一次污染。如畜禽在生活期间，其消化道、上呼吸道和体表总是有一定类群和数量的微生物存在；当受到沙门氏菌、布氏杆菌、炭疽杆菌等病原微生物感染时，畜禽的某些器官和组织内会有病原微生物的存在；若家禽感染了鸡白痢、鸡伤寒等传染病，病原微生物还可通过血液循环侵入卵巢，使所产卵也含有相应的病原菌。

（二）外源性污染

食品在生产、储存、运输、销售和食用等一系列过程中，因操作不规范或违背卫生要求而造成食品被微生物污染称外源性污染，也称第二次污染。外源性污染的程度因食品种类、所处环境的不同而不尽相同。外源性污染是食品微生物污染的主要原因，污染的来源包括：土壤、空气、水、生产和运输用具、储存方式，以及食品从业人员等。

点滴积累

1. 食品微生物污染　是指食品在加工、运输、储存、销售过程中被微生物及其毒素污染。
2. 食品微生物的来源　土壤、空气、水、操作人员、动植物、食品用具等。
3. 食品微生物污染的途径　在生产加工、运输、储存、销售、烹调直至食用的整个过程的各个环节，都有可能发生微生物污染。其污染途径可分为内源性污染和外源性污染两大类。

第二节　食品的腐败变质

微生物广泛分布于自然界，食品中不可避免地会受到一定类型和数量的微生物的污染，当环境条件适宜时，它们就会迅速生长繁殖，造成食品的腐败与变质，不仅使理化性状及感官性状发生改变、降低食品的营养和卫生质量，而且还可能危害人体的健康。

食品腐败变质一般是指食品在一定环境条件下，由微生物的作用而引起的食品的化学成分和感官性状发生变化，使食品降低或失去营养价值和食用价值的过程，如鱼肉的腐败、油脂的酸败、水果蔬菜的腐烂和粮食的霉变。

食品发生变质的因素主要包括物理因素（高温、高压和放射性的污染物等）、化学因素（化学反应和污染）、生物因素（微生物、昆虫、寄生虫污染）及动物或植物组织内的酶的作用，其中微生物引起食品腐败最普遍。

食品基于其稳定性可分为 3 类：即易腐性、半易腐性和非易腐性。易腐性食品包括肉、鱼、蛋、乳、蔬菜、水果等食品及熟食制品；半易腐性食品主要包括干燥食品，如面粉、米、烘烤食品、干制蔬菜等；非易腐性食品主要包括如罐头、糖等。

一、引起食品腐败变质的因素

食品的收购、加工、储存、运输、销售等过程中，会受到不同来源微生物的污染，但食品的变质还与食品本身的特性、污染微生物的种类和数量以及食品的外界环境条件等有密切关系。

（一）食品中的微生物

食品含有蛋白质、糖类、脂肪、无机盐、维生素和水分等营养成分，不仅可供人类食用，而且也是微生物的天然良好培养基。微生物污染食品后，若能利用这些营养成分，则可生长繁殖，造成食品的变质。

1. 分解蛋白质的微生物　能分解蛋白质而使食品腐败的微生物主要有细菌、酵母菌和霉菌等，它们多数是通过分泌胞外蛋白酶来分解蛋白质的。

大多数细菌都具有较强的分解蛋白质的能力，如芽孢杆菌属、假单胞菌属、变形杆菌属、梭状芽孢杆菌属、链球菌属等，即使无糖存在，也能在以蛋白质为主要成分的食品上生长良好，是造成肉、鱼、蛋、豆制品等高蛋白食品腐败的主要细菌种类。

酵母菌对蛋白质的分解能力通常很弱，因为蛋白质类食品中 N/C 比值较高，不适合大多数酵母菌生长。某些酵母菌能使凝固的蛋白质缓慢分解，如红棕色拿逊酵母菌、白色拟内孢霉、巴氏酵母、啤酒酵母等。红酵母属中有些种能分解酪蛋白，促成乳制品变质。

许多霉菌能分泌胞外蛋白酶，因而有较强的分解蛋白质的能力，且比细菌更能利用天然蛋白质。常见的有青霉属、曲霉属、根霉属、毛霉属、木霉属和复端孢霉属等。

2. 分解碳水化合物的微生物　食品中的碳水化合物包括多糖、双糖和单糖，是许多食品主要的成分之一，也是微生物的重要碳源。

不同的微生物对不同的碳水化合物分解利用的能力有很大的差异。大多数细菌都能分解单糖和双糖,但能分解多糖的细菌比较少。芽孢杆菌属和梭状芽孢杆菌属,如枯草芽孢杆菌、地衣芽孢杆菌、蜡状芽孢杆菌、淀粉梭状芽孢杆菌、酪酸梭状芽孢杆菌等能产生淀粉酶分解淀粉;梭状芽孢杆菌属的某些种能分泌果胶酶分解果胶,使果蔬的组织变软。

酵母菌是一类喜糖的微生物,但由于绝大多数不能分泌淀粉酶,所以酵母菌能分解利用的碳水化合物通常是单糖及双糖。极少数种类的酵母菌能分解某些多糖,例如脆皮酵母具有分解果胶的能力。

霉菌大多具有分解简单碳水化合物的能力;许多霉菌还能分解利用多糖,如常见的曲霉、毛霉、根霉等均能分解淀粉;少数霉菌能分解纤维素,如绿色木霉、里氏木霉、康氏木霉等具有强烈分解纤维素的能力;有些霉菌能分解果胶,活力较强的如黑曲霉、米曲霉、灰绿青霉等。

3. 分解脂肪的微生物　分解脂肪的微生物能产生脂肪酶,使脂肪水解为甘油和脂肪酸。一般而言,具有强烈分解蛋白质能力的好氧性细菌,大多同时也有较强的脂肪分解能力,如假单胞菌属、芽孢杆菌中一些种,特别是荧光假单胞菌具有很强的分解脂肪的能力。

能分解脂肪的酵母菌很少,其中解脂假丝酵母菌不能使糖类发酵,但分解脂肪和蛋白质的能力很强。因此,肉类、乳及乳制品发生脂肪酸败时,应考虑是否是这类酵母菌的污染而引起。

霉菌中能分泌脂肪的种类比较多,在食品中常见的有曲霉属、青霉属、根霉属、毛霉属、芽枝霉属及白地霉等。

总之,营养成分不同的食品,能适应生长繁殖的微生物种类是不同的。一般来说,对蛋白质分解作用强的是一些细菌和霉菌;对碳水化合物分解作用强的是霉菌、酵母菌及少数细菌;而对脂肪而言,某些霉菌及少数细菌能分解。因此,根据食品营养组成成分的特点,参考其他环境因素,可帮助推测引起某种食品变质的主要微生物类群。

(二)食品本身的基质条件

1. 食品的营养成分　蛋白质、脂肪、碳水化合物、无机盐、维生素和水等营养成分是各种食品中的重要组成,它们为微生物污染食品并导致食品腐败提供了物质基础。但食品的种类不同,上述成分的比例差异很大,而不同微生物由于含有的酶类不同,对各种营养成分的分解能力就不同,因此只有当微生物所具有的酶所需的底物与食品营养成分相一致时,微生物才可以引起食品的腐败变质。

2. 食品的 pH　各种食品都具有一定的氢离子浓度,根据食品 pH 范围的特点,可将食品划分为酸性食品和非酸性食品两大类。pH 在 4.5 以上者为非酸性食品,主要包括动物性食品(如肉类、鱼类、乳类、蛋类等,其 pH 一般为 5.0~7.0)和蔬菜(其 pH 一般为 5.0~6.0)等;pH 在 4.5 以下者为酸性食品,主要包括水果和乳酸发酵制品(其 pH 一般为 2.0~5.0)等。

细菌最适生长的 pH 为 7.0 左右、酵母菌生长最适宜的 pH 是 4.0~4.5、霉菌生长最适宜的 pH 是 3.8~6.0,故多数细菌适宜在非酸性食品中生长,酵母菌和霉菌适宜在酸性食品中生长,某些耐酸细菌(如乳酸杆菌)也能在酸性食品中生长。

食品的 pH 可因微生物的生长繁殖而改变。如细菌分解食品中的糖之后由于产生有机酸可使食品 pH 下降,分解食品中的蛋白质则可产氨而使食品 pH 升高;在含有糖与蛋白质的食品中,通常是先分解糖产生酸使食品 pH 下降，然后分解蛋白质产生氨使 pH 回升。可见，微生物的活动可使食品 pH 发生变化，而当食品中酸或碱累积到一定量时，反过来又会抑制微生物的生长繁殖。

3. 水分　食品中的水分包括游离水和结合水两种形式，微生物能利用的是其中的游离水。因而微生物在食品中生长繁殖所需的水不是取决于总含水量（%），而是取决于食品的水分活度（A_w，也称水活性）。一般来说，含水分多的食品，微生物容易生长；含水量少的食品，微生物不容易生长。纯水的 A_w 为 1，无水食品的 A_w 为 0。各类微生物生长的最低 A_w 值范围见表 5-1。

表 5-1　食品中主要微生物类群生长的最低 A_w 值范围

微生物类群	最低 A_w 值	微生物类群	最低 A_w 值
大多数细菌	0.90~0.99	嗜盐性细菌	0.75
大多数酵母菌	0.88~0.94	耐高渗酵母菌	0.60
大多数霉菌	0.73~0.94	干性霉菌	0.65

新鲜食品原料，如鱼、肉、水果、蔬菜等含有较多的水分，A_w 值一般在 0.98~0.99，适合多数微生物的生长，故易发生腐败变质。降低食品 A_w 值，即降低食品含水量，可减缓微生物繁殖，延长食品保存期。如 A_w 值在 0.80~0.85 之间的食品，保存期只有几天；A_w 值在 0.72 左右的食品，可保存 2~3 个月；当食品的 A_w 值在 0.65 以下，则可保存 1~3 年。

4. 渗透压　食品的渗透压同样是影响微生物生长繁殖的一个重要因素。一般来讲，微生物在低渗透压的食品中有一定的抵抗力，可生长繁殖；在高渗透压食品中，微生物常因脱水而死亡。少数种类的微生物能在高渗食品中生长，如盐杆菌属中的一些菌种在 20%~30%的食盐浓度的食品中能够生活；肠膜明串珠菌、异常汉逊酵母、鲁氏糖酵母、膜醭毕赤酵母等能耐受高浓度糖，常引起糖浆、果酱、果汁等高糖食品的变质。霉菌中比较突出的代表是灰绿曲霉、青霉属、芽枝霉属等，常引起腌制品、干果、低水分粮食霉变。

食盐和糖是形成不同渗透压的主要物质。在食品中加入不同量的糖或盐，可以形成不同的渗透压。所加的糖或盐越多，则浓度越高，渗透压越大，食品的 A_w 值越小，保存期也就越长。因此人们常用盐腌和糖渍方法来防止食品腐败，达到较长时间保存食品的目的。

（三）食品的环境条件

食品的变质与其所在的环境因素密切相关，例如温度较高时饭菜容易变坏、潮湿环境中粮食容易发霉。在适合微生物基质条件的食品中，微生物能否生长繁殖导致食品变质，还要取决于食品所处的环境因素。影响食品变质的环境因素和影响微生物生长繁殖的环境因素一样，也是多方面的。

1. 温度　每一类群微生物都有最适生长的温度范围，但嗜热微生物、嗜冷微生物和嗜温微生物又都可以在 20~30℃生长繁殖，这个范围绝大多数细菌、酵母菌能够良好生长，因此在 25~30℃，各种微生物都可以生长繁殖引起食品的腐败。

当环境为低温时，会明显抑制微生物的生长和代谢速率，因而会减缓由微生物引起的食品腐败变质。人们利用冰箱低温保藏食品即是利用这一原理。但低温下微生物一般并不死亡，只是代谢活性较低而已，因此食品在低温下长期保存，仍有缓慢腐败变质的可能。

当食品处于高温环境时，如果温度超出微生物可忍耐的高限，则微生物很快死亡。如果温度在适宜生长温度范围内，则微生物的生长会随着温度的提高而加快，食品的腐败变质随之会加快。如果温度超出适宜范围但未超过其忍耐限度时，微生物生长速率反而会减慢，食品的腐败变质速率也会减慢。

2. 气体　微生物与 O_2 有着十分密切的关系。一般来讲，在有氧的环境中，微生物进行有氧呼吸，生长、代谢速度快，食品变质速度也快；缺乏 O_2 条件下，由需氧性微生物引起的食品变质速度较慢。O_2 存在与否决定着兼性厌氧微生物是否生长和生长速度的快慢。例如当 A_w 值是 0.86 时，无氧存在情况下金黄色葡萄球菌不能生长或生长极其缓慢，而在有氧情况下则能良好生长。

新鲜食品原料中，由于组织内一般存在着还原性物质（如动物原料组织内的巯基），因而具有抗氧化能力。在食品原料内部生长的微生物绝大部分应该是厌氧性微生物；而在原料表面生长的则是需氧微生物。食品经过加工，物质结构改变，需氧微生物能进入组织内部，食品更易发生变质。

另外，O_3 和 CO_2 等气体的存在，对微生物的生长也有一定的影响。实际中可通过控制它们的浓度来防止食品变质。食品贮藏于高浓度的 CO_2 环境中，可防止因霉菌和需氧性细菌引起的变质。O_3 具有较强的杀菌作用，若在食品贮藏的空间内使 O_3 的浓度达到几千 ppm，就可有效地延长某些食品的保存期。

3. 湿度　空气中的湿度对微生物生长和食品变质来讲起着重要的作用，尤其是未经包装的食品。例如把含水量少的食品放在湿度大的地方，食品则易吸潮，表面水分迅速增加。此时如果其他条件适宜，微生物会大量繁殖而引起食品变质。长江流域梅雨季节，粮食容易发霉，就是因为空气湿度太大的缘故。因此减小食品所处环境和食品本身的湿度是防止食品腐败，尤其是霉变的一个重要措施。

二、食品腐败变质的过程

食品腐败变质的过程，实质上是食品中蛋白质、碳水化合物、脂肪的分解变化过程，其程度因食品种类、微生物种类和数量及环境条件的不同而异。

（一）食品中蛋白质的分解

食品卫生学中通常把蛋白质因微生物的作用而造成的败坏称为腐败。蛋白质在动植物组织酶以及微生物分泌的蛋白酶和肽链内切酶等的作用下，能水解成多肽进而裂解形成氨基酸。氨基酸进一步裂解成相应的氨、胺类、有机酸类和各种碳氢化合物，食品即表现出腐败特征。富含蛋白质的食品如肉、鱼、蛋和大豆制品，主要以蛋白质分解为其腐败变质特征。

蛋白质分解后所产生的胺类是碱性含氮化合物，如胺、伯胺、仲胺及叔胺等，具有挥发性和特异的臭味。各种不同的氨基酸分解产生的腐败胺类和其他物质各不相同，甘氨酸产生甲胺，鸟氨酸产生腐胺，精氨酸产生色胺进而又分解成吲哚，含硫氨基酸分解产生硫化氢和氨、乙硫醇等。这些产物的形成是蛋白质腐败产生气味的重要原因。

（二）食品中脂肪的分解

食品中脂肪发生变质的现象被称为酸败。脂肪发生变质主要是由化学反应引起的，但是许多研究表明与微生物也有着密切的关系。脂肪发生变质的特征是产生酸和刺激的“哈喇”味。

食品中油脂酸败的化学反应，主要是油脂自身氧化过程，其次是加水水解。油脂的自身氧化是一种自由基的氧化反应；而水解则是在微生物或动物组织中的解脂酶作用下，使食物中的中性脂肪分解成甘油和脂肪酸等。脂肪酸进而断链而形成具有“哈喇”味的酮类或醛类。这是食用油脂和含脂肪丰富的食品发生酸败后感官性状改变的原因。

食品中脂肪及食用油脂的酸败程度，受脂肪的饱和度、紫外线、氧、水分、天然抗氧化剂以及铜、铁、镍离子等触媒的影响。油脂中脂肪酸不饱和度、油料中动植物残渣等均有促进油脂酸败的作用；而油脂的脂肪酸饱和程度、维生素 C、维生素 E 等天然抗氧化物质及芳香化合物含量高时，则可减慢氧化和酸败。

（三）食品中碳水化合物的分解

食品中的碳水化合物包括纤维素、半纤维素、淀粉、糖原以及双糖和单糖等。含这些成分较多的食品主要是粮食、蔬菜、水果和糖类及其制品。在微生物及动植物组织中的各种酶及其他因素作用下，这些食品组成成分被分解成单糖、醇、醛、酮、羧酸、二氧化碳和水等产物。由微生物引起糖类成分发生的变质，习惯上称为发酵或酵解，其主要特征为酸度升高、产气和稍带有甜味、醇类气味等。根据食品种类不同也可表现为糖、醇、醛、酮含量升高或产气（CO_2），有时常带有这些产物特有的气味。水果中果胶可被一种曲霉和多酶梭菌所产生的果胶酶分解，并可使含酶较少的新鲜果蔬软化。

三、食品腐败变质的现象

食品受到微生物的污染后，容易发生色香味的改变，其现象主要体现在以下几个方面。

（一）色泽

食品无论在加工前或加工后，本身都呈现一定的色泽，如有微生物繁殖引起食品变质时，色泽就会发生改变。有些微生物可产生色素造成食品原有色泽的改变，如食品腐败变质时常出现黄色、紫色、褐色、橙色、红色和黑色的片状斑点或全部变色；另外由于微生物代谢产物的作用促使食品发生化学变化也可引起食品色泽的变化，例如肉及肉制品的绿变就是由于微生物代谢产生的硫化氢与血红蛋白结合形成硫化氢血红蛋白所引起的，腊肠由于乳酸菌增殖过程中产生了过氧化氢而促使肉色素褪色或绿变。

（二）气味

食品本身有一定的气味，因微生物的繁殖而发生变质时，人们的嗅觉就能敏感地嗅到有不正常的气味产生。如氨、三甲胺、乙酸、硫化氢、乙硫醇、粪臭等具有腐败臭味，这些物质在空气中浓度为 $10^{-11} \sim 10^{-8} mol/m^3$ 时，即可被人们嗅出。但有时产生的有机酸、水果变坏产生的芳香味，人的嗅觉习惯不认为是臭味。因此评定食品质量不是以香、臭味来划分，而是按照正常气味与异常气味来评定。

（三）口味

微生物造成食品腐败变质时也常常会引起食品口味的变化，而口味改变中比较容易分辨的是苦味和酸味。如某些假单胞菌污染消毒乳后可产生苦味，蛋白质被大肠埃希氏菌、微球菌等微生物作用也会产生苦味；一般碳水化合物含量多的低酸食品，变质初期产生酸味是其主要特征，但对于原来酸味就高的食品，如番茄制品因微生物造成酸败时，酸味稍有增高，辨别起来就不那么容易。当然，口味的评定从卫生角度看是不符合卫生要求的，而且不同人评定的结果往往意见分歧比较多，只能做大概的比较，为此口味的评定应该借助仪器来测试。

（四）混浊和沉淀

主要发生于液体食品（如饮料、啤酒等）中。发生混浊，除了化学因素能造成外，多数是由酵母菌（多为圆酵母属）产生乙醇引起的。一些耐热强的霉菌如雪白丝衣霉菌、宛氏拟青霉也是造成食品混浊的原因菌。

（五）组织状态

固体食品变质时，动植物组织因微生物酶的作用，可使组织细胞破坏，造成细胞内容物外溢，食品的性状就会出现变形、软化；鱼肉类食品则呈现出肌肉松弛、弹性差，有时组织体表出现发黏等现象；粉碎后加工制成的食品，如乳粉、果酱等变质后常出现黏稠、结块等表面变形，湿润或发黏现象。

液体食品变质后会出现混浊、沉淀、表面出现浮膜、变稠等现象，鲜乳因微生物作用引起变质可出现凝块、乳清析出、变稠等现象，有时还会产气等。

（六）生白

酱油、醋等调味品，如果长时间于较高温度（25~37℃）保存，则表面容易形成厚的白醭，俗称“生白”。主要是由于产膜性酵母菌污染调味品后大量生长繁殖造成的。此外，泡制菜的卤水也会因酵母菌大量繁殖而生白。

四、食品腐败变质的危害

腐败变质的食品首先是失去了原有的色、香、味、形，其次是由于微生物污染严重，菌相复杂、菌量增多，因而致病菌和产毒菌等存在的机会也增多，这些致病菌和产毒菌若随食品进入人体内，则可能危害人体健康。

1. 产生厌恶感　微生物在污染的食品中繁殖，可改变食品的特征，出现让人难以接受的感官性状，如产生有机胺、硫化氢、吲哚、粪臭素等产物使食品散发刺激气味，产生色素使食品呈现异常颜色，破坏食品组织导致溃烂、黏液等污秽感。

2. 降低食品营养　微生物在污染的食品中繁殖，还可导致蛋白质、脂肪、碳水化合物等成分被分解，维生素、无机盐被大量破坏和严重流失，从而降低食品的营养价值。

3. 引起疾病或中毒　污染食品的病原微生物可引起食源性疾病，如食品中污染的志贺氏菌，可致细菌性痢疾；若微生物繁殖产生了毒性产物，还可能导致人体急慢性中毒，如污染的黄曲霉菌产生黄曲霉毒素可致肝癌、某些鱼类腐败产生的组胺可引起人体中毒反应。

五、食品腐败变质的鉴定

食品腐败变质的鉴定一般是从感官、物理、化学和微生物指标 4 个方面来进行判定。

（一）感官鉴定

感官鉴定是一种以人的视觉、嗅觉、触觉、味觉、听觉来查验食品初期腐败变质的简单而灵敏的方法。食品腐败常常会产生异常气味、发生颜色改变（褪色、变色、着色、失去光泽等）、出现组织变软或变黏等现象。这些变化可以通过感官分辨出来，是鉴定食品腐败变质的重要手段，也是人们生活中判断食品是否变质的常用方法。

（二）物理指标

食品的物理指标，主要是根据蛋白质分解时低分子物质增多这一现象，来先后研究食品浸出物量、浸出液电导度、折光率、冰点下降、黏度上升等指标。其中肉浸液的黏度测定尤为敏感，能反映腐败变质的程度。

（三）化学指标

微生物的代谢可引起食品化学组成的变化，并产生多种反应产物，因此，直接测定这些产物可以作为判断食品质量的依据。

一般氨基酸、蛋白质类等含氮高的食品，如鱼、虾、贝类及肉类，在需氧性败坏时，常以测定挥发性盐基氮含量的多少作为评定的化学指标；对于含氮量少而含碳水化合物丰富的食品，在缺氧条件下腐败则多以测定有机酸的含量或 pH 的变化作为指标。

（四）微生物检验指标

对食品进行微生物菌数测定，可以反映食品被微生物污染的程度及是否发生变质，同时它是判定食品生产的一般卫生状况以及食品卫生质量的一项重要依据。在国家卫生标准中常用细菌菌落总数和大肠菌群的近似值来评定食品卫生质量，一般食品中的活菌数达到 10^8CFU/g 时，则可认为处于初期腐败阶段。

六、常见食品的腐败变质

食品种类不同，引起其发生腐败变质的微生物类群及腐败变质现象也有所不同。

（一）鲜乳的腐败变质

鲜乳营养丰富，一旦被微生物污染，则微生物就有机会迅速繁殖引起腐败变质，从而导致鲜乳失去食用价值，甚至引起食物中毒或其他传染病的传播。

1. 乳中微生物的来源及主要类群

（1）乳房内的微生物：牛乳在乳房内不是无菌状态，即使遵守严格无菌操作挤出乳汁，在 1ml 中也有数百个细菌。若乳畜发生感染，体内的致病微生物可通过乳房进入乳汁。常见的引起人畜共患疾病的致病微生物主要有结核分枝杆菌、布氏杆菌、炭疽杆菌、葡萄球菌、溶血性链球菌、沙门氏菌等。

（2）环境中的微生物：因牛体表面卫生状况、牛舍的空气、挤奶用具、容器、挤奶工人的个人卫生情况的影响，挤奶过程中常会发生微生物污染。挤出的奶若不及时加工或冷藏，不仅会增加新的污染机会，而且会使原来存在于鲜乳内的微生物数量增多。

2. 鲜乳变质的类型　新鲜的乳液中含有溶菌酶等抗菌物质，在微生物污染较少的情况下，鲜乳可维持一定时间不发生变质。但若不及时消毒或冷藏处理,污染的微生物将很快生长繁殖,引起鲜乳腐败,出现某些变化。①变酸:细菌分解乳中的乳糖产酸,使 pH 下降,乳中逐渐出现凝块,并有乳清析出;②产生气体:细菌分解乳中的糖产酸并产气(主要为二氧化碳及氢气)所致;③胨化作用:指在细菌的作用下,使凝固的蛋白质转变为可溶状态的简单蛋白的过程;④黏乳:主要是由具有荚膜的细菌在乳中生长繁殖引起;⑤变色:正常的乳呈乳白色或微淡黄色,类蓝假单胞菌污染并在乳中繁殖可产生色素造成蓝乳、类黄假单胞菌污染可出现黄乳、黏质沙雷菌污染可使乳呈粉红色。

3. 乳液的变质过程　乳中含有溶菌酶等抑菌物质,使乳汁本身具有抗菌特性。但这种特性延续时间的长短,随乳汁温度高低和细菌的污染程度而不同。通常新挤出的乳,迅速冷却到 0℃ 可保持 48 小时,5℃ 可保持 36 小时,10℃ 可保持 24 小时,25℃ 可保持 6 小时,30℃ 仅可保持 2 小时。在这段时间内,乳内细菌是受到抑制的。

当乳的自身杀菌作用消失后,乳静置于室温下,可观察到乳所特有的菌群交替现象。这种有规律的交替现象分为以下几个阶段。①抑制期(混合菌群期):在新鲜的乳液中含有溶菌酶、乳素等抗菌物质,对乳中存在的微生物具有杀灭或抑制作用。这种特性延缓时间的长短随乳汁温度高低和细菌污染程度而不同,若温度升高,则杀菌或抑菌作用增强,但抑菌物质作用时间缩短。②乳链球菌期:鲜乳中的抗菌物质减少或消失后,存在于乳中的微生物,如乳链球菌、乳酸杆菌、大肠埃希氏菌和一些蛋白质分解菌等迅速繁殖,其中以乳酸链球菌生长繁殖居优势,分解乳糖产生乳酸,使乳中的酸性物质不断增高。由于酸度的增高,抑制了腐败菌、产碱菌的生长。以后随着产酸增多乳链球菌本身的生长也受到抑制,数量开始减少。③乳杆菌期:当乳链球菌在乳液中繁殖,乳液的 pH 下降至 4.5 以下时,由于乳酸杆菌耐酸力较强,尚能继续繁殖并产酸。在此时期,乳中可出现大量乳凝块,并有大量乳清析出,这个时期约有 2 天。④真菌期:当酸度继续下降至 pH 3.0~3.5 时,绝大多数的细菌生长受到抑制或死亡。而霉菌和酵母菌尚能适应高酸环境,并利用乳酸作为营养来源而开始大量生长繁殖。由于酸被利用,乳液的 pH 回升,逐渐接近中性。⑤腐败期(胨化期):经过以上几个阶段,乳中的乳糖已基本上消耗掉,而蛋白质和脂肪含量相对较高,因此,此时能分解蛋白质和脂肪的细菌开始活跃,凝乳块逐渐被消化,乳的 pH 不断上升,向碱性转化,同时并伴随有芽孢杆菌属、假单胞杆菌属、变形杆菌属等腐败细菌的生长繁殖,于是牛奶出现腐败臭味。

在菌群交替现象结束时,乳亦产生各种异色、苦味、恶臭味及有毒物质,外观上呈现黏滞的液体或清水。

4. 乳液的消毒和灭菌　鲜乳的消毒灭菌方法有多种,以巴氏消毒法最为常见。巴氏消毒的操作方法有多种,其设备、温度和时间各不相同,除常规方法外,目前还常用①高温瞬时消毒法:于 85~95℃ 加热 2~3 秒,其消毒效果好,但对牛乳的质量有影响,如容易出现乳清蛋白凝固、褐变和加热臭等现象。②超高温瞬时灭菌法。即牛乳先经 75~85℃ 预热 4~6 分钟,接着通过 136~150℃ 的高温 2~3 秒。许多科学家做了大量的试验,发现在保证相同杀菌效果的前提下,提高温度比延长杀菌时间对营养成分的损失要小些,因而目前该方法比较盛行。预热过程中,可使大部分的细菌杀死,其后的超高温瞬时加热,主要是杀死耐热的芽孢细菌。该方法生产的液态奶可保存很长的时间。

（二）肉类的腐败变质

1. 肉类中的微生物　参与肉类腐败过程的微生物是多种多样的，常见的有腐生微生物和病原微生物。前者包括细菌、酵母菌和霉菌，它们污染肉品，使肉品发生腐败变质。后者主要有沙门氏菌、金黄色葡萄球菌、结核分枝杆菌、炭疽杆菌和布氏杆菌等，其污染肉类的严重后果是传播疾病，引起食源性疾病。

2. 肉类变质现象和原因　肉类腐败变质时，往往在肉的表面会产生明显的感官变化，常见的有①发黏：微生物在肉表面大量繁殖后，使肉体表面有黏状物质产生，这是微生物繁殖后所形成的菌落，以及微生物分解蛋白质的产物。当肉的表面有发黏、拉丝现象时，其表面含菌数一般为 10^7CFU/cm^2。②变色：肉类腐败变质最常见的颜色变化是肉质呈绿色，这是由于蛋白质分解产生的硫化氢与肉质中的血红蛋白结合后形成的硫化氢血红蛋白造成的，这种化合物积蓄在肌肉和脂肪表面，即显示暗绿色。另外，有些酵母菌污染能产生白色、粉红色、灰色等斑点。③霉斑：肉体表面有霉菌生长时可形成霉斑，一些干腌制肉制品更为多见。如美丽枝霉和刺枝霉在肉表面产生羽毛状菌丝、白色侧孢霉和白地霉产生白色霉斑、草酸青霉产生绿色霉斑、蜡叶芽枝霉在冷冻肉上产生黑色斑点。④气味：肉体腐烂变质，除上述肉眼观察到的变化外，通常还伴随一些不正常或难闻的气味，如微生物分解蛋白质产生恶臭味；在乳酸菌和酵母菌的作用下产生挥发性有机酸的酸味；霉菌生长繁殖产生的霉味等。

3. 鲜肉变质过程　健康动物的血液、肌肉和内部组织器官一般是没有微生物存在的，但屠宰、运输、保藏和加工等过程，可使肉体表面污染一定数量的微生物。

通常鲜肉保藏在0℃左右的低温环境中，可存放10天左右而不变质。当保藏温度上升时，表面的微生物就能迅速繁殖，其中以细菌的繁殖速度最为显著。随着保藏条件的变化与变质过程的发展，细菌由肉的表面逐渐沿着结缔组织、血管周围或骨与肌肉的间隙蔓延到组织的深部，最后使整个肉变质。宰后畜禽的肉体由于有酶的存在，使肉组织产生自溶作用，结果使蛋白质分解产生蛋白胨和氨基酸，这样更有利于微生物的生长。

（三）鱼类的腐败变质

1. 鱼类中的微生物　新捕获的健康鱼类，其组织内部和血液中常常是无菌的，但鱼体表面的黏液中、鱼鳃以及肠道内存在着一定种类和数量的微生物，主要有假单胞菌属、无色杆菌属、黄杆菌属、不动杆菌属、拉氏杆菌属和弧菌属，淡水中的鱼还有产碱杆菌、气单胞杆菌和短杆菌属等。

2. 鱼类的腐败变质过程　在室温环境中，死后的鱼体很容易腐败变质。当开始变质时，体表黏液蛋白因细菌的分解和鱼体本身所含酶的作用，鱼体表面呈现混浊、无光泽状，表皮组织因被分解而由坚硬变得疏松，鱼鳞脱离。同时，消化道内的细菌也迅速繁殖，消化道组织溃烂，细菌进一步扩散进入体腔内壁，造成整个鱼体组织被破坏。这时鱼组织被分解并产生吲哚、粪臭素、硫醇、氨、硫化氢等产物并释放出臭味。

（四）蛋类的腐败变质

1. 鲜蛋中的微生物　正常情况下，新产下的鲜蛋里是没有微生物的。鲜蛋在排出禽体的一周时间内，蛋白可从pH 7.5左右上升到pH 9.7，如此高的pH环境不适于细菌的生长。因此在一定条件下,鲜蛋的这种无菌状态可延续一段时间。

但如果母禽因防御机能低下,外界的细菌可侵入到输卵管,甚至卵巢,从而可造成禽蛋污染;此外,蛋产下后,蛋壳立即受到禽粪、空气等环境中微生物的污染,如果胶质层被破坏,污染的微生物就会透过气孔进入蛋内,当保存的温度和湿度过高时,蛋内的微生物就会大量生长繁殖,结果造成蛋的腐败。

鲜蛋中常见的污染微生物有大肠菌群、沙门氏菌、金黄色葡萄球菌、无色杆菌属、假单胞菌属、产碱杆菌属、变形杆菌属、青霉属、枝孢属、毛霉属、枝霉属等。

2. 鲜蛋的腐败变质　鲜蛋发生的变质主要有2种类型。

(1)腐败:主要是由细菌引起。侵入到蛋中的细菌,先将蛋白带分解断裂,使蛋黄不能固定而发生移位。其后蛋黄膜被分解,蛋黄散落,与蛋白逐渐相混合在一起,这种蛋称为散黄蛋,是变质的初期现象。散黄蛋进一步被细菌分解,产生硫化氢、氨、吲哚等产物,因而出现恶臭气味。同时蛋液可呈现不同的颜色,如假单胞菌可导致呈黑色、绿色、粉红色;产碱杆菌、变形杆菌、埃希氏菌等使蛋液呈黑色;沙雷菌产生红色腐败;不动杆菌引起无色腐败。有时蛋液变质不产生硫化氢等恶臭气味而产生酸臭,蛋液变稠成浆状或有凝块出现,这是微生物分解糖或脂肪而形成的酸败现象,称为酸败蛋。

(2)霉变:主要是由霉菌引起。霉菌菌丝通过蛋壳气孔侵入后,首先在蛋壳内壁和蛋白膜上生长繁殖,因有较多氧气,所以繁殖最快,形成大小不同的深色斑点,斑点处有蛋液黏着,称为黏蛋壳。不同霉菌产生的斑点不同,如青霉产生蓝绿斑、枝孢霉产生黑斑。在环境湿度比较大的情况下,有利于霉菌的蔓延生长,造成整个禽蛋内外生霉,蛋内成分被分解,并有不愉快的霉味产生。

(五)果蔬及其制品的腐败变质

1. 水果和蔬菜中的腐败变质　果蔬表面覆盖着一层蜡质状物质,这种物质有防止微生物侵入的作用。但是当果蔬表皮组织受到昆虫的刺伤或其他机械损伤时,微生物就会从此侵入并进行繁殖,从而促进果蔬的腐烂变质。

水果与蔬菜的物质组成特点是以碳水化合物和水为主,水分含量高。水果的pH多在4.5以下,蔬菜的pH多在5.0~7.0之间。这些特征决定了果蔬中能进行生长繁殖的微生物的类群。引起水果变质的微生物主要是酵母菌和霉菌,引起蔬菜变质的微生物是霉菌、酵母菌和少数细菌。微生物繁殖的结果,常常导致果蔬颜色改变,有时形成斑点,组织变得松软、发绵、变形,逐渐变成浆液甚至水状液,并产生各种不同的酸味、芳香味等。

2. 果汁的腐败变质　果汁中含有不等量的酸,因而pH较低,一般为2.4~4.2,对微生物的生长繁殖有限制作用;而果汁中含有一定量的糖分,适合一些酵母菌、霉菌和极少数细菌的生长要求。

微生物引起果汁变质可出现一些感官变化。①混浊:果汁发生混浊除了化学因素所造成的以外,多数是由酵母菌引起的,但有时也可由霉菌引起。②产生酒精:引起果汁产生酒精而变质的微生物主要是酵母菌,常见的酵母菌有啤酒酵母和葡萄汁酵母等。③有机酸变化:果汁中含有多种有机酸如柠檬酸、苹果酸和酒石酸等,它们以一定的含量存在于果汁中,构成果汁特有的风味和酸味。当微生物在果汁中生长时,分解或合成了某些有机酸,从而改变了原有的有机酸比例,导致风味被破坏,有时甚至产生不愉快的异味。如青霉属、毛霉属、曲霉属和镰刀霉属中的某些霉菌就可以引起含酒石酸和柠檬酸的果汁变质。④黏稠:由于植物乳杆菌、乳明串珠菌和嗜酸链球菌等在果汁中发酵,形成黏液性的多糖,因而增加了果汁的黏稠度。

(六) 糕点的腐败变质

糕点由于含水量较高,生产糕点时所用油、糖、奶、蛋等原料营养丰富,适宜于微生物生长繁殖,在阳光、空气和温度等因素的作用下,易引起霉变和腐败变质。引起糕点变质的微生物类群主要是细菌和霉菌,例如沙门氏菌、金黄色葡萄球菌、粪链球菌、大肠埃希氏菌、变形杆菌、黄曲霉、毛霉、青霉、镰刀菌等。

(七) 罐藏食品的腐败变质

所谓的罐藏食品是指将符合要求的原料经处理、分选、修整、烹饪或不烹饪、装罐、密封、杀菌、冷却或无菌包装而制成的食品。罐藏食品可保存较长时间而不易发生腐败变质,是食品保藏的重要方式之一。但是,有时由于杀菌不彻底或密封不良,也会遭受微生物的污染而造成罐藏食品的变质。

按食品的 pH 不同,可将罐藏食品分为四类(表 5-2)。低酸性罐藏食品多为动物性原材料制成,含丰富蛋白质,引起其腐败变质的微生物主要是一些能分解蛋白质的微生物类群。中酸性、酸性、高酸性罐藏食品,一般由植物性原料制成,导致其腐败变质的微生物主要是能分解碳水化合物和具有耐酸性的微生物类群。

表 5-2　罐藏食品的分类及要求热力灭菌温度

罐藏食品的 pH 值分类	食品种类	热力灭菌要求
低酸性食品(pH 5.3 以上)	谷类、豆类、肉、禽、乳、鱼、虾等	105~121℃高温杀菌
中酸性食品(pH 4.5~5.3)	蔬菜、甜菜、瓜类等	105~121℃高温杀菌
酸性食品(pH 3.7~4.5)	番茄、菠菜、梨、柑橘等	沸水或 100℃以下介质中杀菌
高酸性食品(pH 3.7 以下)	酸泡菜、果酱等	沸水或 100℃以下介质中杀菌

1. 罐藏食品微生物污染的来源

(1)杀菌不彻底致罐内残留有微生物:罐藏食品在加工过程中,为了保持产品正常的感官性状和营养价值,在进行加热杀菌时,只强调杀死病原菌和产毒菌,通常不可能达到完全无菌的状态。罐内残留的一些非致病性微生物在一定的保存期限内,一般不会生长繁殖,但是如果罐内条件发生变化或贮存条件不当,这部分微生物就会生长繁殖,造成罐头变质。经高压蒸汽杀菌的罐内残留的微生物大都是耐热性的芽孢杆菌,如果罐头贮存温度不超过 43℃,通常不会引起内容物变质。

(2)杀菌后发生漏罐导致的微生物污染:罐头经杀菌后,若封罐不严则容易造成漏罐致使微生物污染。空气和冷却水是此类污染的主要污染源,尤其是冷却水,这是因为罐头经热处理后需通过水进行冷却,冷却水中的微生物就有可能通过漏罐处而进入罐内。

2. 罐藏食品变质的表现　正常的罐头由于罐内有一定的真空度,因而罐头的底部和罐盖应是平的或稍向内凹陷,如果罐内有微生物生长繁殖而引起变质时,罐头外观可发生变化。①胖听:罐底或罐盖鼓起,有时罐底和罐盖同时鼓起,这种现象称为罐头的胀罐或胖听。常发生于酸性或高酸性罐头食品。主要原因是微生物分解食品中的碳水化合物产气。引起种类变化的微生物主要是细菌和酵母菌。②平听:某些微生物在罐头内繁殖但不产生气体,因而外观正常,不出现胖听现象,这种罐头的腐败现象称为平听或平盖。引起这种腐败现象的主要是细菌和霉菌。

课堂活动

你知道怎样选择合格的罐藏食品吗？ 如何从外观判断罐藏食品已经腐败变质了？

3. 引起罐藏食品变质的微生物　罐藏食品生物腐败变质通常分为嗜热芽孢菌、中温芽孢菌、非芽孢细菌、酵母菌和霉菌引起的腐败。

(1)嗜热芽孢菌:嗜热脂肪芽孢杆菌、凝结芽孢杆菌,它们是引起罐头平酸腐败(产酸不产气腐败)的嗜热菌;枯草芽孢杆菌、巨大芽孢杆菌和蜡样芽孢杆菌,它们是引起罐头平酸腐败中温菌;也有少数中温芽孢细菌引起罐头腐败变质时伴随有气体产生,如多黏芽孢杆菌、浸麻芽孢杆菌;厌氧的肉毒梭状芽孢杆菌,在食品中繁殖能产生肉毒毒素,且毒性很强,因此罐藏食品常常把能否杀死肉毒梭菌的芽孢作为灭菌标准。罐藏食品发生由芽孢杆菌引起的腐败,多是由于杀菌不彻底造成的。

(2)中温芽孢菌:它们能在25~37℃的温度区间很好地生长,具有兼性厌氧和厌氧的特性,可以在一定真空度的罐藏食品中生长繁殖,导致罐藏食品的腐败变质,造成这种现象的原因在于杀菌不足或者真空度不够。

(3)非芽孢细菌:这类细菌种类繁多,污染罐头食品的机会也更多。其耐热性通常不及产芽孢细菌,因此经高温、高压杀菌后,罐头内是一般不会残存这类细菌。但若杀菌不彻底、罐头密封不良,则可能出现这类细菌污染。引起罐头污染的非芽孢细菌主要有两大类群:一类是肠道细菌如大肠埃希氏菌、变形杆菌、产气肠杆菌等;另一类是链球菌/肠球菌,特别是嗜热链球菌和粪肠球菌等,它们的抗热能力很强。

(4)酵母菌:引起罐藏食品变质的酵母菌主要是球拟酵母属、假丝酵母属、啤酒酵母属等。酵母菌引起的变质多发生在酸性或高酸性罐头食品,如水果、果浆、糖浆以及甜炼乳等制品。酵母菌可发酵糖,引起食品风味改变,也可因产生二氧化碳而造成胀罐。

(5)霉菌:霉菌具有耐酸、耐高渗透压的特性,因此主要引起酸度高(pH 4.5以下)的罐藏食品的变质。但霉菌多为好氧菌,且一般不耐热,若罐藏食品中有霉菌出现,说明罐藏食品真空度不够、漏气或杀菌不充分而导致了霉菌残存。若青霉属、曲霉属等污染,罐头食品外观往往保持正常;但也有少数几种霉菌耐热,如纯黄丝衣霉菌和雪白丝衣霉菌等较耐热、耐低氧,可引起水果罐头发酵糖产生二氧化碳而胀罐。

点滴积累

1. 食品腐败变质　一般是指食品在一定环境条件下，由微生物的作用而引起的食品的化学成分和感官性状发生变化，使食品降低或失去营养价值和食用价值的过程。
2. 引起食品腐败变质的因素　包括食品中的微生物种类及数量、食品本身的组成和性质（营养成分、pH、水分和渗透压）、食品的环境条件（温度、气体和湿度）。

3. 食品腐败变质的过程　实质上是食品中蛋白质、碳水化合物、脂肪的分解变化过程。其中，蛋白质因微生物的作用而造成的败坏称为腐败、脂肪因微生物的作用而发生变质的现象被称为酸败、糖类因微生物的作用而发生的变质称为发酵或酵解。
4. 食品腐败变质的现象　主要体现在色泽、气味、口味、混浊和沉淀、组织状态和生白等方面。
5. 食品的腐败变质的鉴定　一般是从感官（色泽、气味、口味、组织状态等）、物理指标、化学指标和微生物指标等方面来进行判定。

目标检测

简答题

1. 简述污染食品的微生物来源及其途径。
2. 微生物引起食品腐败变质必须具备哪些基本因素？
3. 简述食品腐败变质的现象有哪些。
4. 食品的腐败变质可以从哪些方面进行鉴定？

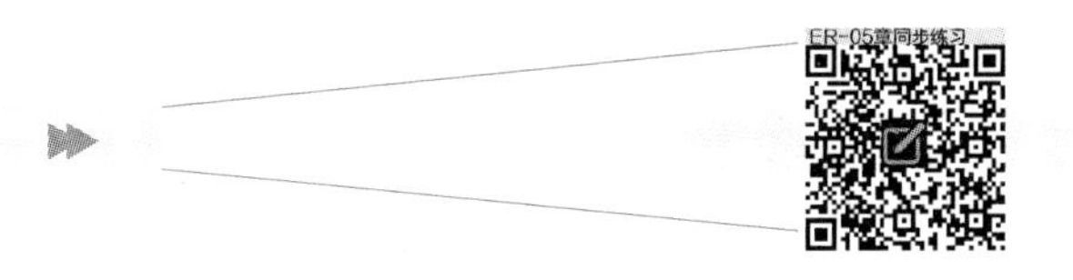

（雷娟娟）

第六章

微生物的控制

导学情景

情景描述：

19 世纪中叶，法国葡萄酒的酿造者在酿酒的过程中遇到了麻烦，他们酿造的美酒总是变酸。 于是，他们纷纷求助于正在对发酵作用机制进行研究的巴斯德。 巴斯德经过分析发现，这种变化是由于细菌使糖部分地转变为乳酸引起的。 巴斯德提出采用高温（61. 1 ~ 62. 8℃）对酒进行处理，杀灭这些细菌，就可解决葡萄酒变酸的问题。 这种方法就是至今仍广泛用于酒类、牛奶等食品杀菌的巴氏消毒法。

学前导语：

微生物广泛分布于自然界，是污染食品、导致食品腐败变质的主要因素。 杀灭或抑制这些微生物，对食品的防腐保鲜具有重要意义。 本章我们将认识杀灭微生物的理化因素，学习杀灭微生物的方法和常用的食品保藏技术。

扫一扫，知重点

环境中存在着各种微生物，其中一部分可通过多种方式进行传播，并给人类带来种种危害。例如，造成食品霉腐变质、污染样品和培养基等实验材料、污染药物、生产中污染发酵罐而引起倒灌、感染人和动植物而导致各种传染病等。因此，采取有效措施杀灭或控制这些有害微生物，对保障公共卫生和人体健康具有重要的实践意义。

微生物的控制就是采取不利于微生物生长繁殖，甚至可导致微生物死亡的条件与方法，来抑制或杀死微生物，从而达到防止物品污染、防止传染病发生等目的。以下是几个与微生物控制有关的基本概念。

灭菌：灭菌是指用物理或化学因素杀灭物体上所有微生物（包括病原微生物、非病原微生物和细菌芽孢）的方法，这是一种彻底的杀菌方法。此外，食品工业中还从商品角度针对某些食品提出了商业灭菌的要求。商业灭菌是指食品经过杀菌处理后，按照所规定的微生物检验方法，在所检食品中无活的微生物检出，或者仅能检出极少数的非病原微生物，并且它们在食品保藏过程中不会生长繁殖。

消毒：消毒是指杀死物体上病原微生物但不一定能杀死细菌芽孢的方法。用于消毒的化学药物称为消毒剂，一般消毒剂在常用浓度下只对微生物的繁殖体有效。对食品加工厂的厂房和加工工具、操作人员的手部严格进行消毒，可有助于防止传染病的传播。

防腐：防腐是指防止或抑制微生物生长繁殖的方法。用于防腐的化学药物称为防腐剂。食品和药品中常通过合理添加防腐剂，来防止发生腐败变质。此外利用低温、干燥、盐腌和糖渍、高酸度等方式，也能达到防腐的目的。

无菌和无菌操作：无菌即没有活的微生物存在的意思。无菌操作是指防止微生物污染实验材料、污染环境或感染人体的操作方法。在进行食品微生物实验时，必须严格无菌操作、所用的器具和材料必须经灭菌处理，以防止微生物的侵入。

第一节　物理因素对微生物的控制

一些物理因素，如高温、干燥、紫外线等，对微生物可产生致死作用，因此实践中常利用这类方法来对物品或环境进行消毒灭菌。

一、高温灭菌法

即利用高温加热方法进行消毒灭菌。高温可使微生物蛋白质及酶类变性凝固、核酸结构被破坏，从而导致微生物死亡。不同种类的微生物对高温的耐受力不同，多数无芽孢细菌在55~60℃经30~60分钟后死亡，在100℃时数分钟内死亡；细菌芽孢耐高温，如炭疽杆菌芽孢可耐受煮沸5~10分钟，破伤风梭菌芽孢煮沸1小时才被破坏。

高温灭菌法分为干热灭菌法和湿热灭菌法。

（一）干热灭菌法

1. 火焰灭菌法　将待灭菌的物品直接放于火焰中灼烧。如微生物实验使用的接种工具、污染物品等常用此法灭菌。此法灭菌快速、彻底，但使用范围有限。

2. 干烤灭菌法　将物品置于专用的干烤箱内，通电升温，利用高热空气达到灭菌目的。此法适用于耐高温的物品，如玻璃器皿、瓷器、某些粉剂药品、凡士林等，灭菌时一般加温至160~170℃，维持2~3小时。灭菌结束后，应关闭电源，待温度慢慢降至60℃左右时再开启箱门，以免高温度的玻璃器皿因骤冷而破裂。

（二）湿热灭菌法

以高温的水或水蒸气为导热介质，提高物品温度，以达到灭菌目的。在同一温度下，湿热灭菌比干热灭菌的效果好，主要原因是热蒸汽的穿透力比热空气强，可使被灭菌的物品均匀受热，温度迅速上升。

1. 煮沸法　将消毒物品浸于水中，加热至沸腾（100℃），经15分钟，可杀死细菌的繁殖体。本法适用于饮水、食具、注射器和手术器械等的消毒。若在水中加入1%碳酸钠，则既可提高沸点至105℃、促进芽孢灭活，又可防止金属器材生锈。

2. 巴氏消毒法　本法采用较低的温度来杀死物品中的病原菌或特定微生物，同时又不破坏其中的营养成分。消毒处理时，可于61.1~62.8℃加热30分钟，或者于71.7℃加热15~30秒。此法由"微生物之父"巴斯德创立而得名，目前主要用于牛奶、果汁等的消毒。

3. 间歇灭菌法　本法是将待灭菌的物品于100℃加热30分钟，以杀死细菌繁殖体（但芽孢未被杀灭），然后取出物品于37℃温箱过夜，使芽孢发芽成繁殖体；次日再于100℃加热30分钟杀死细菌繁殖体后置于37℃温箱过夜。重复此过程3次可达到灭菌的目的。本法适用于一些不耐高温的物品的灭菌，如含糖、鸡蛋或含血清的培养基。

4. 高压蒸汽灭菌法　高压蒸汽灭菌法是目前最常用最有效的灭菌方法。灭菌是在密闭的高压蒸汽灭菌器内进行，在蒸汽不外溢的情况下，随着灭菌器内蒸汽压力的增高，温度也逐渐升高。在103.4kPa（$1.05kg/cm^2$）的压力时，温度即达121.3℃，维持15~30分钟可杀死所有细菌的繁殖体和芽孢。此法适用于耐高温和不怕潮湿的物品的灭菌，如普通培养基、生理盐水、手术器械、玻璃制品等，罐头加工也多用此法灭菌。

二、辐射灭菌法

1. 紫外线　紫外线的波长在200~300nm时有杀菌作用。当波长在265~266nm时最易被细菌DNA吸收，因而杀菌作用最强。其杀菌机制是细菌DNA吸收紫外线后，同一股DNA上相邻的胸腺嘧啶通过共价键结合成二聚体，改变了DNA的分子构型，从而干扰DNA的复制，导致细菌变异甚至死亡。

紫外线穿透力弱，普通玻璃或纸张、空气中的尘埃、水蒸气等均可阻挡紫外线，因此，紫外线只适用于微生物检验室、手术室、传染病房、食品和药品包装室等室内空气的消毒杀菌。紫外线对眼睛和皮肤有损伤作用，使用时应注意防护。

2. 电离辐射　X射线、γ射线、β射线等具有电离辐射作用，可使细菌细胞内的水分被电离成H^+和OH^-，这些游离基是强烈的氧化剂和还原剂，可破坏细菌核酸、酶和蛋白质，使微生物死亡。电离辐射可用于塑料注射器、导管、食品等物品的消毒灭菌。

三、过滤除菌法

过滤是采取机械性阻留方法，利用滤菌器除去液体或空气中的细菌等微生物。滤菌器含有微细小孔，液体或空气中小于滤孔孔径的物质可通过，而大于孔径的细菌等颗粒被阻留。过滤法常用于一些不耐高温、也不能用化学方法消毒的液体或空气，如血清、抗生素、维生素等制品的除菌。但此法一般不能除去病毒、支原体和L型细菌。

四、超声波

声波在9~20kHz以上为超声波，它对细菌的破坏作用主要是强烈的机械震荡作用，使细胞破裂、死亡。在液体中，超声波引起微气泡的形成，这些气泡剧烈收缩和崩溃的瞬间可产生巨大的冲击波和高压，使存在于液体里的微生物细胞由于受到外部压力撞击而死亡。不同微生物对超声波的抵抗力是有差异的，其中以革兰氏阴性菌最敏感，而葡萄球菌抵抗力最强；个体大的细菌更易被破坏，而芽孢则不易被杀灭。

五、干燥

干燥是通过气化作用从湿物料中除去水分的方法，亦可用日常生活中的盐腌、糖渍方法造成食品的生理性干燥。微生物在干燥的环境中，因得不到充足的水，新陈代谢产生障碍，从而其生长繁殖被抑制。干燥对微生物的影响因种类以及干燥程度、时间、温度等因素而异，如脑膜炎奈瑟菌、淋病奈瑟菌干燥数小时即可死亡，而结核分枝杆菌在干燥的痰中可保持传染性数月；细菌的芽孢在干燥环境可存活数月至数年；将细菌迅速冷冻干燥可维持生命数年之久。

点滴积累

1. 常用于控制微生物的物理因素　高温、辐射、过滤、超声波、干燥等。
2. 高温灭菌的原理及方法　高温可使微生物蛋白质及酶类变性凝固、核酸结构被破坏，从而导致微生物死亡。常用高温灭菌法有煮沸法、巴氏消毒法、间歇灭菌法、高压蒸汽灭菌法等，其中灭菌效果最好的是高压蒸汽灭菌法。
3. 紫外线杀菌原理及应用　微生物 DNA 吸收紫外线后，分子构型改变，DNA 的复制受到干扰，导致微生物变异甚至死亡。紫外线多用于微生物检验室、手术室、传染病房、食品和药品包装室等室内空气的消毒杀菌。

第二节　化学因素对微生物的控制

化学因素对微生物的控制就是运用适宜种类和浓度的化学药物来处理物品，从而杀死或抑制细菌等微生物，达到消毒杀菌的效果。此类化学药物即化学消毒剂。

一、常见消毒剂种类

常用消毒剂种类及其用途见表 6-1。

表 6-1　常用化学消毒剂及用途

类别	名称	常用浓度	主要用途	备注
重金属盐类	硝酸银	1%	新生儿滴眼预防淋球菌感染	
氧化剂	高锰酸钾	0.1%	皮肤、尿道消毒和蔬果等消毒	久置失效，随用随配
	过氧化氢	3%	皮肤、黏膜创口消毒	不稳定
	过氧乙酸	0.2%~0.5%	塑料、玻璃器皿浸泡消毒，皮肤消毒（洗手）	
卤素及其他化合物	氯	0.2~0.5ppm	饮水及游泳池水消毒	
	“84”消毒液	1∶200	手术器械、导管、蔬果等消毒	
	碘酒	2.5%	皮肤消毒	刺激皮肤，涂后用酒精拭净
	优氯净	0.05% 2.5%~5% 4ppm	餐具消毒 地面、厕所及排泄物消毒 饮水、游泳池消毒	杀菌作用强于漂白粉

续表

类别	名称	常用浓度	主要用途	备注
醇类	乙醇	70%~75%	皮肤、体温表等消毒	
醛类	甲醛	10%	物品表面消毒;加高锰酸钾,产生烟雾,熏蒸房间	
表面活性剂	新洁尔灭	0.05%~0.1%	手术前洗手,皮肤黏膜消毒,手术器械浸泡消毒	遇肥皂或其他洗涤剂作用减弱
	杜灭芬	0.05%~0.1%	皮肤创伤冲洗	
烷化剂	洗必泰	0.02%~0.05%	手术前洗手	
酸碱类	醋酸	5~10ml/m^3	加等量水加热蒸发消毒空气	
	生石灰	按1∶4~1∶8配成糊状	排泄物及地面消毒	腐蚀性大、新鲜配制
烷基化合物	环氧乙烷	50~100mg/L	手术器械、敷料及手术用品等的消毒和灭菌	易燃、易爆、有毒,用塑料袋法或环氧乙烷灭菌柜消毒

二、消毒剂的杀菌机制

消毒剂的种类繁多,其杀菌机制不尽相同,主要有:①使菌体蛋白质变性或凝固。如乙醇、醋酸等。②影响微生物的酶系统和代谢活性。如高锰酸钾等,可作用于细菌酶蛋白的—SH基,使酶活性丧失。③损伤菌体细胞膜或改变细胞膜的通透性。如来苏尔等作用于细菌时,可损伤细胞膜,使胞质内容物逸出,并能破坏细胞膜上的氧化酶和脱氢酶,最终导致细菌死亡。

消毒剂不仅能杀死病原体,对人体细胞也有一定损害作用,所以只能外用。食品微生物检验工作中,消毒剂常常用于操作台面、食品包装、环境、操作人员手部等消毒处理。

课堂活动

在我们的日常生活中,许多朋友认为酒里含有乙醇,因此就有消毒作用,于是在外面餐馆吃饭,用纸蘸上啤酒来擦拭碗筷;或做饭时切到手了,顺手拿来喝剩的白酒涂在伤口上。你认为他们的做法对吗?为什么?

三、影响化学消毒剂作用效果的因素

消毒剂的杀菌效果受多种因素的影响,掌握并利用这些因素可提高消毒灭菌的效果。影响消毒灭菌效果的主要因素有以下几种。

1. 消毒剂 消毒剂的性质、浓度和作用时间不同,对细菌的作用效果也有所差异。例如表面活性剂对革兰氏阳性菌的杀菌效果强于革兰氏阴性菌;龙胆紫对葡萄球菌作用效果较好。同一种消毒剂的浓度与作用时间不同,消毒效果也不一致。通常消毒剂的浓度越大,杀菌效果越强(但乙醇例外,以70%~75%的浓度消毒效果最好);消毒剂在一定浓度下,消毒作用时间的长短与消毒效果的强弱呈正相关。

2. 微生物的种类和数量　不同种类的微生物对消毒剂的敏感性不同,因此同一种消毒剂对不同微生物的杀菌效果各不同。如一般消毒剂对结核分枝杆菌的作用较其他细菌繁殖体差;5%苯酚 5 分钟可杀死沙门菌,而杀死金黄色葡萄球菌则需 10~15 分钟;75%乙醇可杀死一般细菌繁殖体,但不能杀灭细菌的芽孢。此外,微生物的数量越大,消毒越困难,消毒所需的时间越长。

3. 温度与酸碱度　一般而言,温度越高消毒剂的作用效果越佳。消毒剂的杀菌过程基本上是一种化学过程,化学反应的速度随温度的升高而加快。如金黄色葡萄球菌在苯酚溶液中被杀死的时间在 20℃时比 10℃时大约快 5 倍;2%戊二醛杀灭每毫升含 10^4 个炭疽芽孢杆菌的芽孢,20℃时需 15 分钟,40℃时需 2 分钟,56℃时仅需 1 分钟。消毒剂的杀菌作用还受酸碱度的影响,如戊二醛本身呈中性,其水溶液呈弱碱性,不具有杀芽孢的作用,只有在加入碳酸氢钠后才发挥杀菌作用。

4. 环境中化学拮抗物质的存在　一般情况下病原菌常与血清、脓汁等有机物混在一起,这些有机物中的蛋白质、油脂类物质包围在菌体外面可妨碍消毒剂的穿透,从而对细菌产生保护作用。此外拮抗物还可通过与消毒剂的有效成分结合,或对消毒剂产生中和作用,从而降低其杀菌效果。

点滴积累

1. 化学消毒剂　用于消毒杀菌的化学药物。
2. 化学消毒剂的杀菌机制　使菌体蛋白质变性或凝固、影响细菌的酶系统和代谢活性、损伤菌体细胞膜或改变细胞膜的通透性等。
3. 化学消毒剂的用途　用于物体表面、环境、人体体表皮肤及黏膜的消毒。
4. 影响化学消毒剂作用效果的因素　主要有消毒剂的性质和浓度、作用物品中微生物的种类和数量、环境温度与酸碱度、环境中拮抗剂的存在。

第三节　食品中腐败微生物的控制与食品保藏技术

食品保藏是从生产到消费过程的重要环节,如果保藏不当就可能腐败变质,造成重大经济损失,甚至危及消费者的健康和生命安全。食品保藏的原理就是围绕着防止微生物污染、杀灭或抑制微生物生长繁殖以及延缓食品自身组织酶的分解作用,采用物理、化学等方法,使食品在尽可能长的时间内保持其原有的营养价值和色、香、味等感官性状。

一、热杀菌保藏技术

高温加热可杀灭食品中的微生物和使酶失活,从而起到防止食品腐败变质的作用。食品加热杀菌的方法很多,主要有加压杀菌法、巴氏消毒法、超高温瞬时杀菌、微波杀菌、远红外线加热杀菌和欧姆杀菌等方法。

1. 加压杀菌法　是利用加压蒸汽使温度增高至 100℃以上(常为 100~121℃),以提高杀菌力。本法可杀灭细菌芽孢、缩短杀菌时间,常用于肉类制品、中酸性或低酸性罐藏食品的杀菌,具体杀菌温度和时间随罐内物料、形态、罐形大小、灭菌要求和贮藏时间而异。

2. 巴氏消毒法　某些食品，如牛奶、果汁、啤酒、酱油、食醋等，经加压杀菌后，其营养价值和色香味会受到影响，故宜采用巴氏消毒法来杀灭食品中致腐微生物的营养体，达到防腐、延长保存期的目的。现在巴氏消毒法多运用水浴、蒸汽或热水喷淋式杀菌设备。

3. 超高温瞬时杀菌　是指在130~150℃加热数秒进行杀菌的方法。该杀菌法既可达到一定的杀菌要求，又能最大程度地保持食品品质，适合于液态食品的杀菌处理。牛乳在高温下保持较长时间，则易发生一些不良的化学反应，如蛋白质分解而产生 H_2S 的不良气味、糖类焦糖化而产生异味、乳清蛋白质变性沉淀等，若采用超高温瞬时杀菌既能方便工艺条件，满足灭菌要求，又能减少对牛乳品质的损害。

4. 微波杀菌　微波（超高频）一般是指频率在300~300 000MHz的电磁波。微波可使食品温度升高，从而杀灭污染微生物；还可作用于微生物使其产生大量电子和离子影响微生物的生理活性、破坏核酸分子，抑制微生物生长，甚至导致其死亡。目前915MHz和2 450MHz两个频率已广泛地应用于微波杀菌，前者可以获得较大穿透厚度，适用于加热含水量高、厚度或体积较大的食品；而后者适宜于含水量低的食品。

微波杀菌具有快速、节能、对食品的品质影响很小的特点。因此，能保留更多的活性物质和营养成分，适用于人参、香菇、猴头菌、花粉、天麻以及中药、中成药的干燥和灭菌。微波还可应用于肉及其制品、禽及其制品、奶及其制品、水产品、水果、蔬菜、罐头、谷物、布丁和面包等一系列产品的杀菌、灭酶保鲜和消毒，延长货架期。此外，微波应用于食品的烹调，冻鱼、冻肉的解冻，食品的脱水干燥、漂烫、焙烤以及食品的膨化等领域。

5. 远红外线加热杀菌　远红外线是指波长为2.5~1 000μm的电磁波。食品的很多成分对3~10μm的远红外线有强烈的吸收，因此食品往往选择这一波段的远红外线加热。

远红外线加热杀菌法具有热辐射率高、加热速度快、热损失少、食品受热均匀、营养损失少等优点，且不需经过热媒，照射到待杀菌的物品上，加热直接由表面渗透到内部，因此该法已广泛应用于食品的烘烤、干燥、解冻，以及坚果类、粉状、块状、袋装食品的杀菌。

6. 欧姆杀菌　欧姆加热是利用电极，将电流（多为50~60Hz的低频交流电）直接导入食品，由食品本身介电性质所产生的热量，以达到直接杀菌的目的。

欧姆杀菌与传统罐装食品的杀菌相比，不需要传热面，热量在固体产品内部产生，适合于处理含大颗粒固体产品和高黏度的物料。具有系统操作连续、平稳易于自动化控制、维护和操作费用低等优点。

二、冷杀菌保藏技术

冷杀菌无须对物料进行加热，因而避免了食品成分因高温而被破坏。冷杀菌方法有多种，如放射线辐照杀菌、超声波杀菌、放电杀菌、高压杀菌、磁场杀菌、干燥和脱水杀菌等。

1. 辐照杀菌　食品的辐照保藏是指用放射线辐照食品，借以延长食品保藏期的技术。辐射线主要包括紫外线、X射线和γ射线等，其中紫外线穿透力弱，只有表面杀菌作用，而X射线和γ射线

(比紫外线波长更短)是高能电磁波,能激发被辐照物质的分子,使之引起电离作用,进而影响生物的各种生命活动。

放射线辐照由于其具有节约能源、杀菌效果好、可改善某些食品品质、便于连续工业化生产等优点,目前已有 70 多个国家批准应用于食品保藏,并已有相当规模的实际应用。

2. 超声波杀菌　超声波灭菌可用于食品杀菌、食具的消毒和灭菌及护士的洗手消毒等。曾试验用超声波对牛乳消毒,经 15~16 秒消毒后,乳液可以保持 5 天不发生腐败;常规消毒乳再经超声波处理,冷藏条件下,保存 18 个月未发现变质。日本生产的气流式超声餐具清洗机,清洗餐具可使细菌总数及大肠菌群降低 10^5~10^6,若同时使用洗涤剂或杀菌剂,可做到完全无菌。

3. 干燥和脱水杀菌　食品干燥、脱水方法主要有日晒、阴干、喷雾干燥、减压蒸发和冷冻干燥,以减压蒸发和冷冻干燥法较好。本法适用于食品、药材、谷物、蔬菜等的保存。生鲜食品干燥和脱水保藏前,一般需破坏其酶的活性,最常用的方法是热烫(亦称杀青、漂烫)或硫黄熏蒸(主要用于水果)或添加抗坏血酸(0.05%~0.1%)及食盐(0.1%~1.0%)。肉类、鱼类及蛋中因含 0.5%~2.0%肝糖,干燥时常发生褐变,可添加酵母或葡萄糖氧化酶处理或除去肝糖再干燥。

三、化学保藏技术

常用化学保藏技术包括盐藏、糖藏、醋藏、酒藏和防腐剂保藏等。盐藏、糖藏是根据提高食物的渗透压原理来抑制微生物的活动;醋和酒在食物中达到一定浓度时也能抑制微生物的生长繁殖。

(一) 盐藏

不同微生物对盐浓度的适应性不同,因而食盐浓度的高低就决定了所能生长的微生物菌群种类。例如肉类中食盐浓度在 5%以下时,主要是细菌繁殖;食盐浓度在 5%以上时,存在较多的是霉菌;食盐浓度超过 20%时,主要生长的是酵母菌。常见盐藏食品有咸鱼、咸肉、咸蛋、咸菜等。

(二) 糖藏

糖浓度为 50%时可抑制大多数酵母菌和细菌的生长,糖浓度达 65%~70%时能抑制几乎所有微生物的生长。常见糖藏食品有甜炼乳、果脯、蜜饯、果酱等。

(三) 防腐剂保藏

能抑制微生物生长繁殖的化学物质即为防腐剂。在食品中添加防腐剂,可防止食品腐败变质,是食品防腐保鲜的常用方法。但某些防腐剂有可能对人体造成一定的毒害,因此理想的防腐剂应符合食品卫生标准、杀菌力强、性质稳定、不妨碍胃肠道酶类的作用、不影响有益的肠道正常菌活动。

防腐剂的种类多,它们的防腐机制也各不相同,归纳起来有以下四个方面:使微生物的蛋白质变性,从而干扰其生长和繁殖;改变细胞膜、壁通透性,使微生物体内的酶类和代谢物逸出细胞,导致其失活;干扰微生物体内酶系,抑制酶的活性,破坏其正常代谢;对微生物细胞原生质部分的遗传机制产生效应等。一种防腐剂对微生物的影响可能是多方面的,但以某一方面为主。

1. 常见的防腐剂及其应用　防腐剂根据来源和性质可分为有机防腐剂和无机防腐剂。我国目前常用的主要有以下种类。

(1)苯甲酸及其钠盐:苯甲酸又名安息香酸,天然存在于蔓越橘、洋李和丁香等植物中,是各国允许使用而且历史比较悠久的食品防腐剂。苯甲酸为白色鳞片状或针状结晶,难溶于水,易溶于乙醇。苯甲酸钠易溶于水,生产上使用较为广泛。

苯甲酸的抑菌机制是:苯甲酸分子可抑制微生物细胞呼吸酶系统的活性,特别是对乙酰辅酶缩合反应有很强的抑制作用。其防腐效果视介质的 pH 而异,一般 pH<5 时抑菌效果较好,pH 2.5~4.0 时抑菌效果最好。因此适合于碳酸饮料、果汁、果酒、腌菜和酸泡菜等高酸性食品的防腐保藏。苯甲酸对酵母菌的影响大于霉菌,对细菌效力稍差。

苯甲酸的 ADI 值(每日允许摄入量)为 5mg/kg,能在肠内很好地被吸收,并从尿中排出,也可和葡糖醛酸或甘氨酸结合,排出体外。但由于苯甲酸解毒过程在肝脏中进行,因此对肝功能衰弱的人可能是不适宜的。其毒性要高于山梨酸,故近年来有被山梨酸取代或两者混合使用的趋势。

(2)山梨酸及其钾盐:山梨酸又名花楸酸,为无色针状或白色粉末状结晶,无臭或稍有刺臭,耐光耐热,但在空气中长期放置易被氧化变色,防腐效果也有所降低。山梨酸难溶于水而易溶于乙醇等有机溶剂;山梨酸钾极易溶于水,也易溶于高浓度蔗糖和食盐溶液,因而在生产上被广泛使用。

山梨酸的抑菌机制主要是抑制酶活性、破坏细胞膜、阻止芽孢发芽等,对霉菌、酵母菌和细菌均有良好的抑制作用,但对厌氧微生物和嗜酸乳杆菌几乎无效。山梨酸的防腐效果随 pH 降低而增强,常用于醋、果酱、果汁、山楂糕、水果罐头等高酸性食品的防腐保藏。

山梨酸是一种不饱和脂肪酸,能在人体内参与正常的代谢活动,最后被氧化成二氧化碳和水,故国际上公认其为无害的食品防腐剂。山梨酸的 ADI 为 25mg/kg。

(3)对羟基苯甲酸酯类:对羟基苯甲酸酯又名对羟基安息香酸酯或尼泊金酯,是苯甲酸的衍生物。目前,主要使用的是对羟基苯甲酸甲酯、乙酯、丙酯和丁酯,其中对羟基苯甲酸丁酯的防腐效果最佳。

对羟基苯甲酸酯的抑菌机制与苯甲酸相同,但防腐效果更强,在烘焙食品、软饮料、啤酒、橄榄、酸、果酱和果冻以及糖浆中被广泛使用。

(4)丙酸盐:作为食品防腐剂使用的丙酸盐通常是丙酸钠和丙酸钙,对霉菌、需氧芽孢杆菌或革兰氏阴性杆菌有较强的抑菌作用,对引起食品发黏的菌类如枯草芽孢杆菌抑菌效果好,对防止黄曲霉毒素的产生有特效,但是对酵母菌几乎无效。多用于豆类制品、原粮、生湿面制品(如面条、饺子皮、馄饨皮、烧麦皮)、面包、糕点、醋、酱油等食品的防腐。

(5)脱氢乙酸和脱氢乙酸钠:脱氢乙酸钠盐具有广谱的抗菌能力,对霉菌和酵母的抗菌能力尤强,脱氢乙酸钠盐对引起食品腐败的酵母菌、霉菌作用极强。脱氢乙酸和脱氢乙酸钠毒性很低、对热较稳定,适应的 pH 范围较宽,可用于腐乳、什锦菜、橘汁、干酪、奶油、人造奶油、乳酸和乳酸饮料等食品的防腐。

(6)双乙酸钠:对细菌和霉菌有良好的抑制能力,尤其对黑根菌、黄曲霉、李斯特菌等抑制效果明显,常用于酱菜类的防腐。双乙酸钠安全、无毒,在人体内最终分解产物为水和二氧化碳。

(7)富马酸二甲酯:是一种新型的防霉保鲜剂,能抑制 30 多种霉菌和酵母菌生长,且其抗菌性能不受 pH 的影响,具有高效广谱、安全性高、价格低廉等优点。但富马酸二甲酯目前还没有通过安全性评价,不直接加入食品,可以制成防霉纸,在糕点、糖果、果蔬的防腐保鲜中使用。

（8）二氧化硫及亚硫酸盐类防腐剂：常用的有焦亚硫酸钠、焦亚硫酸钾，通过形成亚硫酸来抑制微生物生长，只有在酸性条件下有效。一般用作葡萄酒、果酒的防腐剂。

（9）乳酸链球菌素（乳链菌素、乳链菌肽）：是从乳酸链球菌发酵产物中提取的一类多肽化合物，对蛋白水解酶特别敏感，食用后在消化道中即可很快被蛋白水解酶水解成氨基酸，因而是一种安全的天然食品防腐剂。作为防腐剂，乳酸链球菌素的抗菌谱较窄，仅对大多数革兰氏阳性菌有抑制作用，对革兰氏阴性菌、酵母菌、霉菌无作用。此外，乳酸链球菌素在中性或碱性条件下几乎不溶解，而在酸性条件下溶解性增强，且性质更稳定。因此，该防腐剂主要适用于由革兰氏阳性菌引起的酸性食品腐败的防腐，如乳制品（干酪、消毒牛奶、加味牛奶等）、罐头食品、乙醇饮料等食品的防腐。

（10）鱼精蛋白：鱼精蛋白是在鱼类精子细胞中发现的一种细小而简单的含高精氨酸的强碱性蛋白质，它对枯草杆菌、巨大芽孢杆菌、地衣型芽孢杆菌、凝固芽孢杆菌、胚芽乳杆菌、干酪乳杆菌、粪链球菌等均有较强抑制作用，但对革兰氏阴性菌抑制效果不明显。研究发现，鱼精蛋白可与细胞膜中某些涉及营养运输或生物合成系统的蛋白质作用，使这些蛋白质的功能受损，进而抑制细胞的新陈代谢而使细胞死亡。鱼精蛋白在中性和碱性介质中的抗菌效果更为显著。广泛应用于面包、蛋糕、菜肴制品（调理菜）、水产品、豆沙馅、调味料等的防腐中。

2. 影响防腐剂作用效果的因素　由于微生物的种类、菌龄、细胞的构造和所处的食品环境的不同，所以防腐剂的防腐效果存在差异。影响防腐效果的主要因素有以下方面。

（1）食品的 pH：苯甲酸及其盐类、山梨酸及其盐类等均属于酸性防腐剂，食品的 pH 对酸性防腐剂的防腐效果有很大的影响，pH 越低防腐效果越好。

酸性防腐剂的防腐作用主要是依靠溶液中的未电离分子，如果溶液中氢离子浓度增加，电离被抑制，未电离的分子比例就增加，所以低 pH 的防腐效果比较好。

目前有效且广泛使用的防腐剂大多是一些弱亲脂性的有机酸（山梨酸、苯甲酸、丙酸）和无机酸（亚硫酸），并且这些防腐剂在低 pH 条件下更为有效。其中，只有对羟基苯甲酸酯在 pH 接近中性时仍有有效的抑菌作用。这是因为亲脂性弱酸较易透过细胞膜，到达微生物细胞内部。

（2）溶解与分散：防腐剂必须在食品中分散，才能达到良好的防腐效果。所以防腐剂要充分溶解而分散于食品中。溶解时溶剂的选择要注意有的食品不能有酒精味，就不能用乙醇作溶剂；有的食品不能过酸，就不能用太多的酸溶解。

溶解后的防腐剂进入食品环境中，也有可能分散不均匀。如醇溶性的对羟基苯甲酸酯，加入水相后，如未进行均质，会很快析出，从而降低防腐剂的效果，还直接影响食品外观。苯甲酸钠、山梨酸钾加到酸性食品中，如果不及时搅拌，使某一局部过多，也会析出苯甲酸和山梨酸的块状物。

（3）防腐剂的配合使用：各种食品防腐剂都有一定的作用范围，所以不同作用范围的食品防腐剂可配合使用，以达到扩大抑菌范围的目的。如将具有长效作用的食品防腐剂与作用迅速但耐久性差的食品防腐剂配合使用、饮料中并用苯甲酸钠与二氧化硫、有的果汁中并用苯甲酸钠和山梨酸，可达到增强防腐效果的目的。

（4）防腐剂的使用时间：通常食品防腐剂的加入时间宜在细菌的诱导期，如果细菌进入对数期，则食品防腐剂的效果会有所下降。

（5）分配系数的影响：分配系数指食品防腐剂在脂肪和水相中溶解度的比值，对高脂肪食品的保藏有实际的意义。在这种系统中，微生物只出现在水相中，进入脂肪相的防腐剂被认为是无用的。因此分配系数越小，防腐剂的效果越好。

（6）水分活度的影响：降低水分活度有利于防腐。在水中加入电解质，或加入其他可溶性物质，当达到一定的浓度时，可降低水分活度，对食品防腐剂起增效作用。

（7）食品成分的影响：如食品中的香味剂、调味剂、乳化剂等具有抗菌作用，食盐、糖类、乙醇可以降低水分活度，这些成分可加强防腐剂的作用。

点滴积累

1. 常用热杀菌保藏技术　加压杀菌法、巴氏消毒法、超高温瞬时杀菌、微波杀菌、远红外线加热杀菌、欧姆杀菌等。
2. 常用冷杀菌保藏技术　辐照杀菌、超声波杀菌、干燥和脱水等。
3. 常用化学保藏技术　盐藏、糖藏、防腐剂保藏等。
4. 防腐剂的杀菌机制　使微生物的蛋白质变性；改变细胞膜、壁通透性；干扰微生物体内酶系，抑制酶的活性；对微生物细胞原生质部分的遗传机制产生效应。
5. 影响防腐剂杀菌效果的因素　包括 pH、防腐剂的溶解与分散、防腐剂的配合使用、防腐剂的使用时间、分配系数、水分活度、食品成分等。

目标检测

简答题

1. 简述高温灭菌的原理。
2. 简述防腐剂的杀菌机制。
3. 简述影响防腐剂杀菌效果的因素。

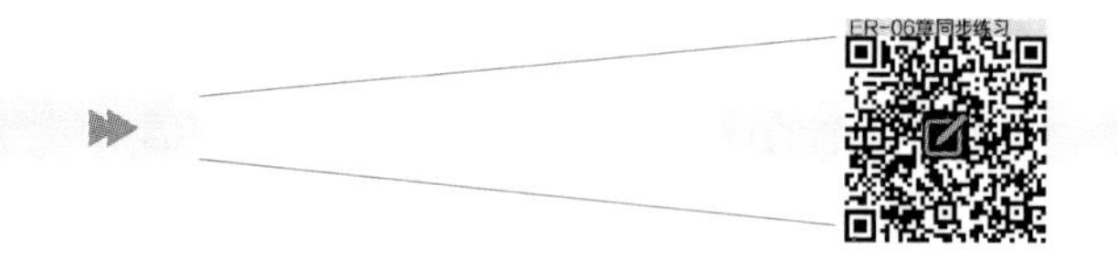

（雷娟娟）

第七章 食品中的常见致病菌

导学情景

情景描述：

某学校二十几名学生在食堂吃过午餐几小时后，陆续出现了恶心、呕吐伴腹泻的食物中毒症状，送医院经处理，康复归校。 当地疾病控制中心对该食堂的用具、食品等进行微生物学检验，最后诊断为金黄色葡萄球菌引起的食物中毒。

学前导语：

食物中毒的发生原因复杂、类别多样，包括细菌性食物中毒、真菌性食物中毒、动植物性食物中毒、化学性食物中毒等，其中细菌性食物中毒最为常见。

细菌性食物中毒是指摄入含有大量活菌或细菌毒素的食品而引起的，以急性胃肠炎为主要特征的疾病。 本章将带领同学们认识引起细菌性食物中毒的常见致病菌的重要特性，理解这些致病菌检验的卫生学意义。

第一节 金黄色葡萄球菌

扫一扫，知重点

金黄色葡萄球菌隶属于葡萄球菌属，广泛分布于自然界的空气、水、土壤等处，也可出现在人和动物的排泄物中。金黄色葡萄球菌可引起化脓性炎症等感染，也可通过产生肠毒素，引起食物中毒，是我国食物中毒最常见的病原菌之一。因此，检测食品中金黄色葡萄球菌，对判断食品在卫生上是否存在潜在危险有重要意义。

一、生物学特征

（一）形态染色

葡萄球菌形态染色

典型金黄色葡萄球菌呈球形，直径 0.5~1.5μm，在固体培养基上成堆排列，形似葡萄串状，在液体培养基或脓汁标本中可见成单、成双或短链状排列（图 7-1）。葡萄球菌无鞭毛，无芽孢，一般无荚膜。革兰氏染色阳性，当细菌衰老、死亡、被吞噬后或在青霉素等药物作用下，常转为革兰氏阴性。

（二）培养特性

金黄色葡萄球菌需氧或兼性厌氧，营养要求不高，最适 pH 为 7.4，最适温度为 35~37℃。某些菌株具有较强的耐盐性，能耐受 10%~15%氯化钠，利用此特点可筛选、分离样品中的金黄色葡萄球菌。

图 7-1　葡萄球菌形态特征

在普通琼脂平板上培养 24~48 小时后，可形成直径 2~3mm，圆形、凸起、表面光滑、边缘整齐、湿润不透明的菌落；由于产生金黄色脂溶性色素，故菌落多呈金黄色。

在羊血琼脂平板上形成的菌落除具有上述特征外，金黄色葡萄球菌还可产溶血素，溶解培养基中的红细胞，因而菌落周围常有明显 β-溶血环。

在 Baird-Parker 平板上，金黄色葡萄球菌菌落中心颜色较深，呈灰色至黑色，边缘为淡色，周围有混浊带，外层有一圈透明带，表面光滑、湿润。长期保存的冷冻或干燥食品中分离的菌落比典型菌落产生的黑色较淡些，外观可能粗糙并干燥。

葡萄球菌菌落性状

在液体培养基中呈均匀混浊生长；在 10%~15% 氯化钠肉汤培养基中能生长。

（三）生化反应

可分解葡萄糖、麦芽糖和蔗糖等多种糖，产酸不产气；致病菌株可在厌氧条件下分解甘露醇产酸。耐热 DNA 酶、触酶试验均为阳性。可产血浆凝固酶，导致经过抗凝的人或兔血浆发生凝固，是鉴定金黄色葡萄球菌的重要因素。

葡萄球菌血浆凝固酶试验

（四）抗原构造

葡萄球菌主要有蛋白抗原和多糖抗原两种。蛋白抗原为完全抗原，90% 以上金黄色葡萄球菌有此抗原，有种属特异性，无型特异性。存在于葡萄球菌表面，结合在细胞壁的肽聚糖部分，具有抗吞噬作用，称为葡萄球菌 A 蛋白（SPA）。多糖抗原为半抗原，具有型特异性，可将葡萄球菌分为 9 个血清型。

（五）抵抗力

对理化因素抵抗力强，耐热、耐干燥、耐高盐，是抵抗力最强的无芽孢细菌。70℃ 加热 1 小时或 80℃ 加热 30 分钟，才可能被杀灭。在已干燥的脓、痰、血中仍可存活 2~3 个月，对碱性染料敏感，1∶10 万~1∶20 万龙胆紫可抑制其生长，50g/L 苯酚、1g/L 升汞溶液中 15 分钟死亡。生长繁殖可被 50%~60% 的蔗糖或高于 15%NaCl 抑制。在冷冻贮藏环境中不易死亡，因此在冷冻食品中经常检出该菌。

二、流行病学特征

金黄色葡萄球菌可通过皮肤伤口、消化道等途径，进入机体，引起化脓性感染（如毛囊炎、伤口化脓、疖、痈等）、全身感染（如败血症、脓毒血症等）、食物中毒等疾病。

（一）致病物质

金黄色葡萄球菌可产生多种毒素或侵袭性酶类，与其致病性密切相关。

1. 肠毒素　金黄色葡萄球菌肠毒素是由该菌的某些致病株产生的一种毒性蛋白质，是引起金黄色葡萄球菌食物中毒的主要因素。目前已知有 A、B、C、D、E、F 等 6 种不同抗原性的肠毒素，其中以 A 型肠毒素引起的食物中毒最多。

金黄色葡萄球菌易污染含有蛋白质、淀粉、奶油等的食物，当条件适宜（25~30℃、5~10 小时），即可产生大量肠毒素。该肠毒素对胰酶、木瓜酶等有抵抗力，胃蛋白酶在 pH 2 左右的条件下才可破坏肠毒素活性。肠毒素还有一个重要性质是耐热，100℃ 30 分钟不被破坏，因此，一般的食物加热温度难以消除污染食物的危害。

2. 血浆凝固酶　金黄色葡萄球菌可产生血浆凝固酶，该酶能使抗凝的兔或人血浆发生凝固。非致病葡萄球菌一般不产生此酶，故通过检查有无血浆凝固酶来鉴别金黄色葡萄球菌。

3. 溶血毒素　是金黄色葡萄球菌产生的一种外毒素，可溶解活细胞，使血平板上的菌落周围出现透明溶血环。

（二）葡萄球菌食物中毒

葡萄球菌食物中毒是世界性卫生问题，在美国由金黄色葡萄球菌引起的食物中毒占细菌性食物中毒的 33%，在加拿大占 45%，我国每年此类中毒事件也非常多。

葡萄球菌食物中毒是由于进食了被金黄色葡萄球菌及其肠毒素所污染的食物而引起的一种急性疾病，多发生于夏秋季节，中毒食物以乳、肉、蛋、鱼为多见。金黄色葡萄球菌可通过以下途径污染食品：食品加工、烹饪、销售人员带菌，造成食品污染；熟食制品包装不严，运输、贮藏过程中受到了污染；奶牛患化脓性乳腺炎或禽畜局部化脓，对肉体其他部位造成污染。金黄色葡萄球菌在污染的食品中繁殖并产生肠毒素，肠毒素随污染食物进入机体，经胃肠吸收入血，可作用于呕吐中枢，引起恶心、呕吐、腹痛腹泻等急性胃肠炎症状，重者可出现虚脱和休克。

点滴积累

1. 金黄色葡萄球菌形态特征　革兰氏阳性球菌，葡萄状排列。
2. 金黄色葡萄球菌培养特征　在血平板上形成中等大小光滑型菌落、金黄色、有透明溶血环；在 Baird-Parker 平板上的菌落呈灰色至黑色，边缘为淡色，周围有混浊带，外层有一圈透明带。
3. 金黄色葡萄球菌的生化特征　可分解多种糖，血浆凝固酶、耐热 DNA 酶、触酶试验均阳性。
4. 金黄色葡萄球菌的流行病学特征　可导致多种疾病。通过产生肠毒素，可引起食物中毒。

第二节　溶血性链球菌

链球菌属广泛分布于自然界的水、空气、尘埃及人与动物呼吸道、排泄物中，与多种人类疾病密切相关。

链球菌属种类繁多，按其在血琼脂平板上的溶血情况，可分为①甲型溶血性链球菌：又称 α 溶血性链球菌，此类链球菌菌落周围有草绿色溶血环，可作为机会致病菌引起感染。②乙型溶血性链球菌：此类链球菌又称 β 溶血性链球菌，可产溶血毒素，溶解红细胞，使菌落周围出现透明溶血环。β 溶血性链球菌致病性强，常引起人和动物的多种疾病。③丙型链球菌：即 γ 型链球菌，无溶血能力，菌落周围不形成溶血环，通常无致病性。按链球菌多糖抗原的差异，又可分为 A、B、C 等共 20 个血清群，其中与人类疾病、食物中毒有关的，主要是 A 群。

一、生物学特征

（一）形态染色

溶血性链球菌为圆形或卵圆形的革兰氏阳性球菌，直径为 0.8~1.0μm，呈链状排列（图 7-2）。链的长短与细菌种类及生长环境有关，在液体培养基中易呈长链，在固体培养基中常呈短链、成双或单个散在。无鞭毛、无芽孢，某些菌株在血清肉汤中可形成微荚膜，但延长时间后即消失。

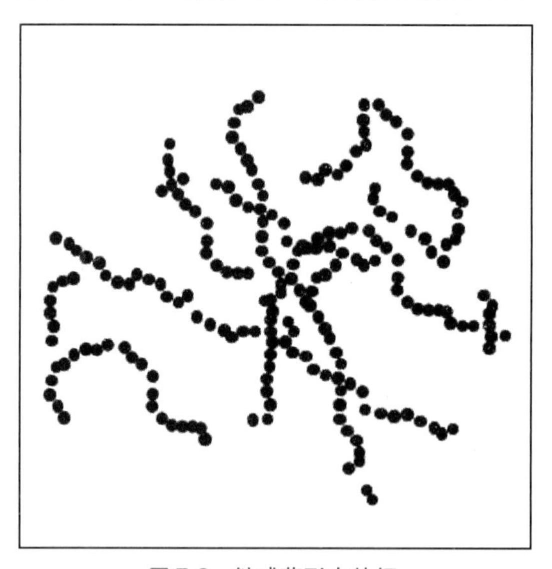

图 7-2　链球菌形态特征

链球菌形态特征

（二）培养特性

本属细菌大多为需氧或兼性厌氧菌，少数微需氧及专性厌氧，某些菌株在 5% CO_2 环境下生长更好；营养要求较高，在普通培养基上生长不良，在含有葡萄糖、血清、血液的培养基上生长良好；最适温度为 35~37℃，最适 pH 为 7.4~7.6。

在血琼脂平板上，可形成灰白色、圆形、表面光滑、直径 0.1~0.75mm 的细小菌落。β 溶血性链球菌菌落周围呈现透明溶血环、甲型链球菌呈现草绿色溶血环、丙型链球菌不出现溶血环。

在液体培养基如血清肉汤中，溶血性链球菌呈絮状或颗粒状沉淀生长，上液澄清。

（三）生化反应

溶血性链球菌的菌落特征

触酶阴性，能分解葡萄糖产酸不产气，对乳糖、甘露醇、水杨苷、棉子糖等糖类的分解因不同菌株而异。β溶血性链球菌不分解菊糖、山梨醇阴性，不被胆汁溶解。约97%的A群链球菌可被杆菌肽抑制，而其他群链球菌不受抑制。

（四）抵抗力

本菌对外界抵抗力不强，对多种常用的消毒剂敏感，60℃ 30分钟即可将其杀死。在干燥尘埃中可存活较长时间。乙型溶血性链球菌对青霉素、红霉素、四环素和磺胺类药物均敏感。青霉素为首选治疗药物，极少发现耐青霉素的菌株。

二、流行病学特征

与人类疾病有关的链球菌主要是β溶血性链球菌，可导致化脓性感染（如急性咽炎、脓疱病、伤口感染等）、中毒性疾病（如猩红热）、超敏反应性疾病（如风湿热和急性肾小球肾炎等）及食物中毒。

（一）致病物质

1. 溶血毒素　有溶解红细胞、破坏白细胞和血小板的作用，有溶血素S（SLS）和溶血素O（SLO）两种。SLS对O_2稳定，链球菌在血平板上形成的透明溶血环就是由SLS所致。SLO对O_2敏感，遇O_2失去溶血能力。SLO抗原性强，感染2~3周后可在体内检出SLO抗体，故检测SLO抗体含量，可作为链球菌感染的辅助诊断。

2. 红疹毒素　链球菌产生的外毒素，对热稳定，100℃加热1~2小时才被破坏，是引起人类猩红热的主要毒性物质，可引起局部或全身红疹、发热、头痛、恶心、呕吐等。其毒性可被相应抗毒素特异性中和。

3. 链激酶　即溶纤维蛋白酶，可使血液中的纤维蛋白酶原转变成纤维蛋白酶，溶解血块或阻止血浆凝固，有利于细菌在组织中扩散。实验室可借此特点，以链激酶试验来辅助β溶血性链球菌的鉴定。

（二）溶血性链球菌食物中毒

存在于环境中的溶血性链球菌，或上呼吸道感染者、化脓性感染部位的溶血性链球菌，易污染食品，被污染的食品如奶、肉蛋及其制品等被食用后可导致食物中毒。溶血性链球菌食物中毒潜伏期为2~20小时，临床上多表现为胃肠道症状，如恶心、呕吐、腹痛腹泻，1~2天可恢复。

点滴积累

1. 溶血性链球菌的形态特征　革兰氏阳性球菌，链状排列。
2. 溶血性链球菌的培养特性　在血琼脂平板上形成细小光滑型菌落、灰白色、有透明溶血环。
3. 溶血性链球菌的生化特征　可分解葡萄糖、A群链球菌可被杆菌肽抑制、链激酶试验阳性。
4. β溶血性链球菌的流行病学特征　可通过产生多种毒素或侵袭性酶，导致食物中毒、化脓性感染、中毒性疾病、超敏反应性疾病。

第三节　大肠埃希氏菌

大肠埃希氏菌俗称大肠杆菌，隶属于肠道杆菌科埃希氏菌属。大肠埃希氏菌广泛分布于自然界，也作为正常菌群存在于人和动物肠道中，可随粪便排出，污染环境和食品，是食品卫生监督的重要指示菌。

作为正常菌群的大肠埃希氏菌不引起肠道疾病，而且还可合成维生素 B、维生素 K 等，提供给宿主机体利用，因此，大肠埃希氏菌在很长一段时间内被认为是非肠道致病菌。20 世纪中期，人们发现一些大肠埃希氏菌的特殊血清型可通过产生肠毒素等方式，导致人类肠道感染或食物中毒，即致泻大肠埃希氏菌。

一、生物学特征

（一）形态染色

大肠埃希氏菌为革兰氏阴性短杆菌，无芽孢，多数有周鞭毛、能运动，部分菌株有菌毛、荚膜及微荚膜。

（二）培养特性

为兼性厌氧菌，最适温度为 35~37℃，最适 pH 为 7.4~7.6。营养要求不高，在普通营养琼脂上生长良好，形成较大的圆形、湿润、呈灰白色的光滑型菌落，血琼脂平板上少数菌株可产生 β-溶血环。在肠道选择培养基上可发酵乳糖，依培养基指示剂不同而形成不同颜色的菌落。伊红亚甲蓝（EMB）琼脂上形成紫黑色带金属光泽或紫红色的菌落、麦康凯琼脂上形成红色菌落、远藤琼脂上形成红色带金属光泽的菌落。

大肠埃希氏菌菌落特征

（三）生化反应

大肠埃希氏菌氧化酶试验阳性，可发酵分解葡萄糖、乳糖等多种碳水化合物；大多可分解山梨醇，但大肠埃希氏菌 O157：H7 不分解山梨醇，借此特点，可用含山梨醇的选择性平板来帮助分离该菌；克氏双糖铁（KIA）或三糖铁（TSI）琼脂上斜面与底层均产酸产气、不产 H_2S；氰化钾培养基中不生长，大肠埃希氏菌其他重要生化反应检表 7-1。

表 7-1　大肠埃希氏菌主要生化反应

试验	结果	试验	结果	试验	结果	试验	结果
葡萄糖	⊕	靛基质	+	山梨醇	+/−	赖氨酸脱羧酶	+/−
乳糖	⊕	甲基红	+	水杨苷	d	鸟氨酸脱羧酶	+/−
硫化氢	−	VP	−	七叶苷	d	精氨酸双水解酶	(+)/−
尿素酶	−	枸橼酸盐利用	−	氰化钾	−	苯丙氨酸脱氨酶	−

注：⊕为产酸产气；+/−为多数阳性，少数阴性；(+)为迟缓阳性；d 为不定。

（四）抗原构造

大肠埃希氏菌的抗原构造复杂，由菌体抗原（O抗原）、表面抗原（K抗原）和鞭毛抗原（H抗原）三种构成。现已知有170余种O抗原，100余种K抗原和60余种H抗原。

1. O抗原　存在于大肠埃希氏菌细胞壁中，为多糖-类脂-蛋白质复合物，对热稳定，可耐受100℃2小时。每一种血清型只含有一种O抗原，分别以阿拉伯数字表示，如O111、O157等。

2. K抗原　又称包膜抗原，系包裹于细胞壁外的荚膜物质。新分离的大肠埃希氏菌70%具有K抗原。

3. H抗原　即鞭毛抗原，存在于大肠埃希氏菌的鞭毛中。为蛋白质成分，不稳定，80℃加热或乙醇可将其破坏。失去鞭毛的菌体，也就失去了鞭毛抗原。每一种血清型只含有一种H抗原，以阿拉伯数字表示，如H7、H12等。

大肠埃希氏菌的血清型别按O：K：H的顺序，以数字表示，如O111：K58：H2、O157：H7等。致泻大肠埃希氏菌和非致泻大肠埃希氏菌在形态染色、培养特性、生化特性等方面是相似的，但两者的抗原性质有区别，故通常需要用血清学方法检测抗原构造来加以区分。

（五）抵抗力

大肠埃希氏菌对理化因素抵抗力不强；60℃ 30分钟即死亡；耐低温，在温度较低的粪便中可存活数周至数月；对常用的化学消毒剂敏感，对氯尤为敏感，水中游离氯达到0.2mg/L时，即可杀死此菌。胆盐、煌绿等对大肠埃希氏菌有抑制作用。

二、流行病学特征

（一）致病物质

1. 侵袭力　K抗原能抗吞噬，并能够抵抗体内抗体和补体的作用。菌毛能帮助细菌黏附于黏膜表面，使细菌在肠道内定植。

2. 内毒素　大肠埃希氏菌细胞壁中的内毒素一旦释放如血液中，可引起宿主出现发热、休克、弥漫性血管内出血（DIC）等内毒素血症。

3. 外毒素　大肠埃希氏菌可产生两种肠毒素①不耐热肠毒素（LT）：为蛋白质，不耐热，65℃ 30分钟即被破坏。LT可活化小肠黏膜腺苷环化酶，使cAMP含量升高，黏膜上皮细胞分泌亢进，重吸收障碍，肠液大量积蓄引起腹泻。②耐热肠毒素（ST）：耐热，100℃ 10～20分钟不被破坏。可活化鸟苷环化酶，使黏膜上皮细胞内cGMP水平升高，引起肠上皮细胞分泌亢进而致腹泻。

（二）致泻大肠埃希氏菌食物中毒

致泻大肠埃希氏菌主要通过污染食品和水源经口进入体内，引起食物中毒。根据血清型别、毒力及临床表现的不同，致泻大肠埃希氏菌可被分为以下几种。

1. 肠产毒型大肠埃希氏菌（ETEC）　约40个血清型。主要通过产生肠毒素，引起儿童腹泻和旅游者腹泻。临床表现为恶心、腹痛、低热以及急性发作的类似于轻型霍乱的大量水样腹泻。由ETEC引起的旅游者腹泻有时较严重，但很少致死。

2. 肠致病型大肠埃希氏菌(EPEC)　不产肠毒素。主要引起婴幼儿腹泻,导致发热、呕吐、大量水泻,便中含有黏液但无血液。

3. 肠侵袭型大肠埃希氏菌(EIEC)　引起类似志贺氏菌样的肠炎,侵犯肠黏膜,在黏膜上皮细胞内增殖破坏上皮细胞。导致发热、腹痛、水泻或细菌性痢疾样的症状,出现黏液脓血便。

4. 肠出血型大肠埃希氏菌(EHEC)　最具代表性的血清型是 O157∶H7,对酸的抵抗力较强,胃液的作用几乎不能将其杀死。该菌主要通过污染食物而导致感染,引起出血性结肠炎,可感染各年龄群,以婴幼儿和老年人较为敏感。EHEC 的潜伏期为 5~9 天,感染者的典型症状为血便、腹痛、多无发热或低热,约 3%的患者可发展为溶血性尿毒综合征、溶血性贫血、血小板减少性紫癜和急性肾功能不全,死亡率为 2%~7%。

点滴积累

1. 大肠埃希氏菌形态特征　革兰氏阴性短杆菌，无芽孢，多数有鞭毛、能运动，部分菌株可形成荚膜。
2. 大肠埃希氏菌培养特征　在血琼脂平板上形成中等大小光滑型菌落，少数菌株可形成透明溶血环；在肠道选择性平板上形成乳糖发酵型菌落。
3. 大肠埃希氏菌的生化特征　可分解葡萄糖、乳糖等多种碳水化合物；典型特征有在氰化钾培养基中不生长、靛基质试验阳性、VP 试验阴性、不利用枸橼酸盐。
4. 大肠埃希氏菌的流行病学特征　大肠埃希氏菌大多是作为正常菌群分布于人和动物的肠道，在某些特定条件下可导致肠道外感染。 但大肠埃希氏菌的特殊血清型可通过产生肠毒素等方式，导致人类肠道感染或食物中毒。

第四节　沙门氏菌属

沙门氏菌属隶属于肠杆菌科,包含 2 000 余个血清型,为肠杆菌科中的一个重要菌属,广泛分布于自然界中,常可在各种动物,如猪、牛、羊等家畜及鸡、鸭、鹅等家禽的肠道中发现该属细菌。据统计,在引起食物中毒的细菌中,沙门氏菌位居前列。在我国由沙门氏菌引起的食物中毒位居细菌性食物中毒的首位。在食品微生物检验实践中,沙门氏菌常作为进出口食品及其他食品的致病菌指标,检测食品中的沙门氏菌,对预防沙门氏菌食物中毒有重要意义。

一、生物学特征

(一)形态染色

沙门氏菌为革兰氏阴性杆菌;无芽孢,一般无荚膜;除鸡白痢和鸡伤寒沙门氏菌无鞭毛外,其余沙门氏菌均有周鞭毛。

(二)培养特性

为需氧或兼性厌氧菌,最适温度为 35~37℃,最适 pH 为 6.8~7.8。营养要求不高,在普通营养琼脂上生长良好，形成中等大小、圆形、湿润、边缘整齐、无色透明或半透明菌落。在SS琼脂平板中形成不分解乳糖的无色透明菌落，产 H_2S 的沙门氏菌菌落中央有黑色沉淀；在远藤琼脂、伊红亚甲蓝、麦康凯琼脂平板中形成无色透明菌落；在BS琼脂平板上形成黑色有金属光泽的菌落；在XLD琼脂平板上形成菌落呈粉红色，带或不带黑色中心。在肉汤培养基中呈均匀浑浊。

沙门氏菌菌落特征

（三）生化反应

沙门氏菌的生化反应较活泼，对沙门氏菌属及亚属的鉴定有重要意义。沙门氏菌属的基本生化反应见表7-2、表7-3。

表7-2　沙门氏菌属基本生化反应特性

试验	结果	试验	结果	试验	结果	试验	结果
葡萄糖	⊕/-	山梨醇	⊕/-	靛基质	-	赖氨酸脱羧酶	+/-
乳糖	-	水杨苷	-	甲基红	+	鸟氨酸脱羧酶	+/-
麦芽糖	⊕/-	卫矛醇	d	VP	-	ONPG	d
甘露醇	⊕/-	氰化钾	-	枸橼酸盐利用	+	苯丙氨酸脱氨酶	-
蔗糖	-	尿素酶	-	丙二酸盐利用	d	H_2S	+/-

注：⊕为产酸产气；+/-为多数阳性，少数阴性；d为不定。

表7-3　沙门氏菌属各亚属基本生化反应特性

项目	Ⅰ	Ⅱ	Ⅲ	Ⅳ	Ⅴ	Ⅵ
乳糖	-	-	+/(+)	-	-	-
卫矛醇	+	+	-	-	+	-
山梨酸	+	+	+	+	+	-
水杨苷	-	-	-	+	-	-
ONPG	-	-	+	-	+	-
丙二酸盐	-	+	+	-	-	-
KCN	-	-	-	+	+	-

注：(+)为迟缓阳性。

（四）抗原构造

沙门氏菌的抗原主要包括3种：菌体(O)抗原、鞭毛(H)抗原和表面(Vi)抗原，具有分类鉴定意义。

1. O抗原　性质稳定，具耐热性，耐受100℃ 2小时。O抗原是沙门氏菌分群的依据。每个沙门氏菌的血清型可具有一种或数种O抗原，其中有的为某一群沙门氏菌独有，其他群则没有，这类O抗原称为主要O抗原，如2、4、6、9、3、11等。将具有相同主要O抗原的沙门氏菌归为一个群，每个群以大写英文字母(A~Z)顺序排列，Z群以后无英文字母标记，直接以O加阿拉伯数字表示，如O51、O65等(表7-4)。从人及动物体内分离到的沙门氏菌，有98%以上属于A~F群。O抗原刺激机体产生的抗体以IgM为主，与相应的抗血清反应可产生颗粒状凝集。

2. H抗原　为不耐热蛋白抗原，为沙门氏菌分型的依据。H抗原分为两个相，第1相特异性较高称特异相，用小写英文字母a、b、c等表示，z以后用z加阿拉伯数字表示，如z1、z2、z3…z65；第2相为沙门氏菌所共有，称非特异相，用1、2、3……表示。同时具有两相H抗原的细菌称双相菌，仅有一相H抗原的细菌称单相菌（表7-4）。H抗原刺激机体产生的抗体以IgG为主，与相应的抗血清呈絮状反应。

3. Vi抗原　新分离的伤寒及丙型副伤寒沙门氏菌常带有此抗原，有抗吞噬及保护细菌免受相应抗体和补体的溶菌作用。Vi抗原性质不稳定，60℃ 30分钟或苯酚处理，均可被破坏。该抗原位于菌体的最表层，能阻断O抗原与相应抗体的凝集反应，影响沙门氏菌的血清学鉴定，故在沙门氏菌血清学鉴定时常需先加热破坏Vi抗原，再与相应抗血清进行凝集试验。

表7-4　沙门氏菌部分菌型抗原构造

群	菌名	O抗原	H抗原	
			第1相	第2相
A	甲型副伤寒沙门氏菌	1、2、12	a	—
B	乙型副伤寒沙门氏菌	1、4、5、12	b	1、2
	德而比沙门氏菌	1、4、12	f、g	—
	海登堡沙门氏菌	4、5、12	r	1、2
	鼠伤寒沙门氏菌	1、4、5、12	i	1、2
C	丙型副伤寒沙门氏菌	6、7、(Vi)	c	1、5
	猪霍乱沙门氏菌	6、7	c	1、5
	汤卜逊沙门氏菌	6、7	k	1、5
	波茨坦沙门氏菌	6、7	l、v	e、n、z15
	纽波特沙门氏菌	6、8	e、h	1、2
	病牛沙门氏菌	6、8	r	1、5
D	伤寒沙门氏菌	9、12、(Vi)	d	—
	仙台沙门氏菌	1、9、12	a	1、5
	肠炎沙门氏菌	1、9、12	g、p	—
	都柏林沙门氏菌	1、9、12	g、p	—
E	鸭沙门氏菌	3、10	e、h	1、6
	火鸡沙门氏菌	3、10	e、h	1
	纽因顿沙门氏菌	3、15	e、h	1、6
	山夫登堡沙门氏菌	1、3、19	g、s、t	—
F	阿伯丁沙门氏菌	11	i	1、2

（五）变异性

1. S-R 变异　初次分离的沙门氏菌，菌落为光滑（S）型。在人工培养基中反复传代时，细胞壁上特异性多糖抗原消失，菌落变为粗糙（R）型。

此种变异的沙门氏菌在生理盐水中可能出现自凝现象。

2. H-O 变异　有鞭毛的细菌，失去鞭毛，动力也随之消失，称 H-O 变异。失去鞭毛的沙门氏菌与相应抗 H 血清不能发生凝集反应。

3. 位相变异　具有双相 H 抗原的沙门氏菌变异为只有其中某一相 H 抗原的单相菌，称为相位变异。沙门氏菌血清学分型时，若遇到单相菌，特别是只有第二相（非特异相）抗原时，应反复分离和诱导出第一相（特异相）抗原，才能作出鉴定。

（六）抵抗力

沙门氏菌对热抵抗力不强，加热 65℃ 15～20 分钟可被杀死，100℃ 立即死亡。在水中虽不易繁殖，但能存活 2～3 周；在粪便中可存活 1～2 个月；在牛乳和肉类食品中可存活数月；在食盐含量为 10%～15%的腌肉中可存活 2～3 个月。烹调大块鱼、肉类食品时，如果食品内部温度未达到沙门氏菌的致死温度，则存活的沙门氏菌可导致食物中毒。沙门氏菌耐低温，冷冻对其无杀伤力，-25℃ 低温环境中仍能存活 10 个月左右。沙门氏菌对胆盐和煌绿等染料有抵抗力，故可利用此特点来制备选择培养基，用于检品中沙门氏菌的分离。

二、流行病学特征

沙门氏菌属细菌有的专对人致病、有的只对动物致病、有的对人和动物都可致病，由沙门氏菌引起的疾病统称沙门氏菌病。人类沙门氏菌病主要有伤寒、副伤寒、食物中毒、败血症等。

（一）致病物质

有 Vi 抗原的沙门氏菌具有侵袭力，能穿过小肠上皮达到固有层。沙门氏菌能产生较强的内毒素，可引起发热、白细胞改变（有时降低）、中毒性休克等一系列病理生理变化。某些沙门氏菌（如鼠伤寒沙门氏菌）能产生类似肠产毒型大肠埃希氏菌（ETEC）的肠毒素，与早期的水样腹泻有关。

（二）沙门氏菌食物中毒

引起沙门氏菌食物中毒的食品主要是动物性食品，尤其是肉类（如病死畜禽肉、卤肉、腌制肉、熟动物内脏等），其次是鱼类、乳类、蛋类及其制品。食品受沙门氏菌污染的原因主要有：①食品是由感染了沙门氏菌的畜、禽肉制作而成；②病畜、禽粪便污染了食品；③食品制作加工操作人员带菌；④生熟食品不分，导致交叉污染。

沙门氏菌食物中毒属于感染型食物中毒，一般认为，进食沙门氏菌活菌达 10^5～10^9CFU/g 即可造成食物中毒。当摄入沙门氏菌污染食物后，经 6～24 小时潜伏期即可发病。主要症状表现为发热、恶心呕吐、水样泻、偶有黏液或脓性便。一般预后良好，大多 3～7 天自愈。婴幼儿若吐泻剧烈并伴脱水，可导致休克、肾衰而死亡。

点滴积累

1. 沙门氏菌的形态特征　革兰氏阴性杆菌；无芽孢，一般无荚膜；除个别菌型外，多数有鞭毛。
2. 沙门氏菌的培养特征　在SS琼脂平板中形成无色透明菌落、产H_2S者菌落中央有黑色沉淀；在远藤琼脂、伊红亚甲蓝、麦康凯琼脂平板中形成无色透明菌落；BS琼脂平板上形成黑色有金属光泽的菌落；XLD琼脂平板上形成菌落呈粉红色，带或不带黑色中心。
3. 沙门氏菌的生化特征　发酵葡萄糖、麦芽糖、甘露醇、山梨醇产酸产气；对乳糖、蔗糖不发酵；甲基红试验阳性，靛基质、VP试验均为阴性；不分解尿素，苯丙氨酸脱氨酶试验阴性。
4. 沙门氏菌的抗原构造　沙门氏菌有菌体（O）抗原、鞭毛（H）抗原和表面（Vi）抗原，其中菌体抗原是沙门氏菌分群的依据，鞭毛抗原是沙门氏菌分型的依据。
5. 沙门氏菌的流行病学特征　沙门氏菌主要通过污染动物性食物，经消化道传染引起沙门氏菌病，如伤寒、副伤寒、食物中毒、败血症等。在我国由沙门氏菌引起的食物中毒位居细菌性食物中毒的首位。

第五节　志贺菌属

志贺菌属隶属于肠杆菌科，包括痢疾志贺菌、福氏志贺菌、鲍氏志贺菌和宋内志贺菌，又称痢疾杆菌。四种志贺菌都能引起人类细菌性痢疾，故又称为痢疾杆菌。志贺菌导致细菌性痢疾的主要原因是食品加工、餐饮行业的从业人员中有痢疾患者或带菌者，因此，针对食品及相关人员进行志贺菌检验，对控制细菌性痢疾的发生有重要意义。

一、生物学特征

（一）形态染色

志贺菌为革兰氏阴性杆菌；不形成芽孢和荚膜；无鞭毛，不能运动。

（二）培养特性

为需氧或兼性厌氧菌，最适温度为35~37℃，最适pH为6.8~7.8。营养要求不高，在普通营养琼脂上生长良好，形成中等大小、光滑的无色半透明菌落，宋内志贺菌菌落也可呈粗糙型；在SS琼脂平板中形成不分解乳糖的无色透明菌落，但培养72小时后，宋内志贺菌因迟缓分解乳糖可呈较浅的红色菌落；在XLD、麦康凯琼脂平板上形成无色至浅粉色半透明菌落；在肉汤培养基中呈均匀浑浊。

（三）生化反应

本属细菌可分解葡萄糖产酸不产气，不分解蔗糖和乳糖（宋内志贺菌可迟缓分解乳糖），不产硫化氢，脲酶阴性、甲基红试验阳性、VP试验阴性、枸橼酸盐利用试验阴性，赖氨酸脱羧酶阴性，除宋内志贺菌和鲍氏志贺菌13型外，其余志贺菌鸟氨酸脱羧酶阴性。

（四）抗原构造

志贺菌属没有鞭毛，故无鞭毛抗原。志贺菌属主要有菌体（O）抗原，菌体O抗原又可分为型和群的特异性抗原，其中型特异性抗原以“Ⅰ、Ⅱ、Ⅲ……”表示，是分型的依据；群特异性抗原以“1、2、3……”表示，是分亚型的依据。

根据生化反应特征和O抗原可将志贺菌属分为4群，即痢疾志贺菌群（A群）、福氏志贺菌群（B群）、鲍氏志贺菌群（C群）和宋内志贺菌群（D群）。每一群志贺菌又根据其型特异性抗原分为不同型别，每一型又根据群特异性抗原分为不同亚型（表7-5）。

表7-5 志贺菌属的分类

菌群	菌种	型	亚型
A	痢疾志贺菌	1~13	8a、8b、8c
B	福氏志贺菌	1~6，x、y变种	1a、1b，2a、2b，3a、3b、3c，4a、4b、4c，5a、5b，x，y
C	鲍氏志贺菌	1~18	
D	宋内志贺菌	1	

（五）抵抗力

志贺菌对环境因素的抵抗力比其他肠道杆菌弱，一般在污水中可存活2~5个月，在自来水中存活8~10天；在牛奶、蔬菜、水果中可存活1~2周。直接在阳光下30分钟或56~60℃加热10分钟即被杀死；对一般消毒剂敏感。对氯霉素、链霉素、磺胺类敏感，但易产生抗药性。

二、流行病学特征

（一）致病物质

1. 侵袭力 志贺菌进入人体后，通过菌毛黏附于肠黏膜上皮细胞，并穿入上皮细胞内生长繁殖，引起炎症反应。

2. 内毒素 志贺菌产生的内毒素作用于肠黏膜，使其通透性增高，促进对内毒素的吸收，导致发热、神志障碍、中毒性休克等中毒症状。内毒素破坏肠黏膜导致出现脓血黏液便，作用于肠壁自主神经系统使肠功能紊乱，出现腹痛、里急后重等症状。

3. 外毒素 A群志贺菌能产生志贺毒素，又称Vero毒素。具有神经毒性、细胞毒性、肠毒性，可引起中枢神经系统麻痹、上皮细胞损伤和水样腹泻。

（二）志贺菌食物中毒

志贺菌属是引起细菌性痢疾（即菌痢）的病原菌。志贺菌在拥挤和卫生条件差的状况下能迅速传播，常发现于人员大量集中的地方，如餐厅、食堂等。食源性志贺菌流行的最主要原因是食品加工行业人员患菌痢或带菌者污染食品、食品接触人员个人卫生差、存放已污染的食品温度不当等。

志贺菌主要经消化道途径传播至人体内，人对该菌有较高的敏感性，一般只需10个以上菌体进入，就可能致菌痢。临床上菌痢的常见类型有：

1. 急性细菌性痢疾 包括典型菌痢、非典型菌痢和中毒型菌痢。典型菌痢临床症状典型，患者先出现腹痛、发热、水样便，后转为脓血黏液便，伴里急后重。非典型菌痢临床症状不典型，易漏诊。中毒型菌痢多见于小儿患者，常无明显的消化道症状而表现为全身中毒症状，如高热、休克、中毒性脑病，病情凶险，病死率高。

2. 慢性细菌性痢疾　病程在2个月以上的为慢性菌痢，特点为迁延不愈或时愈时发。急性菌痢治疗不彻底、机体抵抗力低、营养不良或伴有其他慢性病时易转为慢性。

3. 带菌者　部分患者恢复后可成为带菌者，具有高度传染性，是主要传染源，故菌痢带菌者不能从事餐饮业或保育工作。

点滴积累

1. 志贺菌的形态特征　革兰氏阴性杆菌；无芽孢、无荚膜、无鞭毛。
2. 志贺菌的培养特征　在SS琼脂平板中形成无色透明菌落，在XLD、麦康凯琼脂平板上形成无色至浅粉色半透明菌落。
3. 志贺菌的生化特征　发酵葡萄糖产酸不产气，不分解乳糖（宋内志贺菌迟缓分解）、蔗糖；不产硫化氢，脲酶阴性；甘露醇发酵、鸟氨酸脱羧酶试验因菌群而异。
4. 志贺菌的抗原构造　主要有菌体（O）抗原。按其特异性又可分为型和群特异性抗原，其中型特异性抗原是分型的依据，群特异性抗原是分亚型的依据。
5. 志贺菌的流行病学特征　志贺菌常通过患者、带菌者污染食物，经消化道传染引起细菌性痢疾。食品加工人员带菌、食品接触人员个人卫生差、存放已污染的食品温度不当等，是导致食品污染的主要原因。

第六节　阪崎肠杆菌

阪崎肠杆菌隶属于肠杆菌科克罗诺杆菌属，是人类肠道正常菌群的成员，属条件致病菌。1961年英国两位医生首次报告了由该菌引起的脑膜炎病例。其后，多个国家陆续报道了新生儿阪崎肠杆菌感染事件，本菌才开始受到广泛重视。目前，尚不清楚阪崎肠杆菌的污染来源，婴儿配方奶粉是目前发现的主要感染渠道，已被世界卫生组织和多个国家确定为引起婴幼儿死亡的重要条件致病菌。

一、生物学特征

（一）形态染色

革兰氏阴性粗短杆菌，无芽孢，有周身鞭毛、有动力。

（二）培养特性

为兼性厌氧菌；6~45℃均可生长，最适宜培养温度为25~36℃；营养要求不高，普通营养琼脂、血琼脂平板、麦康凯琼脂、EMB等多种琼脂中可生长繁殖（表7-6）。

在TSA中加入Xα-GLC（5-溴-4-氯-吲哚-α-D-吡喃葡萄苷），仅阪崎肠杆菌能生长形成蓝绿色菌落，现已作为阪崎肠杆菌快速培养的选择性培养基。

表 7-6　阪崎肠杆菌的培养特性

琼脂平板	菌落性状
麦康凯琼脂(MAC)	2~3mm 扁平、淡黄色菌落
胰蛋白胨琼脂(TSA)和脑心浸液琼脂(BHI)	可有两种性状：黄色、光滑型菌落，极易被接种环移动；干燥或黏液样菌落，周边呈放射状，似橡胶状有弹性
伊红亚甲蓝琼脂(EMB)	3~4mm 淡粉色、黏液状菌落
结晶紫中性红胆盐葡萄糖琼脂(VRBG)	2~3mm 紫红色菌落，凸起、边缘整齐

（三）生化反应

阪崎肠杆菌的主要生化特性见表 7-7。

表 7-7　阪崎肠杆菌的主要生化特性

生化试验	结果	生化试验	结果
氧化酶	-	蔗糖	+
脲酶	-	D-山梨醇	-
赖氨酸脱羧酶	-	L-鼠李糖	+
鸟氨酸脱羧酶	+	蜜二糖	+
精氨酸双水解酶	+	苦杏仁苷	+

此外，产生黄色素(25℃)是阪崎肠杆菌的重要特征和鉴定依据之一；α-葡萄糖苷酶阳性、磷酰胺酶阴性，借此可鉴别阪崎肠杆菌和其他肠杆菌。

（四）抵抗力

阪崎肠杆菌的抵抗力高于其他肠杆菌，如耐酸，能在 pH 0.9~2 的环境中存活；对一般消毒剂有较强抵抗力；因细胞内含有大量海藻糖酶和海藻糖，其对干燥和渗透压的耐受力比沙门氏菌和其他肠杆菌更强；耐高温，60℃可存活 2.5 分钟，并且 72℃仍能存活。因阪崎肠杆菌这些特性，使其容易在污染奶粉中生存下来。

二、流行病学特征

（一）致病物质

阪崎肠杆菌的致病性与其产生的类肠毒素和内毒素有关，类肠毒素是一种毒性较强的毒力因子，内毒素具有热稳定性，能增加小肠上皮细胞通透性，促使细菌侵入肠壁而致病。

（二）阪崎肠杆菌食物中毒

阪崎肠杆菌属条件致病菌，当机体免疫功能低下时，可引起成年人肺炎、菌血症、阴道感染、骨髓炎等。但阪崎肠杆菌更易对新生儿、婴幼儿致病，导致新生儿小肠结肠炎、新生儿脑膜炎、新生儿菌血症等，死亡率为 20%~50%。

新生儿、婴幼儿感染的来源主要是受阪崎肠杆菌污染的奶粉，人与人之间无传染性。

对阪崎肠杆菌进行危险性评估发现，25℃放置6小时，该菌的相对危险性可增加30倍；25℃放置10小时，则可增加3万倍。因此，即使婴幼儿配方奶粉中只有极微量的阪崎肠杆菌污染（<3CFU/100g），在储藏过程中也会因大量繁殖而导致感染的发生。所以，对奶粉和婴幼儿配方奶粉的加工制作过程、灭菌过程以及储存和食用等关键控制点进行严格管理，是减少该类产品潜在危险性的重点。

点滴积累

1. 阪崎肠杆菌的形态特征　革兰氏阴性粗短杆菌；无芽孢、有周身鞭毛。
2. 阪崎肠杆菌的培养特征　在胰蛋白胨琼脂（TSA）、脑心浸液琼脂（BHI）、麦康凯琼脂（MAC）平板上形成黄色菌落。
3. 阪崎肠杆菌的生化特征　氧化酶阴性、赖氨酸脱羧酶阴性、鸟氨酸脱羧酶和精氨酸双水解酶均阳性。α-葡萄糖苷酶阳性、磷酰胺酶阴性，有鉴别阪崎肠杆菌与其他肠杆菌的作用。
4. 阪崎肠杆菌的流行病学特征　可通过污染奶粉，导致新生儿小肠结肠炎、新生儿脑膜炎、新生儿菌血症等，死亡率为20%~50%。对奶粉的加工、储存、食用等环节严格管理，是减少感染发生的重要措施。

第七节　副溶血性弧菌

副溶血性弧菌隶属弧菌科弧菌属，于1950年从日本的一次爆发性食物中毒中被分离发现。该菌主要存在于近海的海水、海底沉积物和鱼类、贝壳等海产品中，通过不洁食品引起食物中毒，以日本、美国、东南亚地区及我国台湾省的台北地区多见，也是我国沿海地区食物中毒中最常见的一种病原菌。

一、生物学特征

（一）形态染色

副溶血性弧菌为革兰氏阴性菌，常呈两极浓染现象。菌体形态多为直或微弯的杆菌，但在不同培养基上菌体可呈多形态性，如卵圆形、棒状、球杆状、梨状、弧形等。无芽孢、无荚膜，有单鞭毛，运动活泼。

（二）培养特性

本菌需氧或兼性厌氧（但在无氧条件下生长缓慢），最适生长温度36℃，最适pH为7.7~8.0，pH 9.5时仍能生长。对营养要求不高，普通营养琼脂及肉膏汤中均能生长。具有嗜盐性，在无盐培养基中不生长，生长所需最适NaCl浓度为3.5%。在液体培养基中可形成菌膜。在3.5%NaCl琼脂平板上呈蔓延生长，菌落边缘不整齐，凸起、光滑湿润，不透明；在SS平板上不生长或形成较小的扁平无色半透明的菌落，不易挑起；在TCBS（硫代硫酸盐-柠檬酸盐-胆盐-蔗糖）琼脂平板上形成不发酵蔗糖的蓝绿色菌落。

副溶血性弧菌菌落特征

（三）生化反应

副溶血性弧菌的主要生化特性见表 7-8。

表 7-8　副溶血性弧菌的生化特性

生化试验	结果	生化试验	结果
氧化酶	+	葡萄糖	+
吲哚	+	乳糖	-
甲基红	+	麦芽糖	+
VP	-	蔗糖	-
枸橼酸盐利用	-	甘露醇	+
尿素酶	+/-	阿拉伯糖	+/-
硫化氢	-	0%NaCl 中生长	-
精氨酸双水解酶	-	1%NaCl 中生长	+
鸟氨酸	+	7%NaCl 中生长	+
赖氨酸	+	10%NaCl 中生长	-

注：+/-为多数阳性，少数阴性；+为阳性；-为阴性。

（四）抗原结构

副溶血性弧菌具有耐热的 O 抗原、不耐热的 K 抗原和 H 抗原，其中 O 抗原和 K 抗原具有分类价值，可按此将副溶血性弧菌分为 13 个 O 群和 58 个 K 型。

（五）抵抗力

本菌抵抗力弱，不耐热，56℃ 5 分钟或 80℃ 1 分钟即死亡。耐碱不耐酸，在 1%醋酸或 50%食醋中 1 分钟死亡。对常用消毒剂抵抗力弱，可被低浓度酚和煤酚皂溶液杀灭。在淡水中生存不超过 2 天，但在海水中能存活 47 天以上。

二、流行病学特征

副溶血性弧菌分布广泛，主要分布在海水和海产食品中，如海鱼、虾、蟹、贝类等，且夏季的检出率最高，冬季不能检出。其次，盐腌制品也可受到该菌不同程度的污染。

（一）致病物质

副溶血性弧菌的致病因素主要是大量活菌及其产生的肠毒素样活性物质（脂多糖），即内毒素。一般情况下，摄入 10 万个该菌的活菌即可致病。副溶血性弧菌的内毒素耐热，在 100℃ 30 分钟不被破坏，与腹泻有关。

（二）副溶血性弧菌食物中毒

副溶血性弧菌食物中毒的发生具有季节性，以夏天渔汛季节为最高，即 8~9 月为发病高峰。在我国部分区域，特别是沿海地区，由副溶血性弧菌引起的食物中毒占食物中毒的首位。近年来，随着海产品的广泛流通，以及本菌对淡水产品的污染，内陆地区发病也有增多的趋势。

副溶血性弧菌食物中毒潜伏期短，发病急，大多在进食后 4~28 小时发病，最短 1 小时。临床上主要表现为急性胃肠炎症状，发病初期为腹部不适，上腹部疼痛，恶心、呕吐、发热、腹泻。随后剧烈疼痛、脐部阵发性绞痛、水样大便。该菌中毒一般病程较短，治疗及时可在一天内康复，通常不超过一周。

点滴积累

1. 副溶血性弧菌的形态特征　革兰氏阴性杆菌，常呈两极浓染现象；无芽孢、无荚膜，有单鞭毛，运动活泼。
2. 副溶血性弧菌的培养特征　具有嗜盐性，在无盐培养基中不生长；耐碱，pH 9.5 时仍能生长。在 TCBS 琼脂平板上形成不发酵蔗糖的蓝绿色菌落。
3. 副溶血性弧菌的生化特征　氧化酶阳性；分解葡萄糖、甘露醇，不分解蔗糖、乳糖；赖氨酸脱羧酶阳性、不产硫化氢；动力阳性。
4. 副溶血性弧菌的流行病学特征　海水是本菌的污染源，海产品、带菌者都可能传播本菌，引起食物中毒。一般情况下，摄入 10 万个该菌的活菌即可致病，因此对海产品及其加工进行该菌的定量检验，在获得确切的食品卫生学评价上具有重要意义。

第八节　单核细胞增生李斯特菌

单核细胞增生李斯特菌在分类上隶属李斯特菌属，是该菌属中唯一能引起人类疾病的一个种。本菌是一种人畜共患疾病的病原菌，广泛分布于土壤、水域、家禽、野生动物体内。该菌在 4℃ 条件下可大量繁殖，是冷藏食品引起中毒的主要原因，因此，在食品卫生微生物检验中必须加以重视。

一、生物学特征

（一）形态染色

单核细胞增生李斯特菌为革兰氏阳性短杆菌，常成对或呈“V”字形排列。陈旧培养物中，菌体常转为革兰氏阴性，且有两极浓染现象。无芽孢，一般不产生荚膜，但在含血清的葡萄糖蛋白胨水中可形成黏多糖荚膜。22~25℃ 培养时可形成 2~4 根鞭毛，此时运动活泼，呈旋转或翻滚样运动；37℃ 培养时无鞭毛或鞭毛发育不良，动力阴性。

（二）培养特性

单核细胞增生李斯特菌为需氧或兼性厌氧，1.5~45℃ 均可生长，最适生长温度 30~37℃；对营养要求不高，普通培养基上可生长，但在含有血液、血清、腹水等成分的培养基上生长更好。在普通琼脂平板上形成较小的微带珠光的露水状菌落，在斜射光下呈蓝绿色光泽；在血液琼脂平板上形成灰白色较小的菌落，有狭窄 β-溶血环，4℃ 放置 4 天后，菌落和溶血环均可增大至 5mm 左右，呈典型奶油滴状；在改良李斯特选择性平板（MMA）上，用白炽灯斜光照射，菌落呈蓝绿色；在胰酪胨大豆琼脂（TSA-YE）平板上形成灰白色、半透明菌落；在亚碲酸钾平板上形成黑色菌落；在半固体中 25℃ 培养，穿刺线呈云雾状，随后缓慢扩散，在培养基表面下 3~5mm 处形成伞状。

（三）生化反应

单核细胞增生李斯特菌触酶阳性，氧化酶阴性，CAMP 试验阳性；可发酵多种糖类，如葡萄糖、麦芽糖、果糖等，产酸不产气；不发酵木糖、棉子糖、甘露醇、菊糖等；VP 和甲基红试验阳性，吲哚试验阴性；能水解精氨酸、七叶苷，不液化明胶，不分解尿素，不还原硝酸盐。

（四）抵抗力

单核细胞增生李斯特菌对热的抵抗力较弱，60℃ 30 分钟或 80℃ 1 分钟即可将其杀灭。对低温有较强耐受力，-20℃仍可部分存活，并可抵抗反复冷冻。酸碱对本菌有较强抑制作用，pH 4.0 以下、pH 9.0 以上不能生长。耐盐，在含 1%～4% NaCl 的 TSB-YE 肉汤中生长良好。对化学消毒剂及紫外线菌敏感，75%酒精 5 分钟、0.1%新洁尔灭 30 分钟、0.1%高锰酸钾 15 分钟，以及紫外线照射 15 分钟，可杀死本菌。

二、流行病学特征

单核细胞增生李斯特菌是一种胞内寄生菌，可产生多种致病因子，如溶血素 O、磷脂酶 C、过氧化物歧化酶、过氧化氢酶等，与该菌的致病作用有关。

该菌感染的对象主要是新生儿、孕妇、免疫功能低下者及老年人群，常经粪-口途径传播，也可通过胎盘或产道感染，引起人和动物脑膜炎、脑炎、败血症、心内膜炎脓肿，可造成孕妇流产、死胎等。

据报道，4%～8%的水产品、5%～10%的乳及乳制品、30%以上的肉制品、15%以上的家禽均有该菌污染。食源性食物中毒主要是进食被单核细胞增生李斯特菌污染的肉与肉制品、生奶、水产品、冰激凌、生菜、生鱼片等。

点滴积累

1. 单核细胞增生李斯特菌的形态特征　为革兰氏阳性短杆菌，陈旧培养物中常转为革兰氏阴性，且有两极浓染现象。无芽孢，22～25℃培养时可形成 2～4 根鞭毛，37℃培养时无鞭毛或鞭毛发育不良。
2. 单核细胞增生李斯特菌的培养特征　最适生长温度 30～37℃，4℃可生长。对营养要求不高，普通琼脂平板上形成露水状菌落，在斜射光下呈蓝绿色光泽；在胰酪胨大豆琼脂（TSA-YE）平板上形成灰白色、半透明菌落；在亚碲酸钾平板上形成黑色菌落；在半固体中 25℃培养，穿刺线呈云雾状，随后缓慢扩散，在培养基表面下 3～5mm 处形成伞状。
3. 单核细胞增生李斯特菌的生化特征　触酶阳性，氧化酶阴性，CAMP 试验阳性；可发酵多种糖类；VP 和甲基红试验阳性。
4. 单核细胞增生李斯特菌的流行病学特征　本菌是一种人畜共患疾病的病原菌，感染的对象主要是新生儿、孕妇、免疫功能低下者及老年人群。该菌在 4℃条件下可大量繁殖，是冷藏食品引起食物中毒的主要原因。

第九节　蜡样芽孢杆菌

蜡样芽孢杆菌广泛分布于自然界，是引起食物中毒的常见细菌之一。蜡样芽孢杆菌食物中毒有明显的季节性，通常发生于夏、秋季，引起中毒的食品常于食用前保存温度不当（26~37℃）、放置时间较长，使食品中污染的细菌得以大量繁殖、产生毒素，最终导致中毒。

一、生物学特征

（一）形态染色

蜡样芽孢杆菌为革兰氏阳性大杆菌，菌体两端稍钝圆，单个或长链状排列，有鞭毛，无荚膜。芽孢椭圆形，位于菌体中央或近端。

ER-7-9

蜡样芽孢杆菌形态特征

（二）培养特性

本菌为需氧菌，生长温度范围 10~45℃，最适 28~35℃。营养要求不高，在普通琼脂平板上生长良好，形成乳白色、不透明、直径 4~6mm 的菌落，菌落边缘不整齐，表面粗糙，呈毛玻璃状或融蜡状；在血液琼脂平板上菌落为浅灰色、毛玻璃样，伴草绿色溶血或透明（β）溶血环；在卵黄培养基上培养 3 小时能看到菌落周围因卵磷脂分解形成白色混浊环，称之为乳光反应；在液体培养基中生长均匀混浊，有菌膜。

（三）生化特性

枸橼酸盐利用、硝酸盐还原、淀粉水解、明胶液化以及 VP 试验均为阳性，蜡样芽孢杆菌还可根据上述五项试验，分成不同型别。

其他生化特性见表 7-9。

表 7-9　蜡样芽孢杆菌主要生化特性

生化试验	结果	生化试验	结果
触酶	+	葡萄糖	+
卵磷脂酶	+	果糖	+
脲酶	-	麦芽糖	+
尿素酶	-	蕈糖	+
硫化氢	-	蔗糖	+
靛基质	+	甘露醇	-
甲基红	-	阿拉伯糖	-
氰化钾	+	山梨醇	-
水杨苷	+	木糖	-

注：+为阳性；-为阴性。

（四）抵抗力

繁殖体抵抗力不强，但芽孢抵抗力强。食物中毒菌株的游离芽孢能耐受 100℃ 30 分钟、干热 120℃ 60 分钟。

二、流行病学特征

蜡样芽孢杆菌可产生肠毒素、溶血素、磷脂酶 C 和蛋白质分解酶等，这些毒性成分在 pH 8 的肉汤培养基中32℃培养时最多，加热至56℃ 30分钟可被破坏。

蜡样芽孢杆菌食物中毒所涉及的食品种类较多，包括米饭（特别是过夜的剩饭）、乳类食品、禽畜肉类食品、蔬菜、甜点、凉拌菜等。当食品保存温度过高、放置时间过长，残留的芽孢便会迅速发芽成繁殖体并大量繁殖和产毒。该菌污染的食品大多不会出现腐败变质现象，感官检查常表现为正常性状，因此人们容易误食此类污染食品而中毒。

一般认为，蜡样芽孢杆菌食物中毒是由活菌和其产生的肠毒素共同作用引起的。食品中蜡样芽孢杆菌含菌量与能否引起中毒有密切关系。当食入的食品中蜡样芽孢杆菌含量为10^6～10^8CFU/g时，即可致食物中毒。

蜡样芽孢杆菌食物中毒有呕吐型和腹泻型，呕吐型常于2小时后发病，症状以恶心、呕吐为主，伴有头晕、四肢无力等；腹泻型大多经6～16小时潜伏期后出现，中毒特点为腹泻、腹（痉挛）痛为主。中毒症状多于20～36小时后消失，一般不会导致死亡。

点滴积累

1. 蜡样芽孢杆菌的形态特征　为革兰氏阳性大杆菌，单个或长链状排列，芽孢呈椭圆形，有鞭毛，无荚膜。
2. 蜡样芽孢杆菌的培养特征　营养要求不高，在普通琼脂平板上生长良好，形成乳白色、表面呈毛玻璃状或融蜡状菌落；在血琼脂平板上可形成草绿色溶血或透明（β）溶血环；在卵黄培养基上因分解卵磷脂，菌落周围形成白色混浊环。
3. 蜡样芽孢杆菌的生化特征　枸橼酸盐利用、硝酸盐还原、淀粉水解、明胶液化以及VP试验均为阳性。
4. 蜡样芽孢杆菌的流行病学特征　蜡样芽孢杆菌食物中毒是由活菌和其产生的肠毒素共同作用引起的。一般认为，当食入的食品中蜡样芽孢杆菌含量为10^6～10^8CFU/g时，即可致食物中毒。

目标检测

简答题

1. 简述金黄色葡萄球菌污染食品的主要途径。
2. 简述沙门氏菌在常用琼脂平板上的菌落特征。
3. 简述阪崎肠杆菌食物中毒的主要特点。

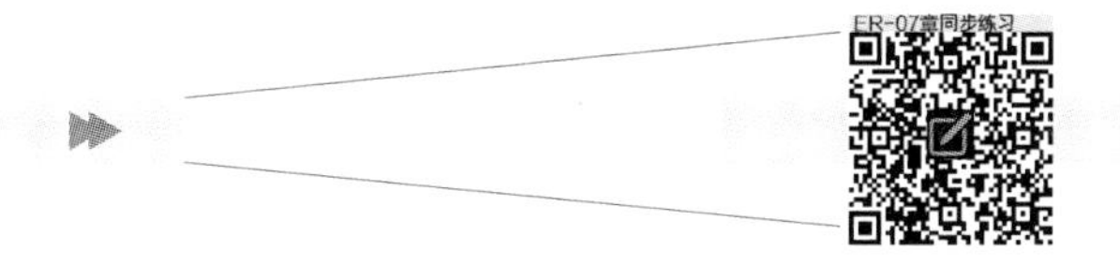

（段巧玲）

第八章

食品微生物检验基本程序

导学情景

情景描述：

某市医院收治了多名出现恶心、上吐下泻等症状的患者，经问诊，患者均反映食用过某大型肉制品加工企业生产的冷鲜肉，故初步诊断为食用不洁食物而导致的食物中毒。后经食品检测单位对该企业的冷鲜肉采样分析，从中检出了致病菌。

学前导语：

食品微生物检验是了解食品的卫生状况、分析食物中毒发生原因的重要手段。进行食品微生物检验时，检验人员应怎样采样，才能使检验样品的采集具有代表性？采样后还需要做怎样的处理，才能使用于检验的样品状况符合要求？样品采集运输过程中有何要求？如何对样品进行检验和出具报告？本章我们将学习并解答以上疑问，为同学们从事微生物检验工作奠定基础。

第一节　检验前的准备

扫一扫，知重点

对食品样品进行检验之前，必须做好充分的前期准备工作，确保检验的顺利进行以及结果的可信度。具体来说，检验前的准备主要包括以下方面。

一、检验仪器设备的准备

检验仪器设备应满足检验工作的需要，如培养箱、高压蒸汽灭菌器、超净工作台、冰箱、恒温水浴箱、天平、显微镜、均质器等。各仪器设备应定期进行维护、清洁、消毒与校准，以确保工作性能和操作安全。实验设备还应有日常监控记录或使用记录。

二、检验器材的准备

检验所需的玻璃器皿，如吸管、平皿、广口瓶、试管、采样工具等均需刷洗干净，合理包装，以湿热灭菌法（121℃，20分钟）或干热灭菌法（160~170℃，2小时）灭菌后送无菌室备用。

三、检验操作环境的准备

食品微生物检验常常需要在无菌室或超净工作台中进行。操作使用前应使用紫外线灯、消毒剂等灭菌设备和试剂按要求进行消毒处理。必要时进行无菌室的空气检验:琼脂平板暴露在空气中15分钟,经培养后每个平板上不得超过15个菌落。

四、检验试剂、培养基的准备

检验所需的各种培养基,按制备要求配制、分装并灭菌处理,购买的培养基应在规定的使用期限内。染色液、消毒剂和其他试剂应新鲜配制,以免影响使用效果。

五、检验人员的准备

检验人员应具备微生物检测资质、熟悉样品的微生物检验方法。提前做好采样准备工作,采样前带齐物品,按正确方法进行无菌采样及运输。操作人员进行检验操作时,应按规定着经灭菌的工作衣、帽、鞋、口罩等,且进入无菌室后,在实验没完成前不得随便出入无菌室。

课堂活动

对于从事食品微生物检验的人员有哪些具体要求? 或者举例说明哪些人不适合从事该项工作。

点滴积累

食品微生物检验需要做好充分的准备,以保证检验的顺利进行和检验结果的正确可靠。主要的准备工作包括:①检验所需的各种仪器设备;②各种灭菌玻璃仪器;③检验所需的各种试剂、药品和灭菌培养基;④无菌室的消毒处理;⑤检验人员熟悉操作技术、理解无菌操作的意义,按规定着装和操作。

第二节　检验样品的采集

一、采样目的和意义

样品的采集是食品检验工作中极为重要的一个环节,因为食品检验是根据一小部分样品的检验结果来对整批食品的质量作出判断,这就要求用于分析检验的样品必须具有代表性,所采集的样品能够代表该食品的所有成分。若样品没有代表性,即使此后的一系列检验工作非常精密、准确,检验结果也毫无意义,甚至出现错误结果,误导食品的质量分析。此外,用于微生物检验的食品样品在采集时还要求严格无菌操作,否则若出现杂菌污染、样品状态发生改变等现象,也将影响检验结果。

二、样品采集原则

针对不同类型的食品样品,其采集方案、采集方法等要求也有所不同,但各种样品的采集都应遵循以下基本原则。

1. 制订采样方案　采样前,应根据检验目的、食品特点、批量、检验方法、微生物的危害程度等制订采样方案,然后按方案进行采样。

2. 随机抽样原则　随机抽取样品,确保所采样品具有代表性。每批食品应随机抽取足够数量的样品,满足检验需要;生产过程中采样,应在不同环节各取适量样品予以混合;固体或半固体的食品应从表层、中层、底层、中间和四周等不同部位取样。

3. 无菌操作原则　用于微生物检验的食品样品,采样必须符合无菌操作的要求,防止一切外来污染。采样工具和容器应无菌、干燥、防漏、大小适宜;一件用具只能用于一个样品,防止交叉污染。采取完整包装的样品不拆包装,必须拆开包装取样的应按无菌操作进行取样。

4. 保持微生物的状态　食品微生物检验常常是定量检测,因此,样品在保存和运送过程中,应采取必要的措施保证样品中微生物的数量与种类不发生变化。采集的样品应尽快送检,否则应在接近原有贮存温度条件下,短期保存。如非冷冻食品可于0~5℃冷藏保存、冷冻食品则需冻存,以保持样品的原有状态。

5. 样品信息记录完整　采样者应对样品及时、准确地进行相关信息的记录,并填写采样单,如采样人、采样地点、采样时间,样品名称及其批号、来源、数量、保存条件等。

三、样品采集方案

目前国内外使用的采样方案多种多样,如一批产品采若干个样后混合在一起检验,按百分比抽样;按食品的危害程度不同抽样;按数理统计的方法决定抽样个数等。不管采取何种方案,对抽样代表性的要求是一致的。最好对整批产品的单位包装进行编号,实行随机抽样。下面列举当今世界上较为常见的几种采样方案。

(一) 国际食品微生物标准委员会采样方案

国际食品微生物标准委员会(ICMSF)的采样方案是根据以下两方面来确定采样方案和采样数的。①微生物本身对人的危害程度不同,因此不同的微生物检验指标对食品卫生的重要程度不同,可分为一般、中等、严重。②食品经不同条件处理后,其危害度的变化不同,分为:降低危害度(Ⅲ类),如食用前要经过加热处理的食品;危害度不变(Ⅱ类),如冷冻食品、干燥食品;增加危害度(Ⅰ类),如食品保存于不良环境中使微生物易于繁殖和产毒。

基于上述因素,ICMSF取样方案可分为二级采样方案和三级采样方案。

1. 二级采样方案　此方案适合于中等或严重危害的样品的采集。设定抽样件(个)数为n、合格菌数限量为m、超过指标值m的样品数为c,只要$c>0$,就判定该批产品不合格。

以生食海产品鱼为例:$n=5$、$m=100$CFU/g、$c=0$,即抽取5个样品、合格菌数的限量为100CFU/g,经检验未发现超过限量的样品,故此批货物为合格品。

2. 三级采样方案　此方案适合于对健康危害低的样品的采集。设定抽样数n、指标值m、附加指标值M(附加条件,判定为合格的菌数限量,表示边缘的可接受数与边缘的不可接受数之间的界限)、介于m与M之间的样品数c。只要有一个样品值超过M或c规定的数就判定整批产品不合格。

例如：$n=5$、$c=2$、$m=10\text{CFU/g}$、$M=100\text{CFU/g}$，即从一批产品中采集5个样品，允许≤2个样品的结果位于 m 和 M 之间；若有2个以上样品的检验结果位于 m 和 M 之间、或一个样品的检验结果超过 M，则判定整批产品不合格。

ICMSF按微生物指标的重要性和食品危害度分类后确定的取样方案

联合国粮食与农业组织(FAO)规定的各种食品的微生物水平标准

课堂活动

讨论：冷冻生虾的细菌数标准 $n=5$，$c=3$，$m=10^2\text{CFU/g}$，$M=10^3\text{CFU/g}$，请说明其意义，并列举出检验结果被接受的情况和不被接受的情况。

（二）美国FDA的采样方案

美国食品药品管理局(FDA)的采样方案与ICMSF的采样方案基本一致，所不同的是，严重指标菌所取的15个、30个、60个样品可以分别混合，混合的样品量最大不超过375g。也就是说所取的样品每个为100g(每个样品的最低取样量)，从中取出25g，然后将15个25g混合成一个375g样品，混匀后再取25g作为试样检验，剩余样品妥善保存备查。各类食品检验时的混合样品的最低数量见表8-1。

表8-1 美国FDA食品危害度分类后确定的取样方案

食品危害度	混合样品的最低数/个
Ⅰ	4
Ⅱ	2
Ⅲ	1

四、样品采集与处理

（一）样品的采集

1. 采样步骤 采样前调查→现场观察→确定采样方案→采样→样品封存→开具采样证明。

2. 样品的种类 食品微生物检验的范围包括食品生产环境、原辅料、食品加工过程、食品销售与储藏等，故采集的样品种类繁多，如生产用水、空气、操作台、原料、添加剂、设备、管道、包装材料、库存食品、在售食品等。

按采样量的区别，食品样品可分为大样、中样、小样三种。大样指一整批；中样是从样品各部分取的混合样，一般为200g(ml)；小样又称为检样，一般以25g(ml)为准，用于微生物检验分析。

3. 样品采集方法 正确的采样方法能够保证取样方案的有效执行，以及样品的有效性和代表性。采样必须遵循无菌操作程序，采样工具如勺子、镊子、剪刀、采样器、试管、广口瓶和开罐器等应预先灭菌;采样人员应按无菌操作要求身着消毒的工作服、帽、手套等。

采样全过程应采取必要的措施防止食品中固有微生物的数量和生长能力发生变化。如袋、瓶和罐装者,应取完整的未开封的;如果样品很大,则需用无菌采样工具采样;检样是冷冻食品应保持冷冻状态、非冷冻食品需在0~5℃中保存送检。

(1)预包装食品:应采集相同批次、独立包装、适量件数的食品样品,每件样品的采样量应满足微生物指标检验的要求。

1)液态食品:独立包装≤1 000ml,取相同批次的包装;独立包装≥1 000ml,则在采样前摇动或用无菌棒搅拌液体,使其达到均质后采集适量样品,放入无菌容器内。

2)固态样品:独立包装≤1 000g,取相同批次的包装;独立包装≥1 000g,用无菌采样器从同一包装的不同部位分别采取适量样品,放入无菌容器内。

(2)散装食品或现场制作食品:现场用无菌采样工具从 n 个不同部位采集样品,放入 n 个无菌容器内作为 n 件食品样品。每件样品的采样量应满足微生物指标检验单位的要求。

(3)生产工序监测样品:①车间用水及汤料。自来水样从车间各水龙头上采取。采集时,先用酒精灯灼烧水龙头嘴,再开启水龙头放水1~3分钟,然后无菌操作取水样。汤料从车间容器不同部位抽取。②车间台面、用具及加工人员手部。用无菌棉签在待检物表面擦拭足够大的面积。若所采表面干燥,则用无菌稀释液湿润棉签后擦拭,若表面有水,则用干棉签擦拭。擦拭立即将棉签头用无菌剪刀剪入灭菌生理盐水管中。③车间空气采样(直接沉降法)。将5个直径90mm的普通营养琼脂平板分别置于车间的四角和中部,打开平皿盖5分钟,然后盖上平皿盖送检。

(4)食物中毒微生物检验的采样:食物中毒微生物检验的目的是查找食物中有何病原菌。通常采集可疑中毒源食品或餐具、中毒患者呕吐物、粪便等标本。

(5)人畜共患病原微生物检验的采样:当怀疑某一动物产品可能带有人畜共患病病原体时,采取病原体最集中、最易检出的组织或体液送实验室,检测是否带有人畜共患的病原菌。

采集的样品应进行及时、准确的记录和标记,每件样品必须清楚填写相关信息,如编号、样品名称、生产单位、生产日期、批号、数量、存放条件、采样时间、采样人姓名、保存条件等。盛样容器必须具有和样品一致的标记,并确保标记牢固、防水。

(二)样品的处理

1. 液体样品的处理

(1)瓶装液体样品的处理:用点燃的酒精棉球灼烧瓶口灭菌,接着用5%的苯酚或3%的来苏尔消毒后的纱布盖好,再用灭菌开瓶器将盖启开。含有二氧化碳的液体样品可倒入500ml磨口瓶内,口勿盖紧,覆盖一块灭菌纱布,轻轻摇荡,待气体全部逸出后,用灭菌吸管准确取样25ml检验。

(2)盒装或软塑料包装样品的处理:75%酒精棉擦拭消毒开口处后,用灭菌剪子剪开包装,在剪开部分覆盖上灭菌纱布或浸有消毒液的纱布。直接于开口处吸取样品25ml,或将包装内液体倾入另一灭菌容器中再取样25ml检验。

2. 固体或黏性液体样品的处理　此类样品处理的基本方法是:用灭菌容器称取检样25g,加至预温45℃的灭菌生理盐水或蒸馏水225ml中,振荡溶化或使用均质器均质成1∶10样品匀液,尽快检验。从样品稀释到接种培养，一般不超过15分钟。常用方法主要有以下几种：

（1）捣碎均质法：将中样（≥100g）剪碎或搅拌混匀，从中取25g放入含225ml无菌稀释液的无菌均质杯（或均质袋）中，均质1～2分钟即可。

（2）剪碎振摇法：将中样（≥100g）剪碎或搅拌混匀，从中取25g进一步剪碎后放入含225ml无菌稀释液的稀释瓶中（瓶内有若干直径5mm的玻璃珠）。盖紧瓶盖，用力快速振摇50次，振幅不小于40cm。

（3）研磨法：将中样（≥100g）剪碎或搅拌混匀，从中取25g放入无菌乳钵中充分研磨后，再放入带有225ml无菌稀释液的稀释瓶中，盖紧瓶盖，充分摇匀。

3. 冷冻样品　冷冻样品在检验前要进行解冻。一般在0～4℃下解冻，时间不能超过18小时；也可在45℃下解冻，时间不能超过15分钟。样品解冻后，无菌操作称取检样25g，置于225ml无菌稀释液中，制备成均匀1∶10稀释液。

4. 粉状或颗粒状样品的处理　用灭菌勺或其他适用工具将样品搅拌均匀后，无菌操作称取检样25g，置于225ml灭菌生理盐水中，充分振摇混匀或使用振摇器混匀，制成1∶10稀释液。

五、样品送检与保存

取样结束后应尽快将样品送往实验室检验。运输过程必须有适当的保护措施（如密封、冷藏等），以保证样品的微生物指标不发生变化。运送冷冻和易腐食品应在包装容器内加适量的冷却剂或冷冻剂。若需托运，必须将样品包装好（包装应能防破损，防冻结或防易腐和冷冻样品升温或融化），并在包装上应注明“防碎”“易腐”“冷藏”等字样。同时，还应做好样品运送记录，写明运送条件、日期、到达地点及其他需要说明的情况，并由运送人签字。

实验室接到样品后应在36小时内进行检验，对不能立即进行检验的样品，要采取适当的方式保存，使样品在检验之前维持取样时的状态：冷冻样品应存放在-15℃以下的冰箱或冷藏库内、冷却和易腐食品应存放在0～4℃冰箱或冷却库内、其他食品可放在常温冷暗处。样品的贮存情况应有记录。

六、各类食品微生物检验样品的采集与处理

（一）肉与肉制品

1. 样品的采取

（1）生肉及脏器检样：屠宰场宰后的畜肉，可于开腔后，用无菌刀采取两腿内侧肌肉各150g（或劈半后取两侧背最长肌肉各150g）；冷藏或销售的生肉，用无菌刀取腿肉或其他部位的肌肉250g。检样采取后放入无菌容器内，立即送检；如条件不许可时，最好不超过3小时。送检时应注意冷藏，不得加入任何防腐剂，检样送往化验室应立即检验或放置冰箱暂存。

（2）禽类（包括家禽和野禽）：鲜、冻家禽采取整只，放无菌容器内；带毛野禽可放清洁容器内，立即送检。

（3）各类熟肉制品：如酱卤肉、肴肉、肉灌肠、熏烤肉、肉松、肉干等，一般采取200g，熟禽采取整

只，均放无菌容器内，立即送检。

(4)腊肠、香肚等生灌肠：采取整根、整只，小型的可采数根、数只，其总量不少于 250g，立即送检。

2. 检样的处理

(1)检样的处理：先将检样进行表面消毒（在沸水内烫 3~5 秒或灼烧消毒），再用无菌剪子剪取检样深层肌肉 25g，放入无菌乳钵内剪碎后，加灭菌海砂或石英砂研磨碎后，加入灭菌水 225ml，混匀后即为 1∶10 稀释液。

(2)鲜、冻家禽检样的处理：先将检样进行表面消毒，用灭菌剪子或刀去皮后，剪取肌肉 25g（一般可从胸部或腿部剪取），后续处理同"生肉及脏器"。带毛野禽去毛后，同家禽检样处理。

(3)各类熟肉制品检样的处理：直接切取或称取 25g，后续处理同"生肉及脏器"。

(4)腊肠、香肠等生灌肠检样处理：先对生灌肠表面进行消毒，用灭菌剪子取内容物 25g，后续处理同"生肉及脏器"。

注：以上样品的采集和送检及处理方法适用于检验样品的细菌含量从而判断其质量鲜度。若需检验样品受外界污染的程度或是否带有某种致病菌，应用棉拭采样法。

3. 棉拭采样法和检样处理　检验肉禽及其制品受污染的程度。用板孔面积为 $5cm^2$ 的金属板压在受检物上，将无菌棉拭稍沾湿后在板孔内揩抹多次，然后将板孔规板移压另一点，用另一棉拭同法揩抹。如此在不同区域揩抹共 10 次，总面积 $50cm^2$。每支棉拭在揩抹去完毕后应立即剪断或烧断后投入盛有 50ml 灭菌水的三角烧瓶或大试管中，立即送检。检验时先充分振摇，吸取瓶或管中的液体作为原液，再按要求作 10 倍递增稀释。检验致病菌，不必用规板，在可疑部位用棉拭揩抹即可。

（二）乳与乳制品

1. 样品的采取和送检　乳与乳制品包括鲜乳及其制品（菌落总数检验不适宜于酸乳）。

(1)生乳的采样：样品应充分搅拌混匀，并立即取样。用无菌采样工具分别从相同批次（此处特指单体的贮奶罐或贮奶车）中采集 n 个样品，采样量应满足微生物指标检验的要求。

具有分隔区域的贮奶装置，应根据每个分隔区域内贮奶量的不同，按比例从中取一定量，经混合均匀后采样。

(2)液态乳制品的采样：适用于巴氏杀菌乳、发酵乳、灭菌乳、调制乳等。取相同批次最小零售原包装，每批至少取 n 件。

(3)半固态乳制品的采样

1)炼乳的采样：若原包装小于或等于 500g(ml)，取相同批次的最小零售原包装，每批至少取 n 件；若原包装大于 500g(ml)，采样前应摇动或搅拌，使其均匀后采样。如果样品无法进行均匀混合，就从样品容器中的各个部位取代表性样。采样量均不小于 5 倍或以上检验单位的样品。

2)奶油及其制品的采样：原包装小于或等于 1 000g(ml)，取相同批次的最小零售原包装；原包装大于 1 000g(ml)，采样前应摇动搅拌，使其达到均匀后采样。对于固态制品，用无菌抹刀除去表层产品（厚度不少于 5mm）。将洁净、干燥的采样钻沿包装容器切口方向往下，匀速穿入底部，然后将采样钻旋转 180°，抽出采样钻并将采集的样品转入样品容器。采样量均不小于 5 倍或以上检验单位的样品。

(4)固态乳制品采样:适用于干酪、再制干酪、乳粉、乳清粉、乳糖和酪乳粉等。

1)干酪与再制干酪的采样:原包装小于或等于500g,取相同批次的最小零售原包装;原包装大于500g,则根据干酪的形状和类型,可分别使用下列方法。①在距边缘不小于10cm处,把取样器向干酪中心斜插到一个平表面,进行一次或几次;②把取样器垂直插入一个面,并穿过干酪中心到对面;③从两个平面之间,将取样器水平插入干酪的竖直面,插向干酪中心;④若干酪是装在桶、箱或其他大的容器中,或是将干酪制成压紧的大块时,将取样器从容器顶斜穿到底进行采样。采样量不小于5倍或以上检验单位的样品。

2)乳粉、乳清粉、乳糖、酪乳粉的采样:原包装小于或等于500g,取相同批次的最小零售原包装;原包装大于500g,则将洁净、干燥的采样钻沿包装容器切口方向往下,匀速穿入底部。当采样钻到达容器底部时,将采样钻旋转180°,抽出采样钻并将采集的样品转入样品容器。采样量不小于5倍或以上检验单位的样品。

2. 检样的处理

(1)乳及液态乳制品的处理:将检样摇匀,无菌操作开启包装。塑料或纸盒(袋)用75%的酒精棉球消毒盒盖或袋口,用灭菌剪刀切开;玻璃瓶以无菌操作去掉瓶口的纸罩或纸盖,瓶口经火焰消毒后,用灭菌吸管吸取25ml检样,放入装有225ml生理盐水的锥形瓶内,摇匀。若液态乳中添加固体颗粒状物,应均质后取样。

(2)半固态乳制品的处理

1)炼乳:洗净瓶(罐)的表面,用点燃的酒精棉球消毒瓶(罐)口周围,然后用灭菌开罐器打开瓶(罐),无菌操作称取25g(ml)检样,放入装有225ml灭菌生理盐水的三角烧瓶内,振摇均匀。

2)稀奶油、奶油、无水奶油:以无菌操作打开包装,取适量样品置于灭菌三角烧瓶内,45℃加温溶解后,立即用移液管吸取25ml,放入预热至45℃的装有225ml灭菌生理盐水(或其他稀释液)的锥形瓶内,振摇均匀。从检样融化到接种完毕的时间不应超过30分钟。

(3)固态乳制品的处理

1)干酪及其制品:无菌操作打开外包装,对有涂层的样品削去部分表面封蜡,对无涂层的样品直接用灭菌刀切开干酪,再用灭菌刀(勺)从表层和深层分别取出有代表性的适量样品,磨碎混匀,称取检样25g,放入预热至45℃的装有225ml灭菌生理盐水(或其他稀释液)的锥形瓶中,振摇均匀。充分混合使样品均匀散开(1~3分钟),分散过程中温度不超过40℃,尽可能避免产生泡沫。

2)乳粉、乳清粉、乳糖和酪乳粉的处理:取样前将样品充分混匀。罐装奶粉的开罐取样法同炼乳处理,袋装奶粉应用75%酒精棉球涂擦消毒袋口,以无菌操作开封取样,称取检样25g,放入预热至45℃的装有225ml灭菌生理盐水(或其他稀释液)的锥形瓶中,振摇使充分溶解和混匀。

对于经酸化工艺生产的乳清粉,应使用pH 8.4±0.2的K_2HPO_3缓冲液稀释。对于含较高淀粉的特殊配方乳粉,可使用α淀粉酶降低溶液黏度或将稀释液加倍以降低溶液黏度。

3)酪蛋白和酪蛋白酸盐:无菌操作称取25g检样,按照产品不同,分别加入225ml灭菌生理盐水等稀释液或增菌液。对黏稠的样品溶液进行梯度稀释时,应在无菌条件下反复多次吹打吸管,尽量将黏附在吸管内壁的样品转移到溶液中。对于酸法工艺生产的酪蛋白，使用 K_2HPO_3 缓冲液并加入消泡剂，在 pH 8.4±0.2 的条件下溶解样品。对于凝乳酶法工艺生产的酪蛋白，使用 K_2HPO_3 缓冲液并加入消泡剂，在 pH 7.5±0.2 的条件下溶解样品，室温静置 15 分钟。必要时在灭菌的匀浆袋中均质 2 分钟，再静置 5 分钟后检验。对于酪蛋白酸盐，可使用 K_2HPO_3 缓冲液在 pH 7.5±0.2 的条件下溶解样品。

（三）蛋与蛋制品

1. 样品的采集

（1）鲜蛋、糟蛋、皮蛋：流水冲洗外壳后，再用 75%酒精棉球涂擦消毒，放入灭菌袋内送检。

（2）巴氏消毒冰全蛋、冰蛋黄、冰蛋白：先将容器开启处用 75%酒精棉球消毒，然后将盖开启，用灭菌电钻由顶到底斜角钻入，徐徐钻取检样，然后抽出电钻，从中取出 250g 检样装入灭菌广口瓶中送检。

（3）巴氏消毒全蛋粉、蛋黄粉、蛋白片：包装箱上开口处用 75%酒精棉球消毒，然后将盖开启，用灭菌的金属制双层旋转式套管采样器斜角插入箱底，使套管旋转收取检样，再将采样器提出箱外，用灭菌小匙自上、中、下部收取检样（每个检样重量不少于 100g），装入灭菌广口瓶中送检。

（4）对成批产品进行质量鉴定时的采样数量：蛋粉、巴氏消毒全蛋粉、蛋黄粉、蛋白片等产品以一日或一班生产量为一批，检验沙门氏菌时，按每批总量 5%抽样（即每 100 箱抽验 5 箱，每箱 1 个检样），每批最少不得少于 3 个检样。测定菌落总数和大肠菌群时，每批按装罐过程前、中、后取样 3 次，每次取样 50g，每批合为一个检样。检验沙门氏菌时，冰全蛋、冰蛋黄、冰蛋白按每 250kg 取样一件，巴氏消毒冰全蛋按每 500kg 取样一件。菌落总数测定和大肠菌群测定时，在每批装罐过程前、中、后取样 3 次，每次取样 100g 合为一个检样。

2. 检样的处理

（1）鲜蛋、糟蛋、皮蛋外壳：用灭菌生理盐水浸湿的棉拭子充分擦拭蛋壳，然后将棉拭子擦拭部分直接放入培养基内增菌培养；也可将整只鲜蛋放入灭菌烧杯或平皿中，按检样要求加入定量灭菌生理盐水或液体培养基，用灭菌棉拭子将蛋壳表面充分擦洗后，以擦洗液作为检样。

（2）鲜蛋蛋液：流水洗净鲜蛋，待干后用酒精棉球消毒蛋壳，然后根据检验要求，打开蛋壳取出蛋白、蛋黄或全蛋液，放入装有玻璃珠的灭菌瓶内，充分摇匀待检。

（3）巴氏消毒全蛋粉、蛋白片、蛋黄粉：将检样放入带有玻璃珠的灭菌瓶内，按比例加入灭菌生理盐水充分摇匀待检。

（4）巴氏消毒冰全蛋、冰蛋白、冰蛋黄：将装有冰蛋检样的瓶子浸泡于流动冷水中，待检样融化后取出，放入带有玻璃珠的灭菌瓶中充分摇匀待检。

（5）各种蛋制品沙门氏菌增菌培养：以无菌操作称取检样，接种于装有玻璃珠的亚硒酸盐煌绿或煌绿肉汤等增菌培养瓶中，盖紧瓶盖，充分摇匀，然后放入（36±1）℃恒温箱中培养（20±2）小时。

（四）水产食品

1. 样品的采集　现场采取水产食品样品时，应按检验目的和水产品的种类确定采样量。除个别大型鱼类和海兽只能割取其局部作为样品外，一般都采取完整的个体，待检验时再按要求在一定部位采取检样。以判断质量鲜度为目的时，鱼类和体形较大的贝甲类应以个体为一件样品，单独采取；当对一批水产品做质量判断时，须采取多个个体做多件检样以反映全面质量。一般小型鱼类和对虾、小蟹，因个体过小在检验时只能混合采取检样，在采样时须采数量更多的个体；鱼糜制品（如灌肠、鱼丸等）和熟制品采取 250g，放灭菌容器内。

水产食品含水较多，体内酶的活力也较旺盛，易于变质。因此在采好样品后应在最短时间内送检，送检过程中应加冰保藏。

2. 检样的处理

（1）鱼类：鱼类采取检样的部位为背肌。用流水将鱼体体表冲净、去鳞，再用 75%酒精的棉球擦净鱼背，待干后用灭菌刀在鱼背部沿脊椎切开 5cm，再切开两端使两块背肌分别向两侧翻开。然后用无菌剪子剪取 25g 鱼肉放入灭菌乳钵内，用灭菌剪子剪碎，加灭菌海砂或玻璃砂研磨碎后加入 225ml 灭菌生理盐水，混匀成稀释液。

（2）虾类：采取腹节内的肌肉。将虾体在流水下冲净，摘去头胸节，用灭菌剪子剪除腹节与头胸节连接处的肌肉，然后挤出腹节内的肌肉，取 25g 放入灭菌乳钵内。后续操作同鱼类检样处理。

（3）蟹类：采取胸部肌肉。将蟹体在流水下冲洗，剥去壳盖和腹脐，去除鳃条后置流水下冲净。用 75%酒精棉球擦拭前后外壁，置灭菌搪瓷盘上待干。然后用灭菌剪子剪开成左右两片，用双手将一片蟹体的胸部肌肉挤出（用手指从足跟一端剪开的一端挤压），称取 25g 置灭菌乳钵内。后续操作同鱼类检样处理。

（4）贝壳类：采取贝壳内容物。用流水刷洗净贝壳后，放在铺有灭菌毛巾的清洁的搪瓷盘或工作台上，采样者将双手洗净并用 75%酒精棉球擦拭消毒后，用灭菌小钝刀从贝壳的张口处缝隙中徐徐切入，撬开壳盖，再用灭菌镊子取出整个内容物。称取 25g 置灭菌乳钵内，后续操作同鱼类检验处理。

（五）冷冻饮品、饮料

冷冻饮品包括冰淇淋、冰棍、雪糕、食用冰块等；饮料包括果蔬汁、含乳饮料、碳酸饮料、植物蛋白饮料、固体饮料、乳酸菌饮料、瓶（桶）装水、低温复原果汁等。

1. 样品采集 冷冻饮品采取原包装饮品；饮料采取原瓶、罐、袋和盒装样品。以上所有的样品采取后，应立即送检，否则应置于冰箱内保存。

2. 样品的处理

（1）瓶（罐）装饮料：用点燃的酒精棉球灼烧瓶（罐）口灭菌，塑料瓶口用 75%酒精棉球擦拭灭菌，用苯酚纱布盖好。灭菌开瓶器将盖启开，含有二氧化碳的饮料可倒入另一灭菌容器内，口勿盖紧，覆盖一块灭菌纱布，轻轻摇荡。待气体全部逸出后，进行检验。

（2）冰棍：用灭菌镊子除去包装纸，将冰棍部分放入灭菌磨口瓶内，木棍留在瓶外，盖上瓶盖，用力抽出木棍，或用灭菌剪子剪掉木棍。置 45℃水浴 30 分钟，溶化后立即进行检验。

（3）冰淇淋：放在灭菌容器内，待其溶化立即进行检验。

（六）调味品

调味品包括酱油、酱类和醋等，是以豆类、谷类为原料发酵而成的食品，往往由于原料污染及加工制作、运输中不注意卫生而污染上肠道细菌、球菌及需氧和厌氧芽孢杆菌。

1. 样品的采取　取原包装样品，及时送检。

2. 检样的处理

（1）瓶装样品：点燃的酒精棉球烧灼瓶口灭菌后，用苯酚纱布盖好，再用灭菌开瓶器启开后进行检验。

（2）酱类：用无菌操作称取 25g，放入灭菌容器内，加入灭菌蒸馏水 225ml，制成混悬液。

（3）食醋：用 200~300g/L 灭菌碳酸钠溶液调 pH 至中性。

（七）冷食菜、豆制品

冷食菜多为蔬菜和熟肉制品不经加热而直接食用的凉拌菜。该类食品由于原料、半成品、炊事员及炊事用具等消毒灭菌不彻底，造成细菌的污染。豆制品是以大豆为原料制成的含有大量蛋白质的食品，该类食品大多由于加工后，通过盛器、运输及销售等环节不注意卫生，沾染了存在于空气、土壤中的细菌。这两类食品如不加强卫生管理，极易造成食物中毒及肠道疾病的传播。

1. 样品的采取　采取时将样品混匀，采取接触盛器边缘、底部及上面不同部位样品，采取后放入灭菌容器送检；定型包装样品则随机采取。样品应立即检验或放冰箱暂存，不得加入防腐剂。

2. 检样的处理　以无菌操作称取 25g 检样，放入 225ml 灭菌蒸馏水，制成混悬液。定型包装样品则消毒包装后，称取 25g 样品于 225ml 灭菌蒸馏水中，均质成混悬液。

（八）糖果、糕点、果脯

糖果、糕点、果脯等此类食品大多是由糖、牛奶、鸡蛋、水果等为原料而制成的甜食。部分食品有包装纸，污染机会较少，但包装纸、盒不清洁或没有包装的食品放于不洁的容器内也可造成污染。带馅的糕点往往因加热不彻底、存放时间长、存放环境温度高，使细菌大量繁殖造成食品变质。因此对这类食品进行微生物学检验还是很有必要的。

1. 样品的采取　糕点、果脯可用灭菌镊子夹取不同部位样品，放入灭菌容器内；糖果采取原包装样品，采取后立即送检。

2. 样品的处理

（1）糕点：如为原包装，用灭菌镊子取下包装纸，采取外部及中心部位 25g；如为带馅糕点，取外皮及内馅 25g；裱花糕点采取奶花及糕点部分各一半共 25g。加入 225ml 灭菌生理盐水，制成混悬液。

（2）果脯：不同部位取样共 25g 检样，加入灭菌生理盐水 225ml，制成混悬液。

（3）糖果：用灭菌银子夹取下包装纸，称取数块共 25g，加入预温至 45℃ 灭菌生理盐水 225ml，待溶化后检验。

（九）方便面、速食米粉

方便面（米粉）是以小麦粉、荞麦粉、绿豆粉、米粉等为主要原料，添加食盐或面质改良剂，加适量水调制、压延、成型、汽蒸后，经油炸或干燥处理，达到一定熟度的粮食制品。这类食品大部分均有包装，污染机会少，但往往由于包装纸、盒不清洁或没有包装的食品放于不清洁的容器内，造成污染。此外，也常在加工、存放、销售各环节中污染了大量细菌和霉菌，而造成食品变质。

1. 样品的采集　袋装及碗装方便面（米粉）、即食粥、速煮米饭3袋（碗）为1件，简易包装的采取200g。

2. 样品的处理　未配调味料的方便面（米粉）、即食粥、速煮米饭，用无菌操作开封取样品25g，加入225ml灭菌生理盐水制成匀质液。配有调味料的方便面（米粉）、即食粥、速煮米饭，用无菌操作开封后，将面（粉）块、干饭粒和全部调料及配料一起称重，按1∶1（kg/L）加入灭菌生理盐水，制成匀质液。然后再取50ml匀质液加至200ml灭菌生理盐水中，成为1∶10的样品匀液。

点滴积累

1. 采样目的和意义　采集具有代表性的样品，才能保证检验结果正确、有价值。
2. 样品采集原则　采样手段随样品种类不同而异，但均应遵循以下基本原则：①根据检验目的、食品特点、批量、检验方法、微生物的危害程度等制订采样方案；②随机抽取样品，确保所采样品具有代表性；③无菌操作采集样品；④采取必要的措施保证样品中微生物的数量与种类不发生变化；⑤完整记录样品信息。
3. 样品采集方案　主要为ICMSF二级和三级采样方案。其中二级采样方案适合于中等或严重危害的样品、三级采样方案适合于对健康危害低的样品。
4. 样品采集方法　进行微生物检验的样品种类不同、检验目的不同，采样方法也不同。食品样品的采集包括大样、中样、小样，其中小样又称检样。
5. 样品送检与保存　样品应及时送检，否则须存放于适宜条件下，保证样品的微生物指标不发生变化。

第三节　样品的接收与检验

一、样品的接收

检验人员收到送检样品后，应结合送检单仔细核对，确保样品的相关信息完整并符合检验要求。同时作好登记，注明接收日期等。若样品数量、状态、外形或包装等与送检单不符，则可拒收。

应按要求尽快检验，若不及时检验，应采取必要的存放措施保持样品的原有状态，防止样品中的目标微生物因客观条件的干扰而发生变化。

二、样品的检验

（一）检验项目与方法

食品微生物检验的项目主要包括细菌菌落总数检测、霉菌和酵母菌数检测、大肠菌群数检测以及致病菌检验等。

食品微生物检验应选择现行有效的国家标准方法。而国标中每个检验项目都有一种或几种检验方法，实际操作时，应根据不同的食品样品、不同的检验目的来选择恰当的检验方法。除了国家标准之外，国内还有行业标准（如出口食品微生物检验方法），国外亦有国际标准（如FAO标准、WTO标准等）以及每个食品进口国的标准（如美国FDA标准、日本厚生省标准等）。

若食品微生物检验方法标准中对同一检验项目有两个及两个以上定性检验方法时，应以常规培养方法为基准方法。如大肠埃希氏菌O157：H7/NM检验GB/T4789.36—2016中检验方法有两种，第一法是常规培养法、第二法是免疫磁珠捕获法，进行该致病菌定性检验时，应该首选第一法。

食品微生物检验方法标准中对同一检验项目有两个及两个以上定量检验方法时，应以平板计数法为基准方法。如金黄色葡萄球菌检验GB/T4789.10—2016中的检验方法共有三种，第一种是金黄色葡萄球菌定性检验法、第二种是平板计数法、第三种是MPN计数法。进行该致病菌检验时，定性检验选择第一种，定量检验首选第二种。

确定检验方法之后，则须按该方法制定的标准操作规程进行检验操作。检验过程中还应及时、准确地记录观察到的现象、结果和数据等信息。

（二）检验程序

食品种类繁多，针对具体的食品样品，有不同的检验要求、检验项目和检验方法，但总体来说，食品微生物检验项目的基本程序是相似的（图8-1）。

1. 菌落总数、霉菌和酵母菌数检测　样品经处理后，与适宜的琼脂培养基混合，经培养，细菌、霉菌及酵母菌生长繁殖形成菌落。由于一个菌落是由一个细胞（或孢子）繁殖形成的，因此计数菌落即可测定出样品中细菌、霉菌及酵母菌的数量。

2. 大肠菌群数检测　主要包括初发酵和复发酵。①初发酵：利用大肠菌群可分解乳糖产酸产气的特点，通过乳糖发酵试验，来证实样品中是否存在符合大肠菌群特点的细菌；②复发酵：样品初发酵呈阳性，不能肯定就是大肠菌群阳性，因而需要通过复发酵加以证实。根据证实为阳性结果的管数，查表报告待检样品的大肠菌群数。

3. 致病菌检验　不同致病菌检验的方法程序有差异，基本步骤是①前增菌：样品经处理后接种至不含抑菌成分的液体培养基液中进行增菌培养。前增菌的目的主要是使受伤的细菌得到修复，使细菌数量增加，以提高细菌的检出率。②选择性增菌：将样品或前增菌培养物接种至含有抑菌成分和有利于目的菌生长的营养成分的液体培养基中，利用抑菌成分来抑制杂菌，使样品中含量较少的目的菌能在混有多种杂菌的情况下，获得优势条件而快速生长繁殖。③分离培养：使用一至两、三种选择强度不同的选择性平板，来分离出目的菌菌落，观察菌落性状和菌体特征，并用于后续鉴定；不同致病菌的分离应结合其生理特征采用不同种类的选择性平板，如沙门氏菌的分离常用BS和XLD琼脂平板、金黄色葡萄球菌的分离常用Baird-Parker平板、副溶血性弧菌多用TCBS平板。④生化试验：从选择性平板上挑取可疑菌落进行生化试验，以鉴定致病菌的种类。⑤血清学鉴定：大多数细菌经生化试验可作出鉴定结果，但有些细菌如沙门氏菌、志贺菌等，常需要与已知抗血清进行玻片凝集等血清学鉴定，方可报告其种类、型别。⑥结果报告：需结合镜下形态特征、菌落性状、生化试验、血清学鉴定的结果，进行综合分析，最终报告25g（ml）样品中检出或未检出致病菌。

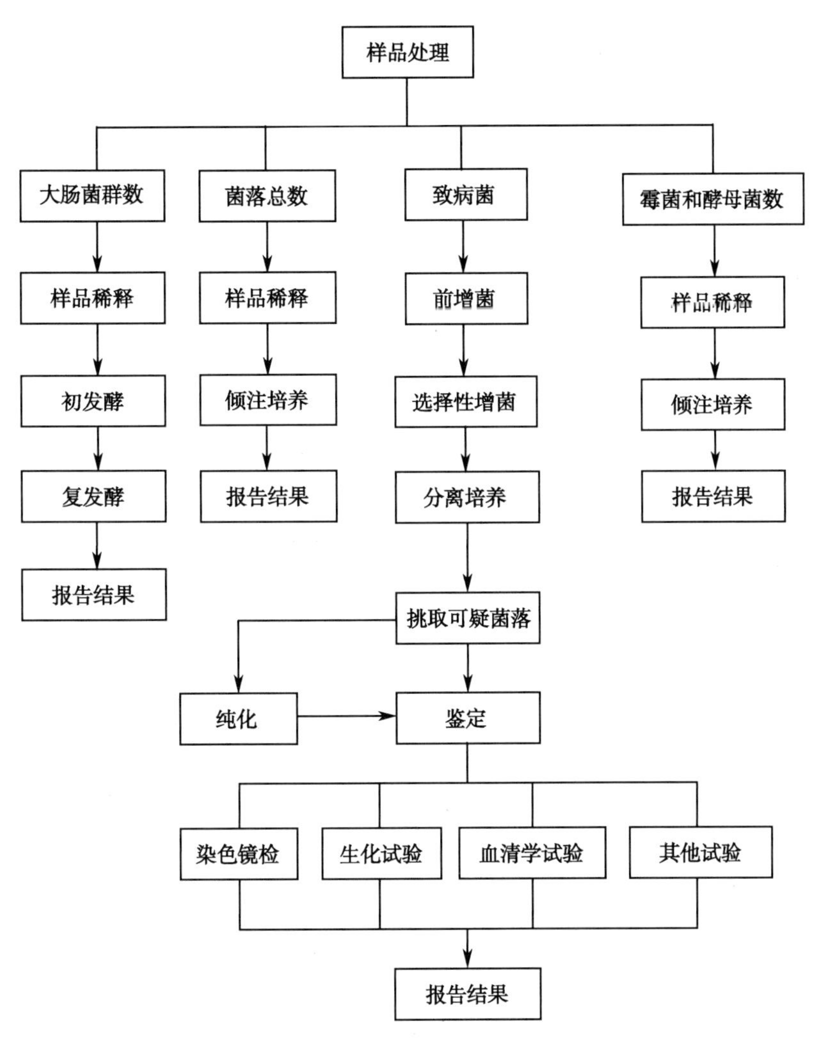

图 8-1　食品微生物检查基本程序

点滴积累

1. 样品的接收　核对样品与送检单，必须保证样单信息一致，否则应拒收。
2. 样品的检验　根据样品的种类、检验要求确定适宜的检测项目和检验方法，一般应选择现行有效的国家标准方法。

第四节　检验结果的报告

（一）检验结果记录与报告

样品检验结束后，检验人员应及时按检验方法中规定的要求，准确、客观地报告每一项检验结果，签名后送主管人员核实签字，加盖单位印章，以示生效。在报告正式文本发出前，任何有关检验的数据、结果、原始记录都不得更改和外传。

（二）检验后样品的处理

发出检验结果报告后，才能处理被检样品。检验结果为阴性的样品可立即处理；检验结果为阳性的样品，发出后3天(特殊情况可适当延长)后方能处理；进口食品的阳性样品需保存6个月方能处理；检出致病菌的样品须做无害化处理。此外，检验结果报告后，剩余样品或同批样品通常不进行微生物项目的复检。

点滴积累

1. 检验结果记录与报告　准确、客观地报告每一项检验结果，不得随意更改记录和结果。
2. 检验后样品的处理　发出检验报告后，阴性样品可立即处理，阳性样品3天后方能处理；检出致病菌的样品须进行灭菌等无害化处理。

第五节　检验的质量控制

食品微生物检验是保障食品安全的重要环节，对检验的整个过程严格地进行质量控制，可避免或减少主观因素对结果稳定性和可靠性的影响，从而提高食品微生物检验的质量。质量控制工作贯穿于食品微生物检验的全过程，包括样品的采集、样品的检验、检验结果报告与样品的处理，其中样品检验的质量控制是关键。此处对样品检验过程中的质量控制进行简要介绍。

1. 人员　食品微生物学检验是一门专业性很强的复杂性工作，要求从业人员除具有良好的职业道德、严谨的工作作风外，还必须具备丰富的专业知识和熟练的专业技能。

2. 试剂　试剂的储存条件应遵循生产商的建议，在标明的有效期内使用，并定期或按要求进行质量检测，检测合格后才能使用。检测方法一般是：分别用阳性质控菌株、阴性质控菌株对试剂进行相应试验，试验结果应符合质控菌株的特性。例如对革兰氏染色液进行质控检测，阳性质控菌株(金黄色葡萄球菌)呈阳性、阴性质控菌株(大肠埃希氏菌)呈阴性，则该革兰氏染色液符合质量要求。

3. 培养基　购买的培养基应有清楚的生产/制备日期(批号)、保质期、配方、质量合格证明、贮存条件等信息；自制培养基，应按配方要求准确称量、规范配制。无论是购买的还是自制的培养基，都应进行无菌试验、生长试验等质量检测，合格者方可使用。①无菌试验：将培养基置于36℃培养24小时，无菌生长则合格；有菌生长，说明该(批)培养基已被杂菌污染。②生长试验：将质控菌株植入培养基，经培养后，质控菌出现预期生长现象或反应结果，则该(批)培养基合格。合格培养基应妥善保存，并在规定时限内使用。

4. 仪器设备　微生物实验室常用仪器设备有显微镜、培养箱、水浴箱、冰箱、离心机、超净工作台、生物安全柜、高压蒸汽灭菌器、自动化或半自动化鉴定系统等。所有仪器设备均应制定操作规程，并按操作规程执行操作。各种仪器设备还应定期维护、保养、监测并记录。不同类型设备，定期监测的要求和指标不同，如温度依赖设施(冰箱、孵育箱、水浴箱等)需每日记录温度；CO_2 培养箱需每日记录 CO_2 浓度；超净工作台需定期做洁净度检查并更换过滤膜；高压蒸汽灭菌器需定期进行用生物指示菌法进行灭菌效果监测。新设备或经搬运、维修后的仪器设备应进行评估及功能验证，或由使用者确保试验结果的准确性，所用记录保存至仪器报废。

点滴积累

食品微生物检验的质量控制工作贯穿于食品微生物检验的全过程，包括样品的采集、样品的检验、检验结果报告与样品的处理。其中，样品检验的质量控制是关键，与微生物检验相关的人员、试剂、培养基、仪器设备等，每一个环节都要认真控制，确保结果的准确性。

目标检测

简答题

1. 简述食品微生物检验时，样品采集的原则。
2. 简述液体、固体、粉状样品的常用处理方法。
3. 简述食品微生物检验的基本程序。

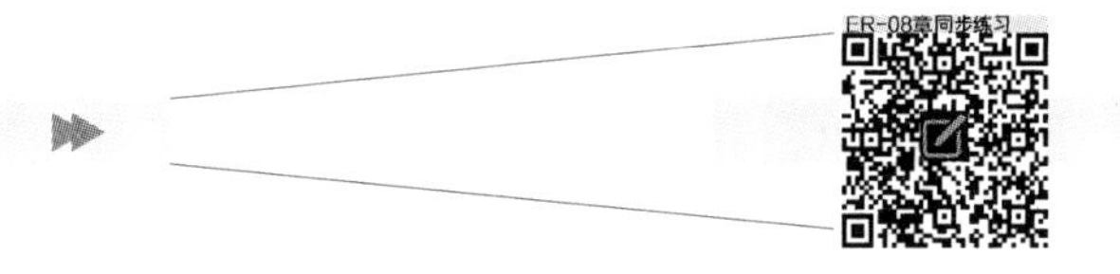

（张少敏　段巧玲）

第二篇

食品微生物检验技术篇

实训项目一

食品微生物实验室硬件配置

【实训目的】

1. 掌握食品微生物检验常用仪器设备的用途。

2. 学会食品微生物检验常用仪器设备的使用。

【实训内容】

1. 光学显微镜 普通光学显微镜是观察微生物形态学特征的重要工具，是微生物实验室常规检验的基本设备。其构造主要分为三部分：机械部分（镜座、镜臂、镜筒、转换器、载物台、调节器）、照明部分（反光镜、聚光器）和光学部分（目镜、物镜）（见实训图 1-1）。

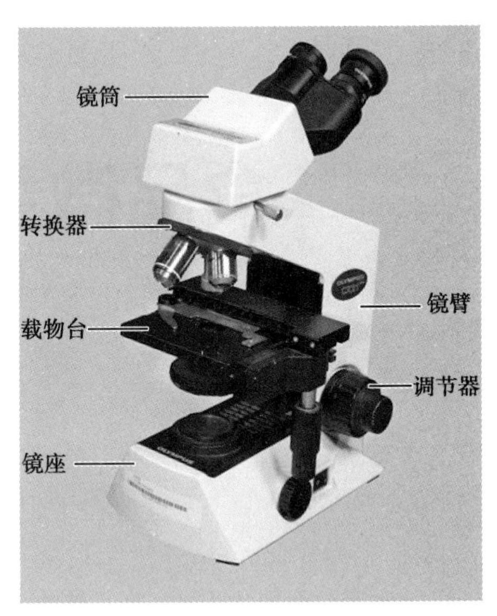

实训图 1-1 光学显微镜

光学显微镜的物镜有低倍镜、高倍镜和油镜，观察细菌时多用油镜。油镜的放大倍数为 100×，若目镜倍数为 10×，则显微镜的放大倍数为 1 000 倍。细菌通常大于 0. 2μm，经显微镜油镜放大 1 000 倍后，人肉眼可观察清楚（人肉眼的分辨率约 0. 2mm）。

2. 培养箱 培养箱亦称恒温箱，是进行微生物培养的基本设备。箱体为双层结构，夹层填充石棉或玻璃棉等绝缘材料以防止热量散失，内层底部安装电阻丝用以加热，利用空气对流使箱内温度均匀。

根据微生物繁殖对气体的需求，培养箱又分普通培养箱、CO_2 培养箱、厌氧培养装置（见实训图 1-2）。

（1）普通培养箱：箱内温度可根据不同微生物的培养要求而设定（细菌培养多为 36℃±1℃，霉菌和酵母菌培养多为 28℃±1℃）。用于需氧菌和兼性厌氧菌的培养。

（2）CO_2 培养箱：通过调节 CO_2 气罐的压力，可控制箱内 CO_2 浓度，用于培养生长繁殖需要 CO_2 的细菌，如嗜血杆菌、奈瑟菌等。

（3）厌氧培养装置：亦称厌氧手套箱，由手套操作箱（含培养箱）、传递箱、空气压缩机和控制板，以及气体瓶等部件组成。可直接进行厌氧菌标本的检验，包括培养基预还原、厌氧标本接种、分离培养、生化鉴定和药敏试验等。

使用培养箱培养微生物时，培养物不宜放置过多过挤，以保证培养物温度均匀。为避免培养基干燥，箱内要保持一定的湿度。

a
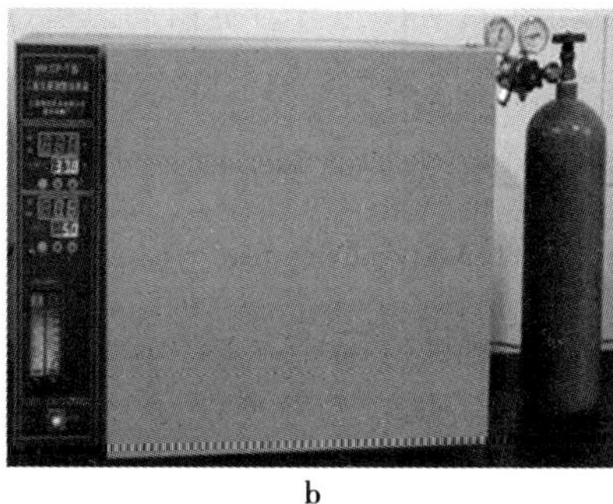
b
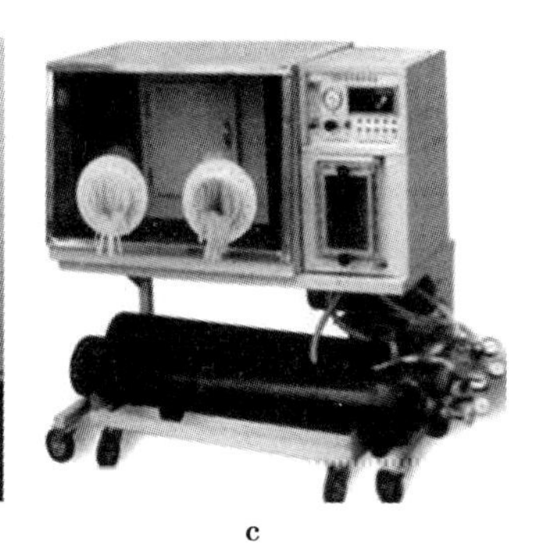
c

a—普通培养箱；b—CO_2 培养箱；c—厌氧培养装置。

实训图 1-2　培养箱

3. **干燥箱**　主要用于物品的干热灭菌或烘干洗净的物品（见实训图 1-3）。箱体由双层金属板制成，夹层充以石棉，箱壁中装置电热线圈和鼓风机，箱外有温度计和自动温度控制器等装置，可自动调节箱内温度。由于干热灭菌温度较高（160℃以上），因而不耐高温的物品，如纸张、塑料制品等不宜采用干燥箱灭菌。

干热灭菌时，接通电源，打开风扇，当温度升至 100℃时停止鼓风。继续加热至 160℃，维持 2 小时，关闭电源，待温度自动下降至 50℃以下再开门取物。

4. **高压灭菌设备**　高压灭菌设备是微生物实验室必备的设备，分为手提式、立式或卧式高压蒸汽灭菌器，可用于培养基、玻璃器皿等多种实验器材的灭菌。

使用时先加适量水至容器内，放入待灭菌物品后，盖好盖门并将螺旋拧紧。打开排气阀，通电加热至灭菌器内冷空气完全排出（一般至排气阀大量排出白色水蒸气），关闭排气阀，然后继续加热，待蒸汽压力上升至所需数值（根据所灭菌的具体物品要求确定）时开始计算时间，至所需时间结束。灭菌结束后，关闭电源，待其压力自然下降至零时，徐徐打开排气阀排尽余气，方可开盖取出物品。

高压灭菌设备

实训图 1-3　干燥箱

5. **超净工作台**　超净工作台是利用空气过滤装置排除工作区域中包括微生物在内的各种微小尘埃，从而满足微生物检验对操作区域洁净度的需求而设计的一种净化设备。

使用时,提前 20~30 分钟开启紫外灯,关闭紫外灯后启动风机,并用消毒剂擦拭操作区。操作区保持整洁,禁止存放不必要的物品,以免干扰气流,影响使用效果。使用结束,关闭风机,清理并用消毒剂擦拭工作台面,再打开紫外灯照射消毒 15~30 分钟后,关闭紫外灯,关闭电源。

超净工作台

超净工作台可提供洁净、无菌、无尘的操作环境,保护实验材料不受污染以及危险样品不泄漏到环境中而设计的,它对操作者不一定提供保护,所以具有感染性的标本作微生物检验时,应在生物安全柜里进行操作。

6. 生物安全柜　生物安全柜可保护操作者、实验室环境以及实验材料等,避免受操作过程中可能产生的感染性气溶胶和溅出物的感染。当处理感染性物质,或空气传播感染的危险增大,或进行极有可能产生气溶胶的操作(如离心、研磨、震动等)时,应使用生物安全柜。

生物安全柜

使用时,先将实验所需物品规范地置于安全柜内,并提前至少 5 分钟开启工作装置;操作人员的手伸进柜内应等待约 1 分钟,然后再进行操作。安全柜内不能使用明火进行灭菌、进气格栅不能被物品遮挡、放入柜内的物品应使用 75%酒精消毒。

7. 均质器　均质器是用于捣碎实验样品的仪器,根据工作原理的不同,又分超声波破碎均质器、探头旋刃式均质器、拍击式均质器等。

拍击式均质器

拍击式均质器的基本工作原理是:将食品样品与适宜的溶液装入无菌均质袋中,通过仪器的锤击板对均质袋中食品样品进行机械地反复拍打、锤击,产生压力、引起震荡、加速混合,使食品样品被粉碎、食品中的微生物均匀分布于溶液中。

使用拍击式均质器时,应根据需要设定好工作时间和均质速度,仪器工作时不能随意打开均质器门;硬块、骨状、冰状物等坚硬锐利的物质不宜使用,以免破坏均质袋。

细菌滤器

8. 细菌滤器　又称滤菌器,常用的有蔡氏滤器、玻璃滤器以及滤膜滤器等。不同滤菌器分别利用石棉滤板、醋酸纤维素膜等来阻挡液体中微生物的通过,从而将细菌等微生物从糖溶液、血清、某些药物等不耐热液体中去除。

【实训思考】

1. 在显微镜下观察细菌形态时,常用哪种物镜?
2. 试述超净工作台在食品微生物检验中的应用。

(段巧玲)

实训项目二

微生物的显微镜检验技术

任务一　细菌的形态学检查

◆ 知识准备

细菌形态学检查是细菌检验的重要方法之一，是进行细菌分类和鉴定的基础。根据细菌的形态、排列、结构和染色反应性等，可为进一步鉴定提供参考依据。

细菌无色半透明，直接在显微镜下不易识别，实践中通常先对细菌细胞进行染色，然后再进行观察。根据不同的观察目的，细菌有不同的染色方法，其中最常见的是革兰氏染色法。

革兰氏染色的基本步骤是初染→媒染→脱色→复染，所需的试剂依次为草酸铵结晶紫、卢戈碘液、95%乙醇、沙黄（或稀释苯酚复红）。

革兰氏染色法不仅能观察到细菌的形态学特征，而且还可将所有细菌区分为两大类：革兰氏阳性（G^+）细菌和革兰氏阴性（G^-）细菌。

油镜的成像原理：细菌镜检时主要使用光学显微镜的油镜。在普通光学显微镜通常配置的物镜中，油镜的放大倍数较高，而镜头很小，所需的光照强度很大。但是由于空气和玻璃的折射率不同，当光线在不同密度的介质（玻片→空气→油镜）中传递时，一部分光线因发生折射而散失，从而进入物镜的光线相对较少，导致视野较暗，物镜的分辨力降低，标本图像观察不清。如果在油镜与载玻片之间滴加与玻璃（$n=1.52$）折射率相近的香柏油（$n=1.515$），可减少因折射而散失掉的光线，进入物镜的光线增多，从而使视野亮度增强，物像清晰。

油镜的使用方法为①采光：将显微镜平放于实验台上，低倍物镜对准聚光器，聚光器上升至最高处，将聚光器下方的光圈打开，眼睛移至目镜，打开电源开关，通过底座上的螺旋调节亮度。②固定：将已染色的标本片置于载物台上，用标本夹固定，移动推进尺并将欲观察的标本部分移至物镜正下方。先用低倍镜找到标本的位置，并移至视野中心，再转换为高倍镜继续观察并调焦至物象清晰。③滴油：将高倍镜移开，在标本位置滴加 1 滴香柏油，然后转换为油镜镜头，油镜镜头应浸于香柏油中。④调焦：注视目镜，一边观察视野，一边慢慢旋动细螺旋，直至出现清晰物像。⑤观察：前期浏览镜下多个视野，了解镜下整体染色、细菌形态基本状况，然后选择涂片分布均匀的视野观察结果。⑥清理：观察结束后，将镜筒升高，从载物台上取下标本玻片，即刻用蘸有少许二甲苯的拭镜纸轻轻拭去镜头上的香柏油，然后再用干擦镜纸擦干。

◆ 实训

【实训目的】

1. 理解革兰氏染色的原理。

2. 熟练掌握细菌的革兰氏染色技术。

【实训内容】

1. 实训材料和器具

(1)菌种:培养18~24小时的金黄色葡萄球菌、大肠埃希氏菌。

(2)试剂:无菌生理盐水、草酸铵结晶紫染色液、卢戈碘液、95%乙醇、香柏油、二甲苯、0.25%沙黄(或稀释苯酚复红)。

(3)仪器及用具:载玻片、接种环、酒精灯、吸水纸、染色缸、显微镜、擦镜纸等。

2. 操作程序　细菌染色的基本程序是:涂片→干燥→固定→染色→镜检。细菌革兰氏染色的步骤是:初染→媒染→脱色→复染。

3. 实训方法和步骤

(1)涂片:取一张洁净无油迹载玻片,滴一滴生理盐水于玻片中央,用接种环以无菌操作从培养18~24小时的琼脂平板或琼脂斜面上挑取金黄色葡萄球菌或大肠埃希氏菌菌苔于生理盐水中,混匀并涂成薄膜。

(2)干燥:涂片最好室温自然干燥。若需加快干燥速度,可将涂抹面朝上,置于酒精灯火焰上方慢慢烘干,特别注意不要离火焰太近,以防高温引起细菌变形。

(3)固定:玻片干燥后用火焰加热法进行固定,即中速通过火焰3次,其目的是使细菌蛋白质凝固、杀死细菌以固定细胞形态、增大通透性利于细菌细胞着色,同时使菌体牢固附着在载玻片上。固定的温度不宜过高,以载玻片背面与皮肤接触热而不烫为宜,否则会改变甚至破坏细胞形态。

(4)染色

1)初染:加草酸铵结晶紫染色液一滴(以染色液刚好盖满涂片薄膜为宜),染色约1分钟。用自来水从载玻片一端轻轻冲洗,直至从涂片上流下的水变为无色为止。

2)媒染:滴加卢戈碘液,覆盖约1分钟,同上方法水洗。

3)脱色:用95%乙醇滴洗至流出的乙醇为无色为止,或用95%乙醇覆盖菌膜,轻轻摇晃载玻片约20~30秒,立即用水冲净乙醇,终止脱色。

4)复染:在涂片上滴加沙黄染色液复染约30~60秒,水洗。

(5)镜检:用吸水纸吸干载玻片上的水后,于显微镜下观察。先用低倍镜找到视野,再用高倍镜,最后使用油镜观察。细菌呈紫色为革兰氏阳性(G^+)菌,呈红色为革兰氏阴性(G^-)菌。

镜检结束后,使用二甲苯清洁油镜镜头,并按规范整理显微镜。

【实训报告】

1. 根据观察结果,绘出大肠埃希氏菌和金黄色葡萄球菌的形态图。

2. 列表简要描述两株细菌的革兰氏染色结果及菌体颜色、形状。

细菌	菌体颜色	菌体形态	绘图	结果
金黄色葡萄球菌				
大肠埃希氏菌				

【实训提示】

1. 革兰氏染色的关键步骤在于严格掌握乙醇脱色程度，脱色时间直接关系到染色结果的准确性。如脱色过度，则阳性菌可被误染为阴性菌；而脱色不够时，阴性菌可被误染为阳性菌。

2. 菌龄也影响染色结果，衰老、变性、死亡的细菌，其染色结果易出现改变，故一般应选择新鲜标本或培养 18~24 小时的菌体。

3. 若挑取菌液涂片，需先将菌液摇匀，然后取该菌液直接涂片；若挑取菌落涂片，则取少许菌落于生理盐水中研磨均匀。涂片尽量均匀，菌膜不宜过厚。

4. 冲洗时，水流不宜过急、过大，不要直接冲洗涂面。

5. 使用显微镜时，切勿用手指去擦抹镜头，也不能使用非油镜头以外的其他物镜镜头浸入香柏油中。

【实训思考】

1. 革兰氏染色对细菌检验有何意义？

2. 革兰氏染色的影响因素。

任务二　微生物细胞大小的测定

◆ 知识准备

微生物细胞的大小是微生物基本的形态特征，也是分类鉴定的依据之一。但微生物个体微小，需要在显微镜下借助于特殊的测量工具才能测量。测量其细胞大小的工具是显微测微尺，包括目镜测微尺和镜台测微尺两个部件。

1. 镜台测微尺　镜台测微尺是中央部分刻有精确等分线的载玻片（实训图 2-1），一般是将 1mm 等分为 100 格，每格长 0.01mm（即 10μm）。镜台测微尺并不直接用来测量细胞的大小，而是专门用来标定目镜测微尺的。

2. 目镜测微尺　目镜测微尺是一块可放入接目镜内的圆形小玻片（实训图 2-2），可以装入接目镜中的隔板上，用来测量经显微镜放大后的细胞物像。其中央有精确的等分刻度，有将 5mm 等分为 50 小格和 100 小格两种。

目镜测微尺测量的是微生物细胞经过显微镜放大之后所成像的大小，其刻度实际代表的长度会随使用的目镜与物镜组合的放大倍数而改变，必须先用镜台测微尺进行标定，求出某一放大倍数下，目镜测微尺每一小格所代表的长度，然后再用目镜测微尺直接测量待测细胞的大小。

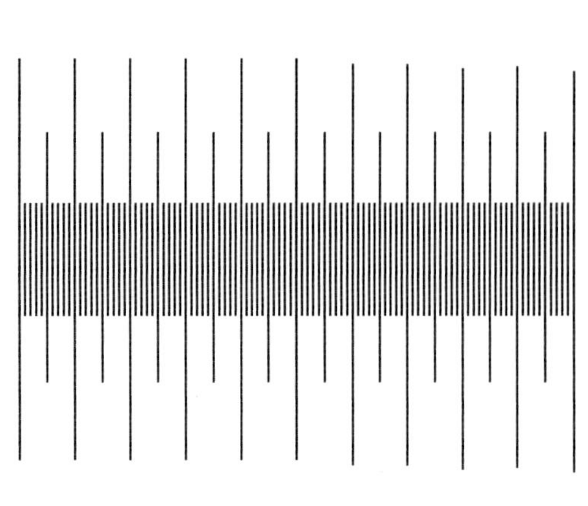

实训图 2-1　镜台测微尺

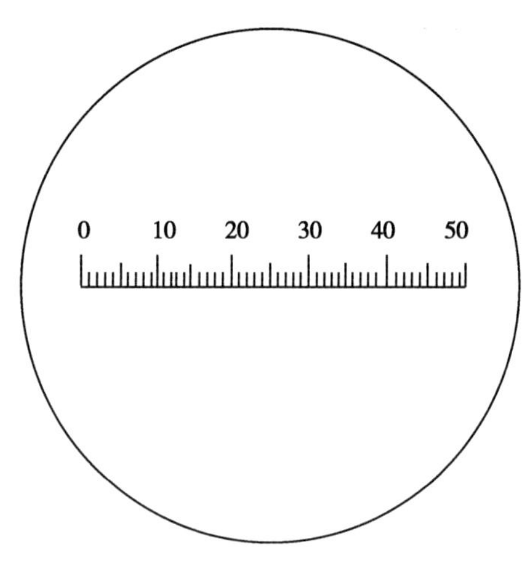

实训图 2-2　目镜测微尺

◆ 实训

【实训目的】

1. 了解目镜测微尺和镜台测微尺的构造及使用原理。

2. 学会显微镜下微生物细胞大小的测定方法。

【实训内容】

1. 实验材料和器具

(1)菌种:培养 48 小时的酿酒酵母。

(2)试剂:蒸馏水等。

(3)仪器及用具:载玻片、盖玻片、酒精灯、接种环、显微镜、目镜测微尺、镜台测微尺、擦镜纸等。

2. 操作程序　放置目镜测微尺→放置镜台测微尺→标定目镜测微尺→测量菌体大小→记录结果。

3. 实验方法和步骤

(1)放置目镜测微尺:取出接目镜,把目镜上的透镜旋下,将目镜测微尺刻度面朝下放在目镜镜筒内的隔板上,旋上目镜透镜,将目镜插入镜筒内。

(2)放置镜台测微尺:将镜台测微尺放在显微镜载物台上,使刻度面朝上,调焦看清镜台测微尺的刻度。

(3)标定目镜测微尺:先用低倍镜观察,将镜台测微尺有刻度的部分移至视野中央。调节焦距,当清晰地看到镜台测微尺的刻度后,转动目镜,使目镜测微尺的刻度与镜台测微尺的刻度平行。移动推动器,使两个测微尺重叠,并使它们左边的某一条刻度线相重合,再向右寻找另外一条相重合的刻度线。记录两重合刻度线之间目镜测微尺和镜台测微尺各有多少格。

由于已知镜台测微尺每格长 10μm,则可根据下式计算该倍率下目镜测微尺每格所代表的长度:

$$\text{目镜测微尺每格长度}(\mu m)=\frac{\text{两重合线间镜台测微尺格数}\times 10}{\text{两重合线间目镜测微尺格数}}$$

用同样的方法对高倍镜和油镜进行标定。

(4)菌体大小的测定:滴一滴蒸馏水在干净的载玻片中央,用接种环以无菌操作取培养48小时的酵母菌菌落少许,在液滴中轻轻涂抹均匀,并加盖干净盖玻片,置于显微镜载物台上。先在低倍镜下找到目的物,然后在高倍镜下用目镜测微尺来测量酵母菌菌体的直径占的格数(不足一格的部分估计到小数点后1位数),最后将测得的格数乘以目镜测微尺(用高倍镜时)每格所代表的长度,即为酵母菌的实际大小。

一般是在同一个标本片上测定10~20个菌体,取平均值来代表该菌的大小。

【实训报告】将实验结果填入下列表格。

1. 目镜测微尺校正结果

物镜倍数	目镜测微尺的格数	镜台测微尺的格数	目镜测微尺每格长度/μm

2. 酵母菌大小测定结果

菌号	1	2	3	4	5	6	7	8	9	10	11	12	13	14	15	平均
目镜测微尺格数/小格																
酵母菌直径/μm																

【实训提示】

1. 若是测定细菌,需要用油镜来观察。球菌用直径来表示其大小,杆菌用“宽×长”来表示。

2. 由于不同显微镜及附件的放大倍数不同,因此校正目镜测微尺必须针对特定的显微镜及特定的物镜和目镜,当更换不同放大倍数的目镜或物镜时,必须重新校正目镜测微尺每一格所代表的长度。

3. 观察时光线不宜过强,否则难以找到镜台测微尺的刻度。换高倍镜和油镜校正时务必小心,防止接物镜压坏镜台测微尺和损坏镜头。

【实训思考】

1. 进行微生物细胞大小的测定,为什么要校正目镜测微尺?

2. 试述测定微生物细胞大小的意义。

任务三　微生物细胞的显微镜计数

◆ 知识准备

测定微生物细胞数量的方法很多,有平板菌落计数法、显微镜直接计数法、干重法、比浊法等,其中前两种在日常工作中较为常用。

平板菌落计数法是经典的计数方法，通常做梯度稀释。由于是菌悬液涂布，所以比较均匀，能较好地反映菌落的疏密程度，重复性、平行性很好，但需要一段时间在平板上长出菌落，速度较慢。

显微镜直接计数法一般与血球计数板配套使用，具有直观、简便和快速等优点。由于所计得数值为死菌和活菌的总和，又称为总菌计数法。

显微镜直接计数法原理：将经过适当稀释的菌体细胞（或孢子悬液），加至血球计数板的计数室中，在显微镜下逐格计数。由于计数室的容积是固定的（0.1mm^3），因此可将在显微镜下计得菌数（或孢子数）换算成单位体积试样中的菌数。

计数原理与血球计数板的构造有关。血球计数板是一块特制的厚玻片，玻片上有 4 条槽而构成 3 个平台（实训图 2-3）。中间较宽的平台，又被一短横槽从中间分隔成两半，每个半边上面各有一个方格网。每个方格网（实训图 2-4）共分 9 大方格，其中间的大方格称为计数室，常被用于微生物的计数。计数室边长为 1mm，面积为 1mm^2，盖上盖玻片后，盖玻片与计数室底部之间的高度为 0.1mm，所以每个计数室的体积为 0.1mm^3（即 0.000 1ml）。

计数室的规格一般有两种：一种是大方格分为 16 个中方格，每个中方格又分成 25 个小方格（实训图 2-4）；另一种是一个大方格分成 25 个中方格，每个中方格又分成 16 个小方格。不管哪种规格，计数室的每个大方格都由 400 个小方格组成。

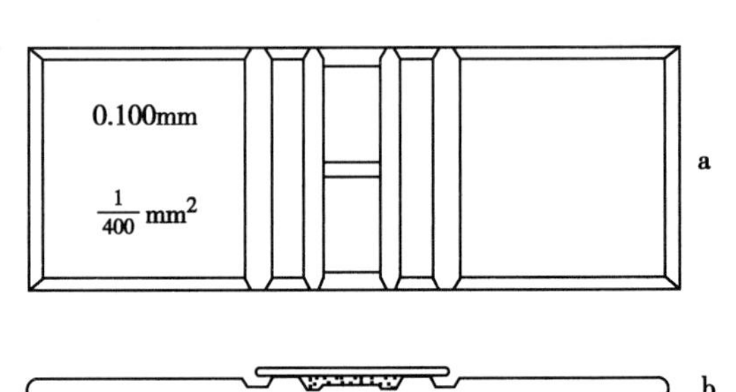

a—平面图（中间平台分为两半，各半边有一个方格网）；b—侧面图（中间平台与盖玻片之间有高度为 0.1mm 的间隙）。

实训图 2-3　血球计数板的构造

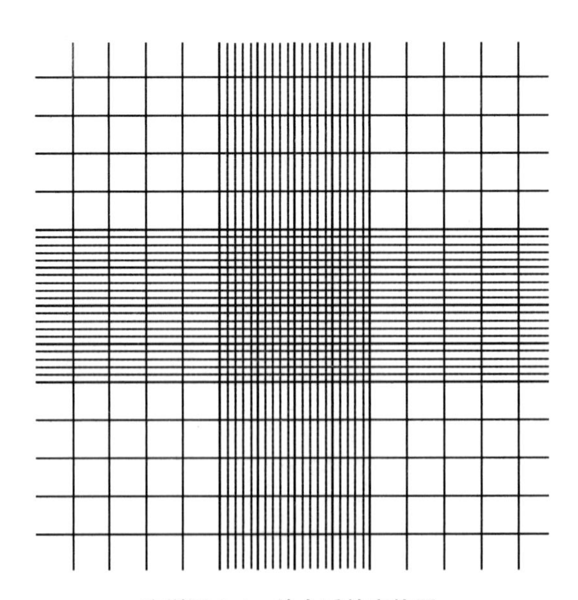

实训图 2-4　放大后的方格网
（注：中间大方格为计数室。）

计数的时候，通常数4（或5）个中方格的总菌数，求平均值，再乘上16（或25）就得到大方格（计数室）中的总菌数，然后再换算成1ml菌液中的总菌数。以大方格分为16个中方格的血球计数板为例：

$$菌数（个/ml）=\frac{4个中方格中的总菌数}{4}\times16\times10\ 000\times稀释倍数$$

◆ 实训

【实训目的】

1. 了解血球计数板的构造、计数原理和计数方法。
2. 学会用血球计数板进行微生物细胞的显微镜计数。

【实训内容】

1. 实训材料和器具

（1）菌种：酿酒酵母。

（2）仪器及用具：显微镜、血球计数板、盖玻片、吸水纸、计数器、无菌毛细滴管、擦镜纸等。

2. 操作程序　菌悬液制备→检查血球计数板→加样液→显微镜计数→清洗血球计数板。

3. 实训方法和步骤

（1）菌悬液制备：以无菌生理盐水将酿酒酵母制成浓度适当的菌悬液，以每小格内约有5～10个菌体为宜。

（2）检查血球计数板：加样前，对计数板的计数室进行镜检。如果有污染，则需清洗、吹干后才能进行使用。

（3）加样液：将清洁干燥的血球计数板盖上盖玻片，再用无菌的毛细滴管将摇匀的酵母菌悬液由盖玻片边缘滴一滴，让菌液自行渗入计数室，不要让计数室产生气泡。用吸水纸吸去沟槽中流出的多余菌悬液，静置5～10分钟。

（4）显微镜计数：将血球计数板置于显微镜载物台上，先在低倍镜下找到计数室，再转换高倍镜观察并计数。

计数时，如果计数室由16个中方格组成，按对角线方位，数左上、左下、右上、右下的4个中方格的菌数；如果计数室由25个中方格组成，除数上述4个中方格外，还需数中央1个中方格的菌数。位于格线上的菌体一般只数上方和右边线上的，以减少误差。

由于菌体在计数室中处于不同空间位置，须在不同焦距下才能观察到，故观察时要不断调节细准焦螺旋，计数菌液中全部菌体，尽量避免遗漏。对于出芽的酵母菌，芽体达到母细胞大小一半时，即可作为两个菌体计算。每个样品重复计数2～3次，每次数值不应相差过大，否则应重新操作。

（5）清洗血球计数板：使用完毕后，取下盖玻片，用蒸馏水将血球计数板冲洗干净，切勿用硬物洗刷或抹擦，以免损坏网格刻度。洗净后自行晾干或用吹风机吹干，或用95%的乙醇、无水乙醇等有机溶剂脱水使其干燥。通过镜检观察每小格内是否残留菌体或其他沉淀物，若不干净，则必须重复清洗直到干净为止。如果计数的样品是病原微生物，则须先浸泡在5%苯酚溶液中进行杀菌处理，然后再进行清洗。

【实训报告】记录并按公式计算实验结果，填入下表中。

稀释倍数	计数次数	每个中方格菌数						计数室总菌数	样液总菌数/（个/ml）
		1	2	3	4	5	平均		
	1								
	2								
	3								

【实训提示】

1. 取待测菌悬液向血球计数板加样前，须将菌悬液充分摇匀，加样时计数室不可有气泡产生。

2. 调节显微镜光线的强弱适当，否则视野中不易看清楚计数室方格线，或只见竖线或只见横线。

3. 由于生活细胞的折光率和水的折光率相近，观察时应减弱光照的强度。

【实训思考】

1. 试分析用血球计数板进行微生物细胞的计数时，误差来源有哪些？

2. 简述血球计数板进行微生物细胞计数的优缺点。

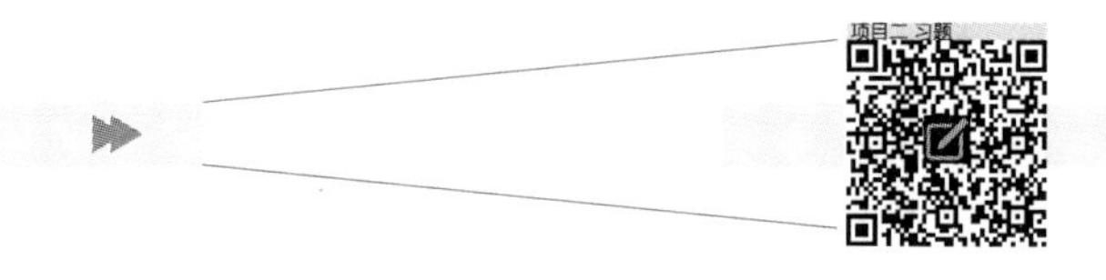

（郝瑞锋）

实训项目三

培养基制备技术

◆ 知识准备

培养基是用于人工培养与鉴定细菌、保存细菌和研究细菌生理特性等工作的重要物质基础。按其物理状态的不同，可分为液体培养基、固体培养基、半固体培养基；按其用途的差异，可分为基础培养基、加富培养基、选择培养基、鉴别培养基等。各种培养基都应满足以下要求：

1. 含有微生物需要的适宜比例的营养物质 微生物生长需要的营养物质有水、碳源、氮源、无机盐类、生长因子等。培养基不仅要求含有以上营养物质，而且各种营养物质之间的配比，特别是碳源、氮源的配比要适宜微生物的生长。

2. 适宜的酸碱度 微生物只有在适宜的酸碱度范围内才能正常生长繁殖和新陈代谢。因此，配制培养基时，应通过调节 pH，使培养基的酸碱度适合微生物的生长。

3. 一定的物理状态 培养基的物理状态有液体、固体、半固体三类。在实际应用中，应根据培养微生物的目的不同加以选择。

4. 培养基必须无菌 培养基本身如果含有各种杂菌，就会干扰所培养的微生物的正常生长、影响对微生物代谢结果的观察。因此，配制的培养基要经过灭菌处理，保证无菌才可以使用。

◆ 实训

【实训目的】

1. 熟悉培养基的基本要求及常见类型。
2. 熟练掌握常用培养基制备技术。

【实训内容】

1. 实训材料和器具

(1)试剂：牛肉膏、蛋白胨、氯化钠、琼脂、蒸馏水、1mol/L 氢氧化钠溶液、1mol/L 盐酸溶液等。

(2)仪器及用具：天平、量筒、漏斗、试管、烧杯、培养皿、锥形瓶、精密 pH 试纸、滤纸、玻璃棒、高压蒸汽灭菌锅、恒温培养箱等。

2. 操作程序 培养基配制的一般程序为：称量、溶解、矫正 pH、过滤、分装、灭菌、质量检定、保存。

(1)称量：按培养基配方准确称取各组分，放于玻璃器皿或搪瓷器皿中。

(2)溶解：搅拌或加热，使各组分成分溶解并混合均匀。加热溶解时，用玻璃棒搅拌，同时要防止加热过程中液体外溢。待原料溶解完全后，需补足蒸发掉的水分。

(3)矫正 pH：若上述培养基的 pH 与规定 pH 不符，则进行矫正。实验室常用酸（如盐酸）或碱

(如氢氧化钠)溶液,通过 pH 比色计、比色法或精密 pH 试纸等进行矫正。培养基经高压灭菌后,其 pH 降低 0.1~0.2,故在矫正 pH 时应比实际需要的 pH 高 0.1~0.2。

(4)过滤:培养基配成后若有沉渣或混浊,需过滤使其澄清透明,以便于观察和判断微生物的生长情况。①液体培养基。常用滤纸或双层纱布夹脱脂棉进行过滤。②固体培养基。加热溶化后趁热以绒布或两层纱布中夹薄层脱脂棉过滤;如培养基量大,亦可采用自然沉淀法,即将琼脂培养基盛入不锈钢锅或广口搪瓷容器内,溶化后,静置过夜,次日将琼脂倾出,用刀将底部沉渣切去,再溶化即可得清晰培养基。过滤后,液体培养基必须澄清,固体培养基应透明,无显著沉淀。

(5)分装:根据需要可把培养基分装于锥形瓶、试管等容器内,因灭菌过程中水分蒸发,若装量要求精确或灭菌后还要加入其他成分,应在灭菌后再分装于灭菌容器中。分装于试管的培养基,其装量不超过试管容积的 1/4,分装于锥形瓶的培养基,其装量不超过锥形瓶容积的 1/2。分装后,应使用棉塞或其他瓶塞,将试管口或锥形瓶口加塞,注意塞的大小、松紧要合适。加塞后,用牛皮纸和绳子包扎好瓶口或管口。用记号笔注明培养基的名称和日期等。

(6)灭菌:培养基配制后应在 2 小时内灭菌,避免其中杂菌繁殖。培养基灭菌大多采用高压蒸汽灭菌;若含有不耐高温的物质,如糖类、血清、牛乳及鸡蛋白等,则可选用间歇灭菌法;尿素、血清、腹水及其他因加热易被破坏的物质,则可使用滤菌器过滤除菌。

(7)质量检定:每批培养基制备好以后,都需要进行质量检定,符合要求后方可使用。检定的内容和要求是①无菌试验:将制备好的培养基于 36℃±1℃或 28℃±1℃培养箱内放置 24 小时,灭菌合格的培养基应无菌生长;②效果检查:将已知菌种接种在待检定培养基中,经培养后微生物应可在该培养基上生长,而且有形态、菌落、生化反应等特征典型。

(8)保存:制备好的培养基应保存在低温、避光环境,且放置时间不宜过长,以免水分散失及染菌。需氧菌、厌氧菌培养基半个月内用完,其他培养基 1 个月内用完。

3. 实训方法和步骤

(1)制备营养肉汤培养基

1)称量:按培养基配方比例依次准确称量牛肉膏、蛋白胨、氯化钠、蒸馏水放入烧杯中。

2)溶解:加热,使试剂完全溶解。

3)矫正 pH:待溶化的培养基冷却后,用精密 pH 试纸测试培养基的 pH,如果偏酸则逐滴加入 1mol/L 氢氧化钠溶液并不断搅拌,随时用 pH 试纸测其 pH,直至 pH 7.4~7.6;如果偏碱则逐滴加入 1mol/L 盐酸,以同样的方式调至 pH 7.4~7.6。

4)过滤与分装:用滤纸过滤后分装,可分装至试管或锥形瓶内。分装高度以试管高度的 1/4 左右为宜,锥形瓶一般以不超过容量的 1/2 为宜。分装后在试管口或锥形瓶口加塞,并用 1~2 层牛皮纸将塞部包扎好。用记号笔标记培养基名称、组别、配制日期等。

5)灭菌:把培养基置高压蒸汽灭菌器内,121℃灭菌 20~30 分钟。

6)无菌检测:把已灭菌培养基抽样放入恒温培养箱(36℃)中培养 24~48 小时,检测是否彻底灭菌,证明无菌生长后方可使用。

(2)制备固体培养基:首先按上述方法配制 pH 7.4~7.6 的营养肉汤培养基,然后按比例(2%~

2.5%）加入琼脂，加热使之完全溶化后分装。若是制备琼脂平板，则分装于锥形瓶中，高压蒸汽灭菌后再分装于无菌平皿中；若是制备琼脂斜面，则分装于试管中，高压蒸汽灭菌后趁热摆成斜面。

（3）制备半固体培养基：首先按上述方法配制 pH 7.4～7.6 的营养肉汤培养基，然后按比例（0.2%～0.3%）加入琼脂，加热使之完全溶化后分装于试管，以不超过试管高度的1/3为宜。灭菌后直立冷却即可。

【实训报告】 记录培养基配制的相关信息，包括培养基的名称、配方、pH、灭菌温度与时间、质量检定结果等。

培养基名称	配方	pH	灭菌温度、时间	无菌试验结果

【实训提示】

1. 要严格按配方配制。

2. 调 pH 时不要过量，以免回调时影响培养基内各种离子的浓度。

3. 分装培养基时，不要使培养基黏在管（瓶）口，以免玷污棉塞引起污染。

4. 灭菌后的培养基进行分装时，必须使用近期严格灭菌的试管（包括棉塞）或平皿，并在无菌环境中完成。

ER-J3-1

脱水培养基

【实训思考】

1. 归纳制备培养基的一般流程。

2. 某小组制备的固体培养基冷却后没有凝固，试分析出现该现象的原因。

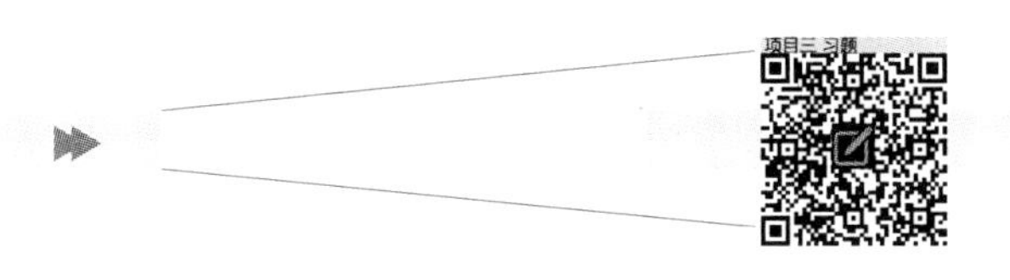

（史正文）

实训项目四

微生物培养与鉴定技术

任务一　微生物接种与培养

◆ 知识准备

将微生物的纯种移植到培养基上或生物体内的操作技术称之为接种。接种技术是微生物实验室及科学研究中的一项最为常见的基本操作，微生物的分离、纯化、培养鉴定等离不开接种技术。结合培养基类型、培养目的等，实验室常用的接种方法有平板涂布接种法、平板划线法、穿刺法、倾注平板法、点植法等。

微生物的生长繁殖需要充足的营养、适宜的温度、合适的酸碱度、必要的气体环境等。不同微生物需要的条件不尽相同，根据微生物对气体环境要求的差异，实验室常用的培养方法有有氧培养、厌氧培养、二氧化碳培养等。

经培养后，微生物将生长繁殖并形成一定的生长现象。不同种类的细菌在固体平板、半固体、液体等培养基中，可表现出不一样的生长现象，观察其生长现象有助于鉴定鉴别。

微生物广泛分布于自然界和人体内。进行微生物接种、培养等操作时，必须严格进行无菌操作，以防止环境或人体内的微生物污染操作对象（标本或实验材料等），同时也可防止操作对象中的微生物对环境造成污染，甚至对操作人员造成感染。

◆ 实训

【实训目的】

1. 熟练掌握常用的细菌接种方法和培养方法。
2. 牢固建立无菌操作的理念。
3. 正确进行细菌生长结果的观察与分析。

【实训内容】

1. 实验材料和器具

（1）菌种：大肠埃希氏菌、金黄色葡萄球菌、枯草芽孢杆菌等（可根据实际情况选用菌种）。

（2）培养基：营养琼脂平板、血液琼脂平板、半固体琼脂、营养肉汤等。

（3）仪器及用具：酒精灯、接种工具、恒温培养箱等。

2. 操作程序　细菌接种与培养的基本程序为：接种工具灭菌→（待冷却后）取细菌菌种→接种

于培养基(不同的接种方法此步骤略有不同)→接种工具灭菌→细菌培养。

3. **实训方法与步骤**

(1)平板划线接种:标本中混杂的多种细菌通过在平板上划线可被分散呈单个,并在平板表面生长繁殖形成单个菌落,这是获得细菌纯培养的有效方法。常用平板划线接种法有连续划线、分区划线等。

1)连续划线法:此法适用于含菌量较少的标本。方法是①右手持接种环,烧灼灭菌并冷却后,挑取少量细菌标本;②左手持平板,打开平皿盖(平皿盖与平皿底成45°~50°角),接种环轻轻地干平板培养基表面任一边缘处密集涂布(原始区);③将接种环与平板保持30°~40°角,运用腕力以"Z"字形在培养基表面来回作不重叠连续划线,直至划完整个平板(实训图4-1)。注意线与线之间的距离不宜太近或太远;④接种完成后,接种环(针)烧灼灭菌并放回。

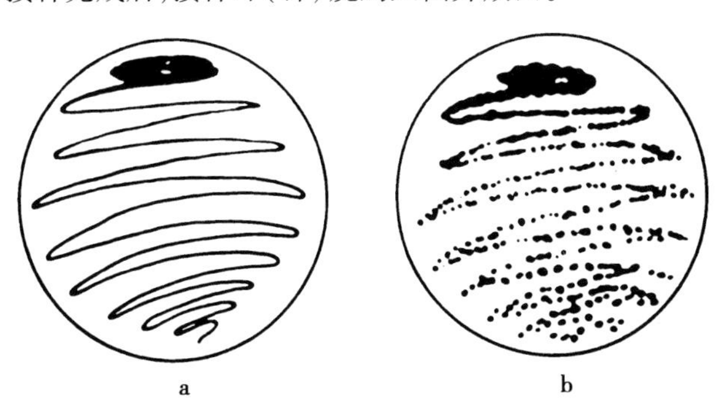

a—平板连续划线法;b—培养后菌落分布。

实训图4-1　平板连续划线法示意图

2)分区划线法:此法适用于杂菌量较多的标本。方法是①用已烧灼灭菌的接种环挑取少量细菌标本,在平板培养基表面任一边缘处涂抹,再以"Z"字形不重叠连续划线作为第一区,其范围不超过平板的1/4;②将平板旋转适当角度,烧灼灭菌接种环,待冷却后于第二区以相同方法再作连续划线,在开始划线时与第一区的划线相交数次;③将接种环烧灼灭菌,继续按上述方法,分别划出第三区或第四区(实训图4-2);④接种完成后,接种环(针)烧灼灭菌并放回。

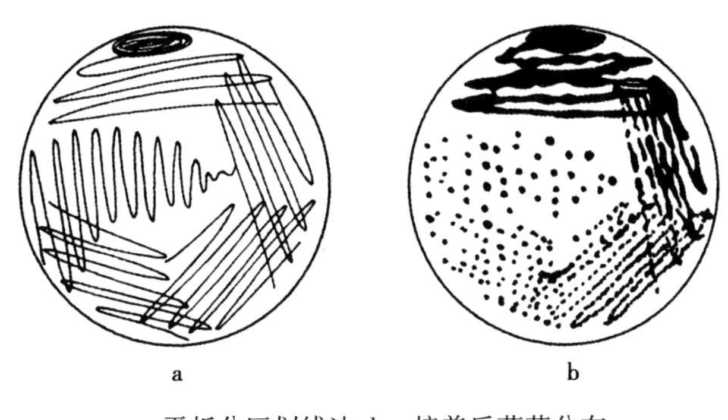

a—平板分区划线法;b—培养后菌落分布。

实训图4-2　平板分区划线法示意图

(2)斜面接种法:斜面接种法主要用于接种纯菌,使其增殖后用以鉴定或保存菌种用。操作方法①将菌种管与琼脂斜面管并排握于左手,让2支试管底部在掌心位置,管口朝向火焰并停留在其无菌操作区内;②右手持接种环(或接种针)在火焰上灼烧灭菌后,维持在火焰旁的无菌操作区域内稍加冷却;③用右手的小指和手掌边之间及无名指和小指之间夹住2支试管的棉塞将其拔出,试管口通过火焰灭菌，然后停留在火焰旁的无菌操作区域内。棉塞应始终夹在手中，如掉落须更换无菌棉塞；④将灭菌接种环伸入菌种管中沾取细菌菌种，然后迅速插入琼脂斜面管，自斜面底部开始向上作“Z”形划线至斜面上方（实训图 4-3）；⑤接种完毕，抽出接种环（针），试管口与棉塞过火焰，然后塞回棉塞；⑥接种环（针）烧灼灭菌并放回。

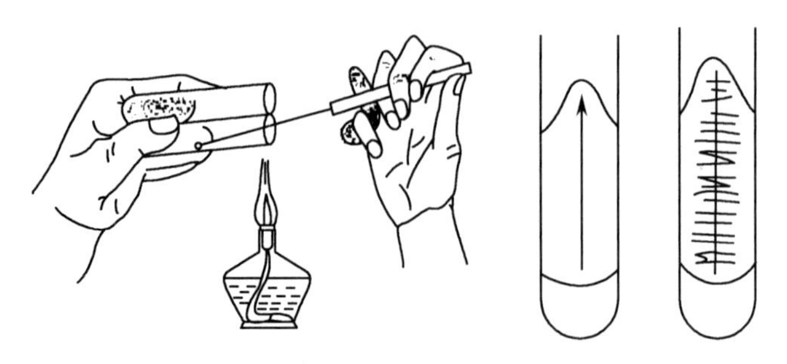

实训图 4-3　琼脂斜面接种法示意图

（3）液体接种法：液体接种法多用增菌液进行增菌培养，也可用纯培养菌接种液体培养基进行生化试验，其操作方法与注意事项与斜面接种法基本相同（实训图 4-4）。①接种环（针）烧灼灭菌后沾取菌落或菌液；②在管内靠近液面试管壁上将菌种轻轻研磨并振荡；③取出接种环（针），2 支试管口再次通过火焰灭菌，将棉塞塞回试管；④接种环（针）灭菌并放回。

液体标本也可根据需要用无菌吸管、滴管或注射器吸取适量液体标本，移至新液体培养基即可。

（4）穿刺接种法：适用于半固体培养基及高层斜面培养基的接种。操作方法是①用接种针沾取少量待接菌种，然后从柱状半固体培养基的中心垂直穿入其底部（不要穿透），然后沿原刺入路线抽出接种针，注意接种针不要移动（实训图 4-5）；②接种完成后，接种针灭菌并放回。

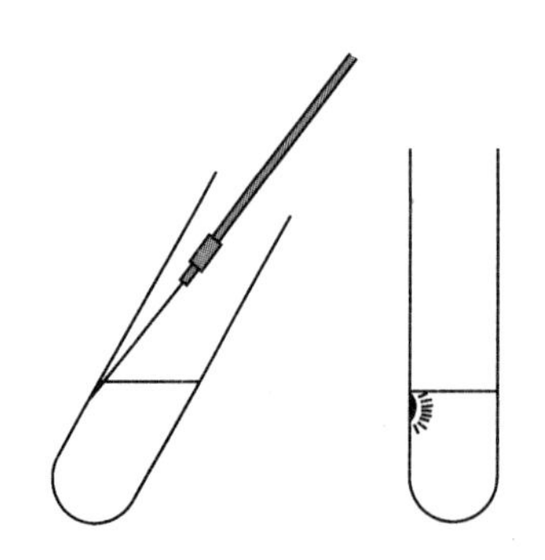

实训图 4-4　液体培养基接种法示意图

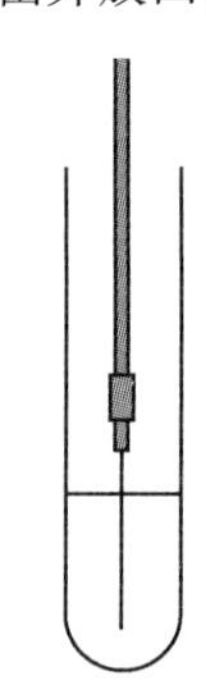

实训图 4-5　穿刺接种法示意图

（5）细菌培养：将上述已接种细菌菌种的培养基按适宜的方法进行培养。①有氧培养法。用于需氧或兼性厌氧菌的培养。将已接种细菌的培养基置于 36℃培养箱中培养 18~24 小时。②二氧化碳培养法。适用于培养某些需要一定浓度的 CO_2 才能生长的细菌（如脑膜炎奈瑟菌等）。常见的方法有二氧化碳培养箱培养法、烛缸法、化学法等。③厌氧培养法。用于专性厌氧菌的培养，常用方法有庖肉培养基法、焦性没食子酸法、厌氧罐法、厌氧气袋法、厌氧培养箱等。

（6）细菌生长现象：将细菌接种到培养基中，一般经 36℃±1℃培养 18~24 小时后，可用肉眼观察细菌的生长现象，不同细菌在不同的培养基中的生长现象不同。

1）细菌在液体培养基中有三种生长现象：①均匀混浊生长。大多数细菌呈这种生长现象，如葡萄球菌。②沉淀生长。少数呈链状生长的细菌在液体培养基中沉淀在底部，如链球菌。③菌膜生长。专性需氧菌对氧浓度要求较高，多在液体培养基表面生长，浮在液体表面形成菌膜，如枯草芽孢杆菌、结核分枝杆菌等。

2）细菌在半固体培养基中的生长现象：将细菌穿刺接种于半固体培养基中有两种生长现象。①扩散生长。有鞭毛的细菌可沿穿刺线向四周扩散生长，呈放射状或云雾状。②沿穿刺线生长。没有鞭毛的细菌不能运动，只沿穿刺线生长，周围的培养基澄清透明。根据穿刺线的特征，可以判断细菌有无动力。

3）细菌在固体培养基中的生长现象：①菌落。单个细菌在固体培养基上经过分离培养 18~24 小时后生长繁殖，形成肉眼可见的细菌集团称为菌落。由于细菌种类不同，形成菌落的大小、形状、颜色、边缘、表面光滑度、透明度、湿润度以及在血平板上的溶血情况等都有所不同，根据这些特征可以作为初步鉴别细菌的依据。②菌苔。许多菌落融合在一起称为菌苔。

【实训报告】 观察记录所有接种培养的微生物的形态特征、生长情况等。

培养基	菌名	接种方法	接种工具	培养条件	培养结果
液体培养基					
半固体琼脂					
固体琼脂斜面					

【实训提示】

1. 严格无菌操作，培养基及接种环距离酒精灯不能太远。最好在超净工作台或生物安全柜内进行接种。

2. 接种前应确定培养基无污染（如液体培养基应澄清、透明）。

3. 接种时，平板或试管口切勿对着操作者口鼻，以避免遭到呼吸道中的杂菌污染。

4. 平板划线时，应注意接种环与培养基表面的角度（30°~45°），不能用力过大，应运用腕力在培养基表面轻轻滑行，避免划破培养基，影响实验结果。

5. 应根据细菌对气体、温度等条件的需求，选择合适的培养方法。培养时，平板应倒置于培养箱内，且培养箱内平板堆放不宜过多过挤。

【实训思考】

1. 用平板划线法进行菌种分离的原理是什么？

2. 要防止平板被划破应采取哪些措施？

3. 无菌操作的要点主要有哪些方面？

（许秋菊）

任务二 生化试验鉴定技术

◆ 知识准备

微生物在酶的催化下可利用底物产生相应的代谢产物，可用生物化学方法加以检测。检测代谢产物的生物化学方法称为生化试验。

生化试验的基本原理是：不同微生物具有不同的酶类，因而对底物的分解能力各异，代谢产物也不尽相同。因此，不同种类的微生物，其生化试验结果也有所不同，因而生化试验有助于微生物的鉴定与鉴别。

生化试验在食品细菌学检验工作中有着重要意义。常用的生化试验有：检测糖分解产物的糖发酵试验、甲基红试验、VP试验等；检测蛋白质分解产物的靛基质试验、硫化氢试验、尿素酶试验等；检测其他物质分解产物的枸橼酸盐（柠檬酸盐）利用试验，以及复合生化反应，如TSI试验等。

◆ 实训

【实训目的】

1. 掌握细菌的主要生化反应鉴定原理。
2. 正确进行常见生化反应的操作和结果判断。
3. 学习应用生化反应鉴定细菌。

【实训内容】

1. 实验材料和器具

（1）菌种：大肠埃希氏菌、产气肠杆菌、变形杆菌、沙门氏菌等。

（2）培养基与试剂：葡萄糖发酵培养基、乳糖发酵培养基、蛋白胨水、葡萄糖蛋白胨水、柠檬酸盐培养基、三糖铁（TSI）斜面培养基、靛基质试剂、甲基红指示剂、VP试剂等。

（3）仪器及用具：超净工作台、恒温培养箱、接种针（环）、酒精灯或红外灭菌器、记号笔等。

2. 操作程序 不同生化试验的操作略有不同，基本程序是：待检细菌→接种至鉴别培养基→置于培养箱培养→（滴加相应试剂）→观察、判断结果。

3. 实验方法和步骤

（1）糖类发酵试验

1）接种与培养：以无菌操作将大肠埃希氏菌和变形杆菌分别接种到葡萄糖、乳糖发酵培养基中，然后置于36℃±1℃恒温培养箱中，培养18~24小时后观察结果。

2）结果观察：若细菌能分解培养基中的糖产酸产气，则培养基（其中的指示剂为溴甲酚紫）变黄色、培养基中倒置小导管中有气泡或固体培养基有裂隙，反应结果用符号“⊕”表示。若分解糖只产酸不产气，则培养基变黄、导管中无气泡（固体培养基不出现裂隙），反应结果用“+”表示；若不分解糖，则发酵管不变色、导管中无气泡，反应结果用“-”表示。

糖发酵试验

（2）靛基质试验

1）接种与培养：无菌操作将大肠埃希氏菌和产气肠杆菌分别接种到蛋白胨水中，然后置于36℃±1℃恒温培养箱中培养18～24小时。取出培养物，沿试管壁加入靛基质试剂（对二甲基氨基苯甲醛溶液）0.5ml。

2）结果观察：试剂与培养基接触面出现玫瑰红色者为阳性结果，用“+”表示；不出现红色者为阴性结果，用“-”表示。

靛基质试验

（3）甲基红试验

1）接种与培养：将大肠埃希氏菌和产气肠杆菌分别接种于葡萄糖蛋白胨水中，然后置于36℃±1℃恒温培养箱中培养18～24小时。取出培养物，滴加甲基红试剂（每毫升培养基中滴加试剂1滴）。

甲基红试验

2）结果观察：培养基呈红色者为阳性结果，用“+”表示；培养基呈黄色者为阴性结果，用“-”表示。

（4）VP试验

1）接种与培养：将大肠埃希氏菌和产气肠杆菌分别接种于葡萄糖蛋白胨水培养基中，然后置于36℃±1℃恒温培养箱中培养18～24小时。取出培养物，滴加VP试剂（每毫升培养基滴加VP试剂0.1ml），充分混匀。

VP试验

2）结果观察：培养基出现红色者为阳性结果，用“+”表示；不出现红色者为阴性结果，用“-”表示。

（5）柠檬酸盐利用试验

1）接种与培养：将大肠埃希氏菌和产气肠杆菌分别接种于柠檬酸盐培养基中，然后置于36℃±1℃恒温培养箱中培养18～24小时。

柠檬酸盐利用试验

2）结果观察：取出培养物观察，培养液呈深蓝色，且有细菌生长者为阳性结果，用“+”表示；培养液未变色，或无细菌生长者为阴性结果，用“-”表示。

（6）尿素酶试验

1）接种与培养：将变形杆菌和沙门氏菌分别接种至尿素培养基（含酚红指示剂）中，然后置于36℃±1℃恒温培养箱中培养18～24小时。

尿素酶试验

2）结果观察：取出培养物观察，培养液呈深蓝色，且有细菌生长者为阳性结果，用“+”表示；培养液未变色，或无细菌生长者为阴性结果，用“-”表示。

（7）TSI试验

1）接种与培养：用接种针挑取待检细菌，穿刺接种到TSI斜面培养基深层（距管底3～5mm为宜），再将接种针从深层向上提起，在斜面由下至上呈“Z”形划线，然后将培养基置于36℃±1℃恒温培养箱中培养18～24小时。

2）结果观察：分别观察培养基底层和斜面部分。培养基斜面变黄表示细菌发酵乳糖、蔗糖产酸，以“A”表示该结果；呈红色为不发酵乳糖、蔗糖，以“K”表示该结果。培养基底层变黄为发酵葡萄糖产酸，以“A”表示该结果，若出现裂隙或气泡，则为发酵葡萄糖产气；呈红色为不发酵葡萄糖，以“K”表示该结果；培养基底层有黑色沉淀，

TSI试验

则为硫化氢试验阳性。

【实训报告】

将上述生化试验结果填入下表内。

1. 糖发酵试验

菌名	葡萄糖发酵培养基			乳糖发酵培养基		
	颜色	气体	结果	颜色	气体	结果

2. IMViC 尿素酶试验

试验	靛基质（I）	甲基红（M）	VP（Vi）	柠檬酸盐（C）	尿素酶

3. TSI 试验

菌名	斜面		底层			
	颜色	乳糖、蔗糖	颜色	葡萄糖	产气	H_2S

【实训提示】

1. 糖发酵培养基内装的小导管在接种细菌前应无气泡存在，否则不能使用。

2. 靛基质试剂应沿管壁缓缓加入，稍待片刻即观察液面上是否出现红色，之后红色化合物会逐渐扩散，以致不清晰。

3. 滴加 VP 试剂后要充分摇匀，必要时，再置于 35℃、30 分钟后观察是否有红色化合物出现。

4. 一般生化反应培养时间为 18~24 小时，对迟缓反应需观察 2~3 天。

【实训思考】

1. 简述生化试验在食品细菌学检验中的意义。
2. 试述常用生化试验的原理。

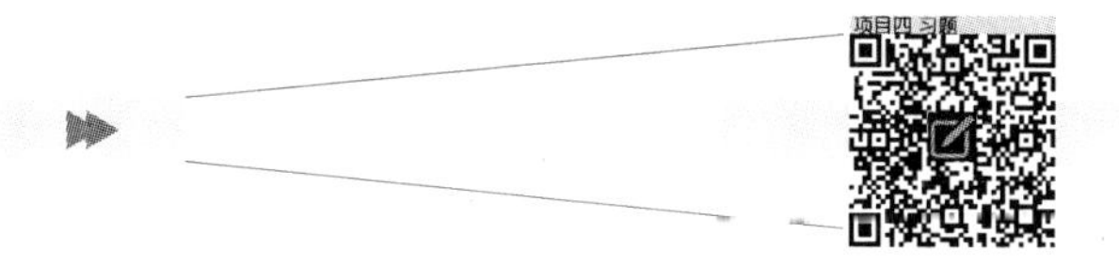

（王红梅）

实训项目五

食品的常规卫生学检验

任务一　食品中菌落总数的检测

◆ 知识准备

（一）菌落总数的概念与卫生学意义

菌落总数通常是指在检样经过适当处理，在一定条件下培养后，单位质量（g）、容积（ml）或表面积（cm^2）内所形成的需氧或兼性厌氧菌菌落的总数。

食品中菌落总数的卫生学意义主要体现在3个方面。第一，可作为食品被细菌污染程度的标志（或食品清洁状态的标志）。它反映食品在生产过程中是否符合卫生要求，以便对被检样品做出适当的卫生学评价。菌落总数的多少在一定程度上标志着食品卫生质量的优劣。食品中细菌数量越多，说明食品被污染的程度越重、越不新鲜，对人体健康威胁越大；相反，食品中细菌数量越少，说明食品被污染的程度越轻，食品卫生质量越好。第二，可以应用这一方法观察细菌在食品中繁殖的动态，以便对被检样品进行卫生学评价时提供依据。在我国的食品卫生标准中，针对各类不同的食品分别制定出了不允许超过的数量标准，借以控制食品污染的程度、保证食品未发生腐败。第三，它可用来预测食品贮藏期限（保质期）。食品中细菌数量越少，食品存放的时间就越长。相反，食品的可存放时间就越短。如菌落数为10^5CFU/cm^2的牛肉在0℃时可存放7天，而菌落数为10^2CFU/cm^2时，在同样条件下可存放18天；在0℃时菌落数为10^5CFU/cm^2的鱼可存放6天，而菌落数为10^3CFU/m^2时，则存放时间可延长至12天。

（二）菌落总数测定的原理

目前最常用的菌落总数测定方法是平板菌落计数法，这是一种活菌计数法，也是我国食品安全标准中菌落总数测定规定采用的方法。此法是指食品样品经过处理，在严格规定的条件下（如培养基成分、培养温度和时间、pH和气体环境等），所得1ml（或g、cm^2）检样中所含菌落的总数。

测定食品中菌落总数时，先将食品检样进行10倍递增稀释，以降低细菌密度，使细菌能够在琼脂中分散呈单个状。然后根据检样的污染程度选择其中的2~3个适宜稀释度，分别取出一定量的样品稀释液，在无菌平皿内与平板计数琼脂混合，在规定的条件下培养后，计算菌落总数。从理论上来说，一个细菌细胞在琼脂培养基中生长繁殖将长出一个肉眼可见的菌落，故计算菌落数即可推断出菌体数。而实际上在琼脂平板上形成的一个菌落，可能由一个细菌繁殖形成，也可能由一个以上的细菌繁殖形成，所以最终以菌落形成单位数（colony forming unit，CFU）来报告。

食品中菌落总数测定的结果并不表示样品中实际存在的所有细菌数量，而仅仅是包含在给定生长条件下可生长的细菌数量，即一群能在平板计数琼脂中生长的嗜中温性需氧、兼性厌氧或微需氧菌的菌落总数量。换言之，样品中的专性厌氧菌、有特殊营养要求及非嗜中温细菌由于不能生长，因而并未包含计数内。尽管如此，食品中一般以易培养、中温、需氧或兼性厌氧的细菌占绝大多数，同时它们对食品的影响也最大，所以在食品的细菌总数测定时采用国家标准规定的方法是可行的，而且已得到公认。

◆ 实训

【实训目的】

1. 掌握菌落总数的检测原理。
2. 熟练掌握无菌操作技术。
3. 掌握菌落总数的检测方法。
4. 正确进行菌落总数检测结果的处理和报告。

【实训内容】

1. 实验材料和器具

(1)检测样品：面包制品等。

(2)培养基与试剂：平板计数琼脂培养基、磷酸盐缓冲液、无菌生理盐水。

(3)仪器及用具：均质器、天平、超净工作台、恒温培养箱、恒温水浴锅、振荡器(漩涡仪)、均质杯(袋)；无菌吸管(1ml、10ml)或移液器、无菌平皿、锥形瓶、试管、酒精灯等。

2. 检验程序

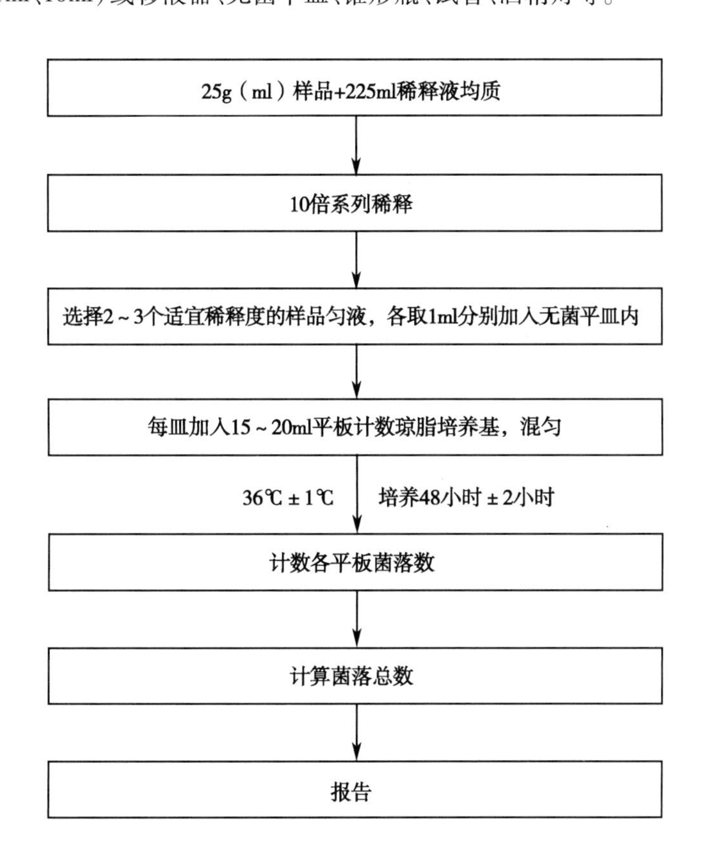

3. 实验方法和步骤

（1）样品稀释

1）固体和半固体样品：无菌操作称取25g样品，放入盛有225ml无菌磷酸盐缓冲液或生理盐水的均质袋（杯）内，均质1～2分钟，制成1∶10的样品匀液。

2）液体样品：无菌吸管吸取25ml样品，注入盛有225ml无菌磷酸盐缓冲液或生理盐水的无菌锥形瓶（瓶内预置适当数量的无菌玻璃珠）中，充分振摇混匀，制成1∶10的样品匀液。

用1ml无菌吸管或微量移液器吸取1∶10样品匀液1ml，沿管壁缓慢注入盛有9ml稀释液的试管中（注意吸管或吸头尖端不要触及稀释液面），振摇试管或换用1支无菌吸管反复吹打使其混合均匀，制成1∶100的样品匀液。同法稀释得1∶1 000、1∶10 000样品匀液备用。每递增稀释一次，换用1次1ml无菌吸管或吸头。

（2）加样：根据对样品污染状况的估计，选择2～3个适宜稀释度，分别取其中的样品匀液（液体样品，可包括原液）1ml，注入无菌平皿内，每个稀释度做2个平皿。同时，分别吸取1ml空白稀释液加入两个无菌平皿内作空白对照。

（3）倾注培养基：在已加样的平皿中分别加入已融化并冷却至46℃左右的平板计数琼脂15～20ml，并转动平皿使其混合均匀后，平置于操作台面。

（4）培养：待琼脂凝固后，将平板翻转，倒置于36℃±1℃培养48小时±2小时后观察结果。

（5）结果观察与菌落计数：取出平板，逐一观察各平板中的培养结果及菌落数量，必要时用放大镜或菌落计数器帮助观察计数。菌落计数以菌落形成单位（CFU）表示。

选取菌落数在30～300CFU之间的平板作为菌落总数测定标准，计数其中菌落总数。低于30CFU的平板记录具体菌落数，大于300CFU的可记录为多不可计。每一稀释度应采用两个平板的平均菌落数。若平板有较大片状菌落生长时，则不宜采用；若片状菌落不到平板的一半，而其余一半中菌落分布又很均匀，即可计算半个平板后乘以2，代表一个平板菌落数。当平板上出现菌落间无明显界线的链状生长时，则将每条单链作为一个菌落计数。

（6）菌落总数的计算

1）若只有一个稀释度平板上的菌落数在30～300CFU之间，计算2个平板菌落数的平均值，再乘以相应稀释倍数，即为每克（或每毫升）样品中菌落总数结果。

2）若有两个连续稀释度的平板菌落数在适宜计数范围内时（实训图5-1），按公式（1）计算：

$$N=\frac{\sum C}{(n_1+0.1n_2)d} \qquad \text{公式(1)}$$

式中：N——样品中菌落数；C——平板（含适宜范围菌落数的平板）菌落数之和；n_1——第一稀释度（低稀释倍数）平板个数；n_2——第二稀释度（高稀释倍数）平板个数；d——稀释因子（第一稀释度）。

3）若所有稀释度的平板上菌落数均大于300CFU，则取稀释度最高的平板，计数平均菌落数，乘以相应稀释倍数。

4）若所有稀释度的平板菌落数均小于30CFU，则取稀释度最低的的平板，计数平均菌落数，乘以相应稀释倍数。

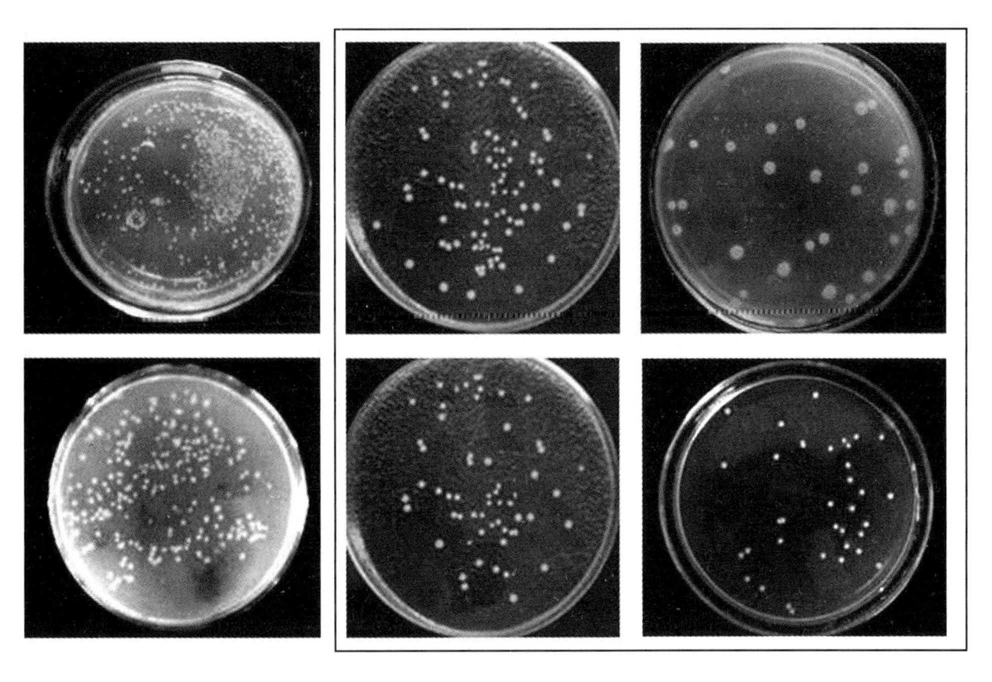

实训图 5-1　菌落培养结果

5）若所有稀释度（包括液体样品原液）平板均无菌落生长，则以小于 1 乘以最低稀释倍数报告。

6）若所有稀释度的平板菌落数均不在 30～300CFU 之间，且其中一部分小于 30CFU 或大于 300CFU 时，则取最接近 30CFU 或 300CFU 的平均菌落数乘以相应稀释倍数。

（7）菌落总数的报告：若计算结果<100，按“四舍五入”修约，以整数报告；若计算结果大于或等于 100，第 3 位数字采用“四舍五入”修约后，取前 2 位有效数字，后面位用 0 代替数，也可以 10 的指数形式来表示；若所有平板上为蔓延菌落而无法计数，则报告菌落蔓延；若空白对照上有菌落生长，则此次检测结果无效。

菌落总数测定的最终结果以 CFU/g（ml）为单位报告。

【实训报告】记录、报告本次实训结果（实训表 5-1）。

实训表 5-1　食品中菌落总数检测记录及报告

<table>
<tr><td>样品名称</td><td colspan="3"></td><td>检测项目</td><td></td><td>检测日期</td><td></td></tr>
<tr><td>样品编号</td><td colspan="3"></td><td>样品数量</td><td></td><td>样品状态</td><td>□固体
□液体</td></tr>
<tr><td>检测依据</td><td colspan="3"></td><td>取样方法</td><td></td><td>报告日期</td><td></td></tr>
<tr><td>参加人员</td><td colspan="4"></td><td>主要仪器</td><td colspan="2"></td></tr>
<tr><td rowspan="3">检测记录</td><td>稀释度</td><td></td><td></td><td colspan="2"></td><td colspan="2">空白对照</td></tr>
<tr><td rowspan="2">菌落数</td><td></td><td></td><td colspan="2"></td><td colspan="2"></td></tr>
<tr><td></td><td></td><td colspan="2"></td><td colspan="2"></td></tr>
<tr><td rowspan="2">结果计算</td><td colspan="5">计算公式</td><td colspan="2">检测结果/（CFU/g 或 ml）</td></tr>
<tr><td colspan="5"></td><td colspan="2"></td></tr>
<tr><td>检测报告</td><td colspan="7"></td></tr>
</table>

【实训提示】

1. 样品稀释时，吸管或吸头尖端不要触及稀释液面。每递增稀释一次，必须另换 1 支无菌吸管或吸头，以保证样品稀释倍数的准确性。

2. 样品稀释液中带有食品颗粒时，为避免与细菌菌落混淆，可进行样品对照，即样品匀液与培养基混合均匀后，置 4℃ 环境，在结果计数时用于对照。

3. 培养基凝固后，应尽快将平皿翻转培养，避免琼脂表面形成冷凝水，导致菌落蔓延生长，影响计数。必要时，可在凝固后的琼脂表面再覆盖一薄层琼脂培养基，凝固后翻转平板培养。

4. 如果平板上菌落太多，难以计数时，则在最高稀释度平板上任意选取 2 个 $1cm^2$ 的面积，计算菌落数，并求出每平方厘米面积内的平均菌落数，乘以 63.6（皿底面积平方厘米数），作为该平板上的菌落数。

5. 如果平板上出现链状菌落，菌落间没有明显的界线，这可能是琼脂与检样混匀时，一个细菌块被分散所造成的。一条链作为一个菌落计。若培养过程中遭遇昆虫侵入，在昆虫爬行过的地方也会出现链状菌落，也不应分开计数。

6. 进行菌落计数时，检样中的霉菌和酵母菌不应计数。

7. 待检样品若为水产品，则放 30℃ ±1℃ 培养 72 小时±3 小时。

【实训思考】

1. 细菌培养时，为什么要将琼脂平板倒置于培养箱内？

2. 菌落总数的测定结果如下：1∶10 稀释度的平均菌落数多不可计；1∶100 稀释度的平均菌落数分别为 272、280；1∶100 稀释度的平均菌落数分别为 53、48。应如何计数和计算结果？写出计算过程。

3. 菌落总数测定的结果中，单位 CFU 的含义是什么？

（张　颖）

任务二　食品中大肠菌群的检测

◆ 知识准备

（一）大肠菌群的定义与范围

大肠菌群是指一群在 37℃ 能发酵分解乳糖产酸产气、需氧及兼性厌氧的革兰氏阴性无芽孢杆菌。它并非细菌学中的分类命名，也不是一个具体的细菌种类，而是从卫生细菌领域提出来的一群与粪便污染有关的细菌，这些细菌在生化反应及血清学方面不完全一致。大肠菌群包含细菌种类繁多，主要有肠杆菌科中的大肠埃希氏菌属、柠檬酸杆菌属、克雷伯菌属和肠杆菌属等，其中以埃希氏菌属为主，被称为典型大肠菌群，其他三属习惯上被称为非典型大肠菌群。

（二）大肠菌群的卫生学意义

大肠菌群是作为粪便污染指标菌提出来的。大肠菌群广泛分布在自然界中，也存在于人和温血动物肠道，可随其粪便排出至环境中，所以，一般认为，食品中大肠菌群都是直接或间接来自于人类和动物粪便，可提示食品受到粪便污染程度。

作为食品被粪便污染的理想指标菌应具备以下特征：①仅来自于人或动物的肠道，并在肠道中的数量极大；②在肠道以外的环境中，其抵抗力与肠道致病菌相似或更强，能在体外环境生存，且生存时间与肠道致病菌大致相同或稍长；③培养、分离鉴定比较容易；④繁殖速度与肠道致病菌大致相同。在食品贮藏条件下，指示菌不应繁殖很快，否则无法推测食品实际污染致病菌和粪便污染的程度。大肠菌群比较符合以上要求，因此目前被国内外广泛用于评价食品卫生质量、反映食品被粪便污染情况。

检测大肠菌群对食品安全的卫生学意义在于：第一，它可作为粪便污染食品的指标菌。大肠菌群数的高低，表明了食品被粪便污染的程度和对人体健康危害性的大小。如食品有典型大肠菌群存在，即说明受到粪便近期污染，这主要是由于典型大肠菌群常存在于排出不久的粪便中；非典型大肠埃希菌主要存在于陈旧粪便中。第二，它可以作为肠道致病菌污染食品的指标菌。食品安全性的主要威胁是肠道致病菌，如沙门氏菌属、志贺菌等。肠道病患者或带菌者的粪便中，有大肠菌群，也有肠道致病菌存在，若对食品逐一进行肠道致病菌检验有一定困难，而大肠菌群相对容易检测，且与肠道致病菌有相同来源，故常用其作为肠道致病菌污染食品的指示菌，当食品中检出大肠菌群数量越多，肠道致病菌存在的可能性就越大。

（三）大肠菌群检测的原理

食品中大肠菌群的检测主要是依据国家标准 GB4789.3 中规定的方法，包括大肠菌群 MPN 计数法（第一法）和大肠菌群平板计数法（第二法），其中第一法适用于大肠菌群含量较低的样品，第二法适用于大肠菌群含量较高的样品。

MPN（most probable number）计数法是统计学和微生物学结合的一种定量检测法，是基于泊松分布的一种间接计数方法。待测样品经系列稀释后，于一定数量的培养基中通过初发酵、复发酵试验，根据证实为大肠菌群阳性的管数，查询 MPN 检索表，从而得知 1g 或 1ml 食品中大肠菌群活菌密度的估测值，即大肠菌群最可能数（MPN）。

平板计数法运用 VRBA 琼脂培养基来分离样品中的大肠菌群。该培养基中含有胆盐、结晶紫等抑菌剂，可抑制革兰氏阳性菌等杂菌，而有利于大肠菌群的生长。培养基中还含有乳糖、中性红指示剂，大肠菌群可分解乳糖产酸，而使中性红指示剂呈红色或紫红色，因此，培养后如平板上出现能发酵乳糖产生紫红色菌落时，说明样品稀释液中存在符合大肠菌群的定义的细菌。由于还有其他少数细菌也符合这样的特性，故需用 BGLB 培养基进一步进行验证。

◆ 实训一　大肠菌群 MPN 计数法

【实训目的】

1. 理解大肠菌群 MPN 法的检测原理。
2. 掌握大肠菌群检测 MPN 法。
3. 正确进行大肠菌群 MPN 法检测结果的报告。

【实训内容】

1. 实验材料和器具

(1)检测样品:面包制品。

(2)培养基与试剂:月桂基硫酸盐胰蛋白胨(lauryl sulfate tryptose,LST)肉汤、煌绿乳糖胆盐(Brilliant Green Lactose Bile,BGLB)肉汤、磷酸盐缓冲液、无菌生理盐水等。

(3)仪器及用具:均质器、天平、超净工作台、恒温培养箱、振荡器(漩涡仪)、均质杯(袋)、无菌吸管(1ml、10ml)或移液器、锥形瓶、试管、酒精灯等。

2. 检验程序

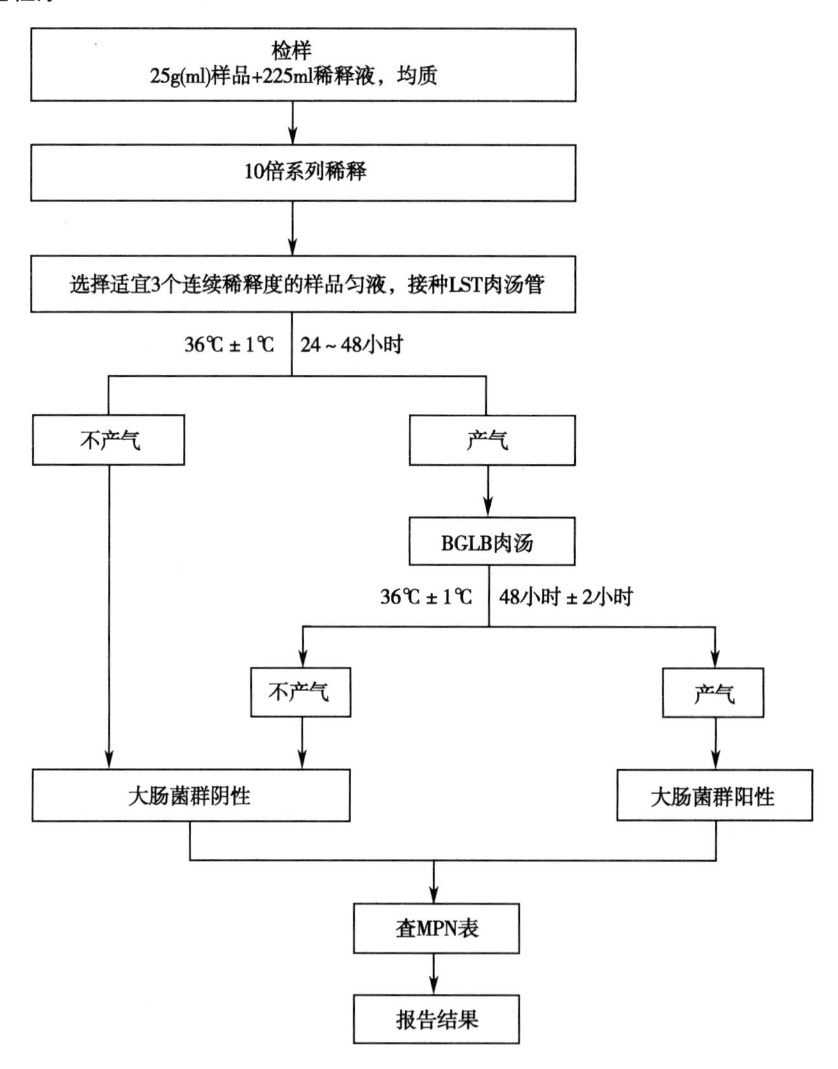

3. 实验方法和步骤

(1)样品稀释:无菌称取25g样品,置于盛有225ml磷酸盐缓冲液或生理盐水的均质袋(杯)内,均质1~2分钟,或放入盛有225ml稀释液的无菌均质袋中,用拍击式均质器拍打1~2分钟,制成1∶10的样品匀液。

样品匀液的pH应在6.5~7.5之间,必要时分别用1mol/L NaOH或1mol/L HCl调节。

用1ml无菌吸管或微量移液器吸取1∶10样品匀液1ml,沿管壁缓慢注入盛有9ml磷酸盐缓冲液或生理盐水的试管中，振摇试管或换用 1 支无菌吸管反复吹打使其混合均匀，制成 1∶100 的样品匀液。同法稀释得 1∶1 000、1∶10 000……样品匀液备用。每递增稀释一次，换用 1 次 1ml 无菌吸管或吸头。

（2）初发酵试验：根据对样品污染状况的估计，选择 3 个适宜稀释度（液体样品可以选择原液），每个稀释度的样品匀液接种 3 支月桂基硫酸盐胰蛋白胨（LST）肉汤管，每管接种 1ml（如接种量超过 1ml，则用双料 LST 肉汤），置于 36℃±1℃ 培养 24 小时±2 小时后，观察初发酵结果。倒管内有气泡产生者，为阳性。如未产气则继续培养至 48 小时±2 小时。

（3）复发酵试验：用接种环从初发酵阳性的 LST 肉汤管中分别取培养物 1 环，移种于煌绿乳糖胆盐肉汤（BGLB）管中，36℃±1℃ 培养 48 小时±2 小时，观察复发酵结果。倒管内有气泡产生者，计为大肠菌群阳性管。

（4）大肠菌群最可能数（MPN）的报告：按复发酵试验确证的大肠菌群阳性管数，检索 MPN 表（实训表 5-2），报告每 g（ml）样品中大肠菌群的 MPN 值。

实训表 5-2　大肠菌群最可能数（MNP）检索表

阳性管数			MPN	95%可信限		阳性管数			MPN	95%可信限	
0.10	0.01	0.000 1		下限	上限	0.10	0.01	0.000 1		下限	上限
0	0	0	<3.0	--	9.5	2	2	0	21	4.5	42
0	0	1	3.0	0.15	9.6	2	2	1	28	8.7	94
0	1	0	3.0	0.15	11	2	2	2	35	8.7	94
0	1	1	6.1	1.2	18	2	3	0	39	8.7	94
0	2	0	6.2	1.2	18	2	3	1	36	8.7	94
0	3	0	9.4	3.6	38	3	0	0	23	4.6	94
1	0	0	3.6	0.17	18	3	0	1	38	8.7	110
1	0	1	7.2	1.3	18	3	0	2	64	17	180
1	0	2	11	3.6	38	3	1	0	43	9	180
1	1	0	7.4	1.3	20	3	1	1	75	17	200
1	1	1	11	3.6	38	3	1	2	120	37	420
1	2	0	11	3.6	42	3	1	3	160	40	420
1	2	1	15	4.5	42	3	2	0	93	18	420
1	3	0	16	4.5	42	3	2	1	150	37	420
2	0	0	9.2	1.4	38	3	2	2	210	40	430
2	0	1	14	3.6	42	3	2	3	290	90	1 000
2	0	2	20	4.5	42	3	3	0	240	42	1 000
2	1	0	15	3.7	42	3	3	1	460	90	2 000
2	1	1	20	4.5	42	3	3	2	1 100	180	4 100
2	1	2	27	8.7	94	3	3	3	>1 100	420	--

注：①本表采用 3 个稀释度［0.1g（ml）、0.01g（ml）、0.001g（ml）］，每个稀释度接种 3 管。②表内所列检样量如改用 1g（ml）、0.1g（ml）、0.001g（ml）时，表内数字应相应降低 10 倍；如改用 0.01g（ml）、0.001g（ml）、0.000 1g（ml），则表内数字应相应增高 10 倍，其余类推。

【实训报告】记录、报告本次实训结果(实训表 5-3)。

实训表 5-3　食品中大肠菌群数检测记录及报告

<table>
<tr><td>样品名称</td><td colspan="2"></td><td colspan="2">检测项目</td><td colspan="2"></td><td>检测日期</td><td></td></tr>
<tr><td>样品编号</td><td colspan="2"></td><td colspan="2">样品数量</td><td colspan="2"></td><td>样品状态</td><td>□固体
□液体</td></tr>
<tr><td>检测依据</td><td colspan="2"></td><td colspan="2">取样方法</td><td colspan="2"></td><td>报告日期</td><td></td></tr>
<tr><td>参加人员</td><td colspan="4"></td><td colspan="2">主要仪器</td><td colspan="2"></td></tr>
<tr><td></td><td>培养基</td><td colspan="4">初发酵培养基</td><td colspan="3">复发酵培养基</td></tr>
<tr><td rowspan="3">检测记录</td><td>稀释度</td><td colspan="4"></td><td colspan="3"></td></tr>
<tr><td>初发酵阳性管数</td><td colspan="4"></td><td colspan="3"></td></tr>
<tr><td>复发酵阳性管数</td><td colspan="4"></td><td colspan="3"></td></tr>
<tr><td rowspan="2">结果</td><td colspan="3">查表结果</td><td colspan="5">计算结果</td></tr>
<tr><td colspan="3"></td><td colspan="5"></td></tr>
<tr><td>检测报告</td><td colspan="8"></td></tr>
</table>

【实训提示】

1. 样品稀释处理完毕应尽快接种至培养基,全过程不得超过 15 分钟。

2. 10 倍系列稀释时,每递增稀释一次,必须另换 1 支吸管或吸头,以保证样品稀释倍数的准确性。

3. 放液体时,吸管沿管壁放入,不要接触稀释液的液面。

4. 接种样品前,应检查培养基有无异常,如小导管中有气泡存在,则不能使用。

◆ 实训二　大肠菌群平板计数法

【实训目的】

1. 理解大肠菌群平板计数法的检测原理。

2. 掌握大肠菌群平板计数法的检测方法。

3. 正确进行大肠菌群检测结果的判断与报告。

【实训内容】

1. 实验材料和器具

(1)检测样品:面包制品

(2)培养基与试剂:磷酸盐缓冲液、结晶紫中性红胆盐琼脂(VRBA)、煌绿乳糖胆盐(brilliant green lactose bile,BGLB)肉汤、无菌生理盐水等。

(3)仪器及用量:均质器、天平、超净工作台、恒温培养箱、振荡器(漩涡仪)、均质杯(袋)、无菌吸管(1ml、10ml)或移液器、锥形瓶、试管、酒精灯等。

2. 检验程序

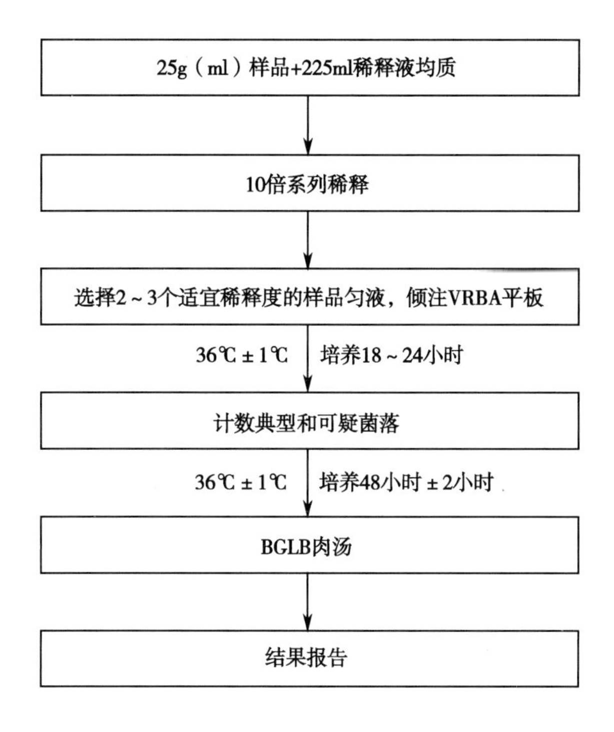

3. 实验方法和步骤

(1)样品稀释:按“大肠菌群 MPN 计数法”进行。

(2)加样:根据对样品污染状况的估计,选择 2~3 个适宜稀释度,每个稀释度接种 2 个无菌平皿,每皿 1ml。同时取 1ml 生理盐水加入无菌平皿作空白对照。

(3)倾注培养基:在已加样的平皿中分别加入已融化并冷却至 46℃左右的 VRBA 琼脂 15~20ml,转动平皿使培养基和样品充分匀液混匀。待琼脂凝固后,再加 3~4ml VRBA 琼脂覆盖平板表层,冷凝。

(4)培养:将平板翻转置于 36℃±1℃培养 18~24 小时后观察结果。

(5)结果观察与菌落计数:取出平板,选取菌落数在 15~150CFU 之间的平板,逐一观察并计数各平板中的典型或可疑大肠菌群菌落。大肠菌群典型菌落为紫红色、周围有红色的胆盐沉淀环,菌落直径为 0.5mm 或更大。最低稀释度平板低于 15CFU 者,记录具体菌落数。

(6)证实试验:从 VRBA 平板上挑取 10 个不同类型的典型和可疑菌落,分别移种于 BGLB 肉汤管内,36℃±1℃培养 24~48 小时,观察产气情况。凡 BGLB 肉汤管产气,即为大肠菌群阳性。

(7)计数报告:经证实试验确认为大肠菌群阳性的试管比例乘以上述步骤“(5)结果观察与菌落计数”中所记录的菌落总数,再乘以稀释倍数,即为每克(或毫升)样品中大肠菌群数。若样品的所有稀释度(包括液体原液)平板上均无菌落生长,则以“1 乘以最低稀释倍数”计算。

大肠菌群数最终检测结果以 CFU/g(ml)为单位报告。

例:10^{-4}样品稀释液 1ml,在 VRBA 平板上有 100 个典型和可疑菌落,挑取其中 10 个接种 BGLB 肉汤管,证实有 6 个阳性管,则该样品的大肠菌群数为:$6/10\times100\times10^4=6.0\times10^5$CFU/g(ml)。

【实训报告】 记录、报告本次实训结果(实训表 5-4)。

实训表 5-4 食品中大肠菌群数检测记录及报告

<table>
<tr><td>样品名称</td><td colspan="2"></td><td>检测项目</td><td></td><td>检测日期</td><td></td></tr>
<tr><td>样品编号</td><td colspan="2"></td><td>样品数量</td><td></td><td>样品状态</td><td>□固体
□液体</td></tr>
<tr><td>检测依据</td><td colspan="2"></td><td>取样方法</td><td></td><td>报告日期</td><td></td></tr>
<tr><td>参加人员</td><td colspan="3"></td><td>主要仪器</td><td colspan="2"></td></tr>
<tr><td rowspan="6">检测记录</td><td rowspan="3">倾注培养</td><td>稀释度</td><td></td><td></td><td></td><td>空白对照</td></tr>
<tr><td>典型或可疑菌落数</td><td></td><td></td><td></td><td></td></tr>
<tr><td>菌落特征</td><td></td><td></td><td></td><td></td></tr>
<tr><td rowspan="3">证实试验</td><td>稀释度</td><td></td><td></td><td></td><td></td></tr>
<tr><td>接种 BGLB 管数</td><td></td><td></td><td></td><td></td></tr>
<tr><td>BGLB 阳性管数</td><td></td><td></td><td></td><td></td></tr>
<tr><td>结果计算</td><td colspan="6"></td></tr>
<tr><td>检测报告</td><td colspan="6"></td></tr>
</table>

【实训提示】

1. 倾注时,注意控制 VRBA 琼脂的温度,不宜过高。

2. 液体样品可加入到装有无菌玻珠的 225ml 磷酸盐缓冲液锥形瓶中,充分振摇混匀。

3. 琼脂冷却凝固后,及时翻转进行培养,避免冷凝水弥漫在琼脂表面,影响菌落的形成和计数。

【实训思考】

1. 在检测大肠菌群的过程中,如何判断样品是否分解乳糖产气?

2. 复发酵实验的现象和原理分别是什么?

3. 初发酵使用的月桂基硫酸盐胰蛋白胨(LST)肉汤中,月桂基硫酸钠的作用是什么?

(张颖、段巧玲)

任务三 霉菌和酵母菌计数检测

◆ 知识准备

(一)霉菌和酵母菌的主要生物性状与卫生学意义

霉菌是真菌中的一大类,能够形成疏松的绒毛状的菌丝体的真菌称为霉菌。酵母菌也是真菌,通常是单细胞,呈圆形、卵圆形、腊肠形或杆状。

通常霉菌和酵母适合在高碳低氮有机物如植物性物质上生存。适宜生长的 pH 环境为 pH 3~8，但有些霉菌可生活在 pH 2、有些酵母可生活在 pH 1.5。一般的霉菌的生长温度为 20~30℃，酵母一般在 0~45℃时生长。

在琼脂平板上，霉菌菌落呈干燥、不透明的丝状、绒毛状等特征。由于气生菌丝、孢子和营养菌丝颜色不同，常使菌落正反面呈不同颜色。有些菌的气生菌丝还会分泌出水溶性色素并扩散到培养基中而使培养基变色。

酵母菌菌落与细菌菌落相似，但一般比细菌菌落大、厚，因普遍能发酵含碳有机物而产生醇类，故其菌落常伴有酒香味。酵母菌产生色素较为单一，菌落通常呈乳白色。

霉菌具有较强的糖化和蛋白质水解能力，常污染食品、谷物等，当条件适宜时，就会生长繁殖，引起发霉变质。有些霉菌还可产生有毒代谢产物，引起急性和慢性中毒。酵母菌广泛用于加工制备食品，但也有少数酵母菌可污染食品，引起食品腐败变质。因此霉菌和酵母菌也作为评价食品卫生质量的指示菌，并通过对食品中的霉菌和酵母菌计数来评价食品被污染的程度。

（二）霉菌和酵母菌平板计数法的原理

样品经稀释处理后，霉菌孢子或酵母菌细胞被分散呈单个，于适宜条件下可繁殖形成菌落。观察并计数符合霉菌和酵母菌特征的菌落数，可推知样品中的霉菌和酵母菌数量。

霉菌和酵母的计数培养常用马铃薯葡萄糖琼脂培养基（PDA）或孟加拉红（虎红）培养基。马铃薯葡萄糖琼脂培养基中含有抗菌素可抑制细菌，而有利于霉菌、酵母菌生长；孟加拉红琼脂培养基中除抗菌素外，还含有孟加拉红，两种抑菌成分不但可抑制细菌，孟加拉红还可抑制霉菌菌落的蔓延生长，且在生长的菌落背面可呈红色，因而有助于霉菌和酵母菌落的计数。

◆ 实训　霉菌和酵母菌的平板计数法

【实训目的】

1. 明确食品中霉菌和酵母菌计数检验的卫生学意义。
2. 掌握霉菌和酵母菌计数检验原理。
3. 学会食品中霉菌和酵母菌计数的定量检验。

【实训内容】

1. 实训材料和器具

（1）检验样品：面包。

（2）培养基与试剂：无菌稀释液（生理盐水或蒸馏水或磷酸盐缓冲液）、马铃薯葡萄糖琼脂、孟加拉红琼脂等。

（3）仪器及用具：恒温培养箱、拍击式均质器及均质袋、电子天平、无菌锥形瓶、试管、无菌吸管、漩涡混合仪、无菌平皿、恒温水浴箱等。

2. 检验程序

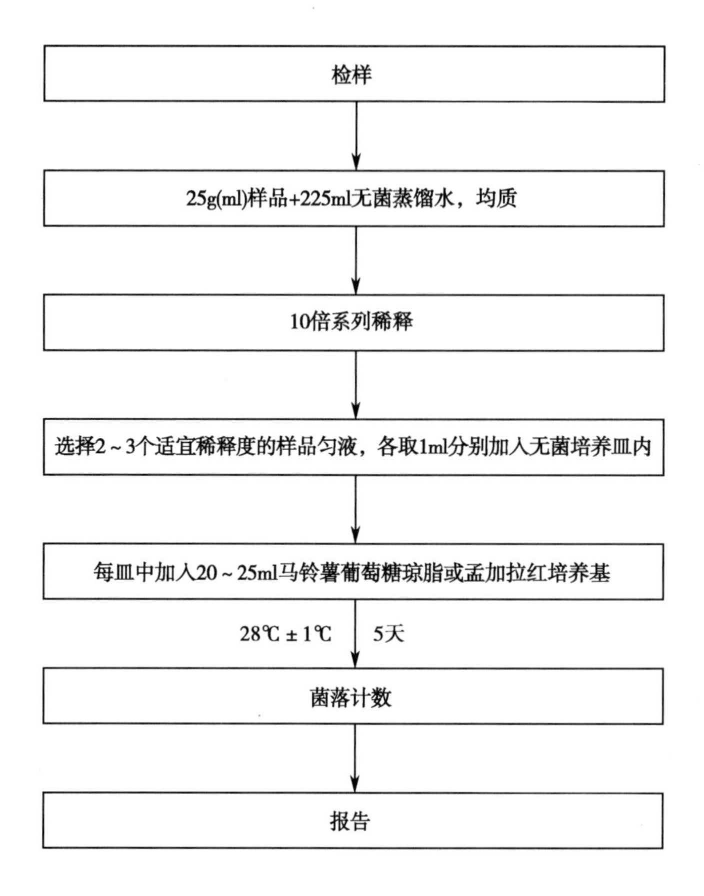

3. 实训方法和步骤

(1)样品的处理与稀释:无菌操作称取 25g(ml)样品,加入 225ml 无菌稀释液(蒸馏水或生理盐水),充分振摇,或均质 2 分钟,制成 1∶10 的样品匀液。

用 1ml 无菌吸管或微量移液器吸取 1∶10 样品匀液 1ml,注入含有 9ml 无菌稀释液的试管中,另换一支 1ml 无菌吸管反复吹吸,或在漩涡混合仪上混匀,此液为 1∶100 的样品匀液。同法操作,制备 1∶1 000、1∶10 000……系列稀释,每递增稀释一次,换用 1 支 1ml 无菌吸管。

(2)加样:根据对样品污染状况的估计,选择 2~3 个适宜稀释度的样品匀液(液体样品可包括原液),每个稀释度分别吸取 1ml 样品匀液于 2 个无菌平皿内。同时分别取 1ml 无菌稀释液加入 2 个无菌平皿作空白对照。

(3)倾注培养基:及时将 20~25ml 冷却至 46℃的马铃薯葡萄糖琼脂或孟加拉红琼脂倾注平皿,并转动平皿使其混合均匀。置水平台面待培养基完全凝固。

(4)培养:琼脂凝固后,正置平板,置于 28℃±1℃培养箱中培养,每 24 小时观察并记录至第 5 天的结果。

(5)结果观察与菌落计数:肉眼观察(必要时可用放大镜或低倍镜),记录稀释倍数和相应的霉菌和酵母菌落数。以菌落形成单位(CFU)表示。

选取菌落数在 10~150CFU 的平板,根据菌落形态分别计数霉菌和酵母。霉菌蔓延生长覆盖整个平板的可记录为菌落蔓延。

（6）菌落总数的计算

1）若只有一个稀释度平板上的菌落数在 10～150CFU 之间计算两个平板菌落数的平均值，再乘以相应稀释倍数，即为每克（毫升）样品中菌落总数结果。

2）若有两个连续稀释度平板上菌落数均在 10～150CFU 之间，则按公式（见本项目任务一“食品中菌落总数的检测”）进行计算。

3）若所有平板上菌落数均大于 150CFU，则对稀释度最高的平板进行计数，其他平板可记录为多不可计，结果按平均菌落数乘以最高稀释倍数计算。

4）若所有平板上菌落数均小于 10CFU，则应按稀释度最低的平均菌落数乘以稀释倍数计算。

5）若所有稀释度（包括液体样品原液）平板均无菌落生长，则以小于 1 乘以最低稀释倍数计算。

6）若所有稀释度的平板菌落数均不在 10～150CFU 之间，且其中一部分小于 10CFU 或大于 150CFU 时，则取最接近 10CFU 或 150CFU 的平均菌落数乘以相应稀释倍数。

（7）菌落总数的报告：菌落数在 10 以内时，采用一位有效数字报告；菌落数在 10～100 之间时，采用两位有效数字报告。菌落数大于或等于 100 时，前第 3 位数字采用“四舍五入”原则修约后，取前 2 位数字，后面用 0 代替位数来表示结果；也可用 10 的指数形式来表示，此时也按“四舍五入”原则修约，采用两位有效数字。若空白对照平板上有菌落出现，则此次检测结果无效。

最后以 CFU/g（ml）为单位报告，报告或分别报告霉菌和/或酵母数。

【实训报告】 记录、报告本次实训结果（实训表 5-5）。

实训表 5-5　食品中霉菌和酵母菌计数检测记录及报告

<table>
<tr><td>样品名称</td><td colspan="2"></td><td>检测项目</td><td></td><td>检测日期</td><td></td></tr>
<tr><td>样品编号</td><td colspan="2"></td><td>样品数量</td><td></td><td>样品状态</td><td>□固体
□液体</td></tr>
<tr><td>检测依据</td><td colspan="2"></td><td>取样方法</td><td></td><td>报告日期</td><td></td></tr>
<tr><td>参加人员</td><td colspan="3"></td><td>主要仪器</td><td colspan="2"></td></tr>
<tr><td rowspan="3">检测记录</td><td>稀释度</td><td></td><td></td><td></td><td colspan="2">空白对照</td></tr>
<tr><td rowspan="2">菌落数</td><td></td><td></td><td></td><td colspan="2"></td></tr>
<tr><td></td><td></td><td></td><td colspan="2"></td></tr>
<tr><td rowspan="2">结果计算</td><td colspan="4">计算公式</td><td colspan="2">检测结果（CFU/g 或 ml）</td></tr>
<tr><td colspan="4"></td><td colspan="2"></td></tr>
<tr><td>检测报告</td><td colspan="6"></td></tr>
</table>

【实训提示】

1. 应选择菌落总数恰当的稀释倍数的平板进行菌落计数。

2. 操作人员不能在直射阳光下配制、分装稀释液、倾注平板以及取样，最好能安排流水作业，以使从稀释第一份样品到倾注最后一个平皿所用时间不超过 20 分钟。

3. 最好划分出独立的房间进行菌落计数，因为霉菌孢子一旦飘散出来将很难清除，计数过程也应尽量避免孢子飘散的情况发生，尽量保持实验室安静，减少空气流动，做好防护。

4. 由于霉菌具有蔓延生长特性，故应每天进行观察和记录菌落数，以免造成漏数。

5. 实验完毕后，除在第一时间将霉菌培养物灭菌外，还要对培养箱、接种箱、实验室进行消毒。霉菌孢子对紫外线抵抗力较强，所以通常以甲醛熏蒸，严重污染时可用10%甲醛喷雾。

【实训思考】

1. 试述霉菌和酵母菌计数的检测程序。

2. 试述霉菌和酵母菌计数检测培养基的原理。

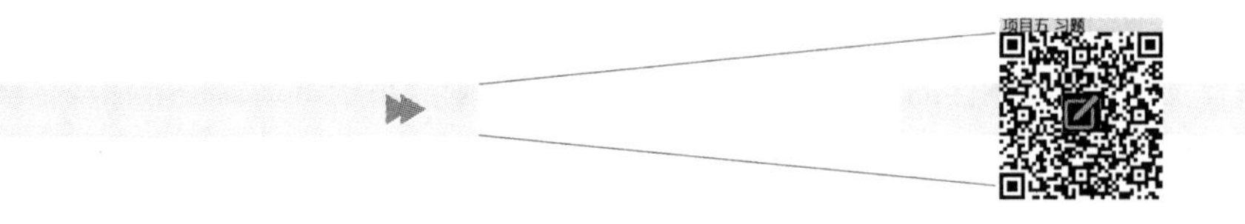

（许子刚）

实训项目六

食品中常见致病菌的检验

任务一　金黄色葡萄球菌检验

◆ 知识准备

金黄色葡萄球菌是能致使人类感染的一种重要病原菌，是国内外最常见的细菌性食物中毒病原菌之一，有"噬肉菌"的别称。

金黄色葡萄球菌形态呈球状、葡萄串状排列，为革兰氏阳性菌。对营养要求不高，普通培养基上即可生长，加入血液及其他营养物质更好。需氧或兼性厌氧，在20%~30%二氧化碳环境中，有利于毒素的产生；28~38℃均能生长；最适生长pH为7.4；具有耐盐性，在7.5%氯化钠肉汤中生长良好。在常用平板上的菌落特征见实训表6-1。

实训表6-1　常用选择性培养基及培养特性

培养基	培养特性
7.5%氯化钠肉汤	均匀混浊
Barid-Parker培养基	菌落呈灰色至黑色，边缘为淡色，周围为一混浊带，在其外围有一层透明环
血平板	菌落圆形、光滑突起、湿润、金黄色（有时为白色），菌落周围可见完全透明溶血环

食品中金黄色葡萄球菌的检验，分第一法为定性检验、第二法为定量计数检验。

◆ 实训一　金黄色葡萄球菌定性检验

【实训目的】

1. 明确食品中金黄色葡萄球菌检验的卫生学意义。

2. 理解金黄色葡萄球菌的检验原理。

3. 掌握食品中金黄色葡萄球菌定性检验方法。

【实训内容】

1. 实训材料和器具

（1）检验样品：凉拌菜。

（2）培养基与试剂：7.5%氯化钠肉汤、血琼脂平板、Baird-Parker琼脂平板、脑心浸出液肉汤（BHI）、营养琼脂斜面、革兰氏染液、生理盐水等。

(3)仪器及用具:均质器、恒温培养箱、光学显微镜、超净工作台、高压灭菌锅、锥形瓶、试管、移液管等。

2. 检验程序

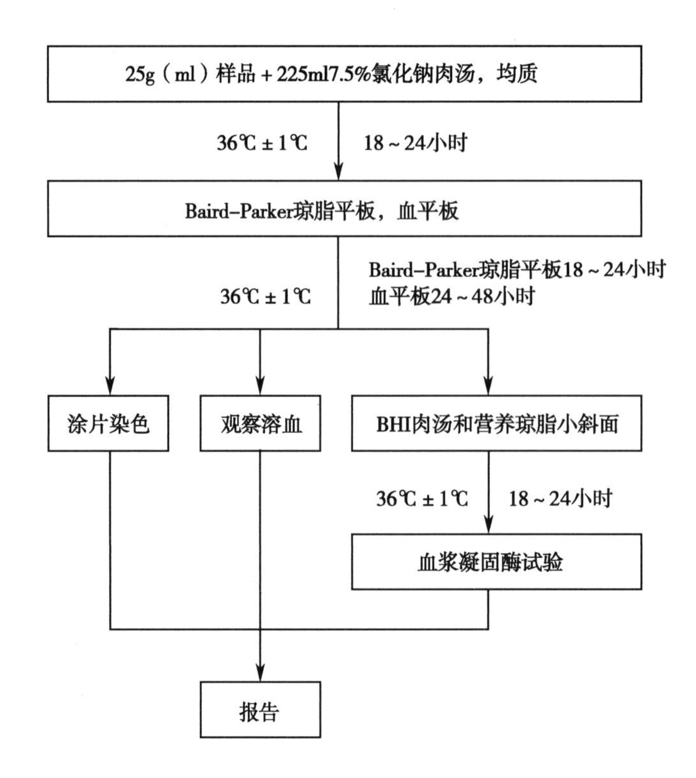

3. 实训方法和步骤

(1)样品处理:称取样品25g加入到225ml 7.5%氯化钠肉汤中,使用无菌均质袋或均质杯,均质分散样品。若样品为液态,吸取25ml样品至盛有225ml 7.5%氯化钠肉汤的无菌锥形瓶(瓶内可放些无菌玻璃珠以更好的分散样品)中,制成1∶10的样品匀液。

(2)增菌培养:将上述样品匀液于36℃±1℃培养18~24小时。

金黄色葡萄球菌具有耐受高盐的特性,利用7.5%氯化钠肉汤进行增菌,有助于抑制不耐盐细菌和副溶血性弧菌,达到选择性增菌的目的。金黄色葡萄球菌在该培养基中呈混浊生长。

(3)分离培养:用接种环无菌操作沾取增菌后的培养物,分别划线接种Barid-Parke平板和血平板,血平板置于36℃±1℃培养18~24小时,Barid-Parker平板置于36℃±1℃培养18~48小时,观察有无可疑金黄色葡萄球菌菌落(见实训表6-2)。

Barid-Parker培养基中含有亚碲酸钾,可抑制杂菌、促进金黄色葡萄球菌生长的作用。此外,金黄色葡萄球菌还可还原亚碲酸钾为金属碲,使菌落呈黑色。

(4)鉴定

1)涂片染色:取上述平板中的可疑金黄色葡萄球菌菌落作革兰氏染色,本菌应为革兰氏染色阳性球菌,排列呈葡萄球状,无芽孢,无荚膜,直径约为0.5~1μm。

2)血浆凝固酶试验:凝固酶是实验室鉴定葡萄球菌致病性的重要试验。挑取Baird-Parker(B-P)平板或血平板上至少5个可疑菌落(小于5个全选),分别接种到5ml BHI培养液和营养琼脂斜面,36℃±1℃培养 18~24 小时。取新鲜配置兔血浆 0.5ml 放入小试管中,再加入 BHI 培养物 0.2~0.3ml,振荡摇匀,置 36℃±1℃温箱或水浴箱内,每半小时观察一次,连续观察 6 小时。同时以凝固酶阳性和凝固酶阴性葡萄球菌的肉汤培养物作对照。如出现凝固或凝固体积大于原体积的一半,判为阳性结果。金黄色葡萄球菌的血浆凝固酶试验为阳性。

【实训报告】综合形态染色特征、菌落性状和上述鉴定结果,若符合金黄色葡萄球菌的特征,则可判为金黄色葡萄球菌。根据鉴定结果,报告:在 25g(ml)样品中检出或未检出金黄色葡萄球菌(实训表 6-2)。

实训表 6-2　金黄色葡萄球菌定性检测记录及报告

<table>
<tr><td>样品名称</td><td colspan="2"></td><td>检测项目</td><td></td><td colspan="2">检测日期</td><td></td></tr>
<tr><td>样品编号</td><td colspan="2"></td><td>样品数量</td><td></td><td colspan="2">样品状态</td><td>□固体
□液体</td></tr>
<tr><td>检测依据</td><td colspan="2"></td><td>取样方法</td><td></td><td colspan="2">报告日期</td><td></td></tr>
<tr><td>参加人员</td><td colspan="3"></td><td>主要仪器</td><td colspan="3"></td></tr>
<tr><td rowspan="9">检测结果</td><td rowspan="3">增菌培养</td><td colspan="2">培养基、试剂</td><td colspan="2">培养条件</td><td colspan="2">现象</td></tr>
<tr><td colspan="2"></td><td colspan="2"></td><td colspan="2"></td></tr>
<tr><td colspan="2"></td><td colspan="2"></td><td colspan="2"></td></tr>
<tr><td rowspan="3">分离培养</td><td colspan="2">培养基</td><td colspan="2">培养条件</td><td colspan="2">菌落特征</td></tr>
<tr><td colspan="2"></td><td colspan="2"></td><td colspan="2"></td></tr>
<tr><td colspan="2"></td><td colspan="2"></td><td colspan="2"></td></tr>
<tr><td>镜检结果</td><td colspan="6"></td></tr>
<tr><td>生化试验</td><td colspan="6"></td></tr>
<tr><td>血清学鉴定</td><td colspan="6"></td></tr>
<tr><td>检测报告</td><td colspan="7"></td></tr>
</table>

【实训提示】

1. 金黄色葡萄球菌在 B-P 平板上培养 24 小时后,如菌落形态不典型可以培养至 48 小时。

2. 要注意样品的后处理,因样品中不排除有其他潜在的传染性物质存在,所以要严格按照 GB19489《实验室生物安全通用要求》对废弃物进行处理。

3. 可运用生化鉴定试剂盒或全自动微生物鉴定系统对初筛的可疑菌落进行鉴定。

4. 可运用 PCR 技术对可疑样品增菌后进行基因检测。

◆ 实训二　金黄色葡萄球菌定量检测(B-P 平板计数法)

【实训目的】

1. 明确食品中金黄色葡萄球菌检验的卫生学意义。

2. 理解金黄色葡萄球菌的检验原理。

3. 掌握食品中金黄色葡萄球菌定量检测方法。

【实训内容】

1. 实训材料和器具

（1）检验样品：凉拌菜。

（2）培养基与试剂：磷酸盐缓冲液、血琼脂平板、Baird-Parker 琼脂平板、脑心浸出液肉汤、营养琼脂斜面、革兰氏染液、生理盐水等。

（3）仪器及用具：均质器、恒温培养箱、光学显微镜、锥形瓶、试管、移液管、酒精灯等。

2. 检验程序

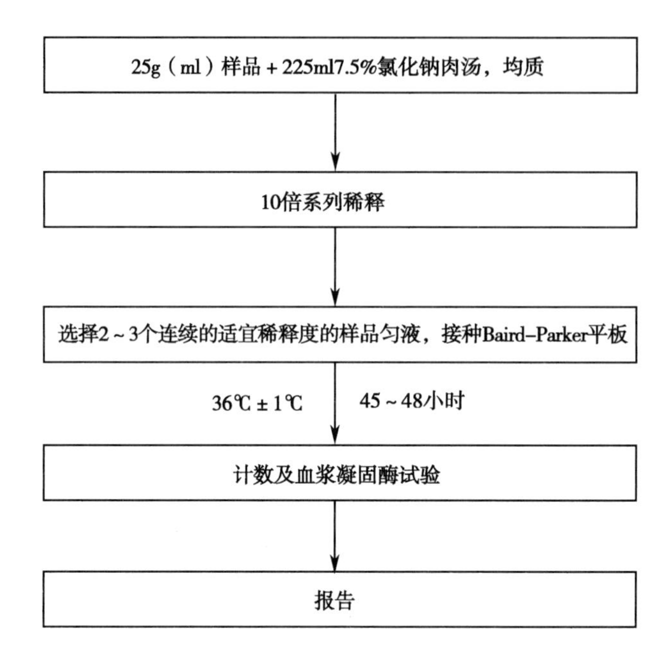

3. 实训方法和步骤

（1）样品处理：称取样品 25g 至 225ml 磷酸盐缓冲液或生理盐水中，使用无菌均质袋或均质杯均质分散样品。若样品为液态，吸取 25ml 样品至盛有 225ml 磷酸盐缓冲液或生理盐水中的无菌锥形瓶（瓶内可放些无菌玻璃珠以更好的分散样品）中，制成 1∶10 的样品匀液。

（2）样品接种培养：根据对样品污染状况的估计，制备 10 倍系列稀释液，选择 2~3 个连续的适宜浓度的样品匀液接种 Baird-Parker 平板。每个稀释度分别吸取 1ml 样品匀液以 0.3ml、0.3ml、0.4ml 接种量分别加入 3 块干燥 Baird-Parker 平板，然后用无菌 L 棒涂布整个平板，注意不要碰触平板边缘，以防最后计数不准确。涂布后，将平板静置 10 分钟，如样液不易吸收，可将平板放在培养箱 36℃±1℃ 培养 1 小时，待样品匀液吸收后倒置培养 24~48 小时。

（3）典型菌落计数和确认：选择有典型的金黄色葡萄球菌菌落的平板，且同一稀释度 3 个平板所有菌落数合计在 20~200CFU 之间的平板，计数典型菌落数。从典型菌落中挑取至少 5 个可疑菌落进行鉴定试验，同第一法；同时划线接种到血平板培养后观察菌落形态。

（4）结果计算：

结果一：2 个连续稀释度的平板菌落数（3 个平板合计典型菌落）均在 20~200CFU 之间，按下式计算。

$$T=(A_1B_1/C_1+A_2B_2/C_2)/1.1d \qquad (公式一)$$

式中：T—样品中金黄色葡萄球菌菌落数；A_1—第一稀释度（低稀释倍数）典型菌落的总数；B_1—第一稀释度（低稀释倍数）鉴定为阳性的菌落数；C_1—第一稀释度（低稀释倍数）用于鉴定试验的菌落数；A_2—第二稀释度（高稀释倍数）典型菌落的总数；B_2—第二稀释度（高稀释倍数）鉴定为阳性的菌落数；C_2—第二稀释度（高稀释倍数）用于鉴定试验的菌落数；1.1—计算系数；d—稀释因子（第一稀释度）。

结果二：2 个连续稀释度的平板菌落数（3 个平板合计典型菌落）不在 20~200CFU 之间，按下式计算。

$$T=AB/Cd \qquad (公式二)$$

式中：T—样品中金黄色葡萄球菌菌落数；A—某一稀释度典型菌落的总数；B—某一稀释度鉴定为阳性的菌落数；C—某一稀释度用于鉴定试验的菌落数；d—稀释因子。

【结果报告】综合以上培养、鉴定和计数的结果，报告每克（毫升）样品中含金黄色葡萄球菌数（实训表 6-3）。如 T 值为 0，则以"小于 1 乘以最低稀释倍数"报告。

实训表 6-3　金黄色葡萄球菌定量检测记录及报告

<table>
<tr><td>样品名称</td><td></td><td>检测项目</td><td></td><td>检测日期</td><td></td></tr>
<tr><td>样品编号</td><td></td><td>样品数量</td><td></td><td>样品状态</td><td>□固体
□液体</td></tr>
<tr><td>检测依据</td><td></td><td>取样方法</td><td></td><td>报告日期</td><td></td></tr>
<tr><td>参加人员</td><td colspan="2"></td><td>主要仪器</td><td colspan="2"></td></tr>
<tr><td rowspan="3">检测记录</td><td>稀释度</td><td></td><td></td><td></td><td>空白对照</td></tr>
<tr><td rowspan="2">菌落数</td><td></td><td></td><td></td><td></td></tr>
<tr><td></td><td></td><td></td><td></td></tr>
<tr><td>结果计算</td><td colspan="5"></td></tr>
<tr><td>检测报告</td><td colspan="5"></td></tr>
</table>

【实训提示】

1. 金黄色葡萄球菌在 B-P 平板上培养 24 小时后，如菌落形态不典型可以培养至 48 小时。

2. 要注意样品的后处理，因样品中不排除有其他潜在的传染性物质存在，所以要严格按照 GB19489《实验室生物安全通用要求》对废弃物进行处理。

3. 无菌 L 棒涂布接种时，不要触及平板边缘。

4. 涂布接种于平板上的样品匀液若不易吸收，可放于 30℃±1℃ 培养箱中 1 小时，待液体吸收后，再倒置平板进行培养。

5. 可运用生化鉴定试剂盒或全自动微生物鉴定系统对初筛的可疑菌落进行鉴定。

6. 可运用 PCR 技术对可疑样品增菌后进行基因检测。

【实训思考】

1. 试述金黄色葡萄球菌的鉴定依据。

2. 试述金黄色葡萄球菌血浆凝固酶试验的原理。

（郑　露）

任务二　β 型溶血性链球菌检验

◆ 知识准备

β 型溶血性链球菌是在血平板上的菌落周围能够形成 β-溶血环的化脓（或 A 群）链球菌和无乳（或 B 群）链球菌的总称，在自然界中分布较广，具有较强致病性，可通过直接接触，空气飞沫传播或通过皮肤、黏膜伤口感染，被污染的食品如奶、肉蛋及其制品被食用后可引起食物中毒等食源性疾病。存在于上呼吸道感染患者、人畜化脓性感染部位，常成为食品污染的污染源。

β 型溶血性链球菌菌体为球形或卵圆形、呈链状排列，革兰氏染色阳性，衰老或被吞噬细胞吞噬后可转为革兰氏阴性。营养要求较高，常用血液琼脂平板进行分离培养；经培养，形成灰白色较小的菌落，菌落周围出现完全透明的溶血环。10%二氧化碳有利于溶血环的产生。

◆ 实训

【实训目的】

1. 明确食品中 β 型溶血性链球菌检验的卫生学意义。

2. 熟悉 β 型溶血性链球菌的主要生物学特征。

3. 学会食品中 β 型溶血性链球菌检验方法。

【实训内容】

1. 实训材料和器具

（1）检验样品：奶粉。

（2）培养基与试剂：改良胰蛋白胨大豆肉汤、哥伦比亚 CAN 血琼脂、胰蛋白胨大豆肉汤、哥伦比亚血琼脂、草酸钾血浆、3%过氧化氢溶液、生化鉴定试剂盒等。

（3）仪器及用具：均质器、厌氧培养箱、光学显微镜、超净工作台、高压灭菌锅、锥形瓶、移液管等。

2. 检验程序

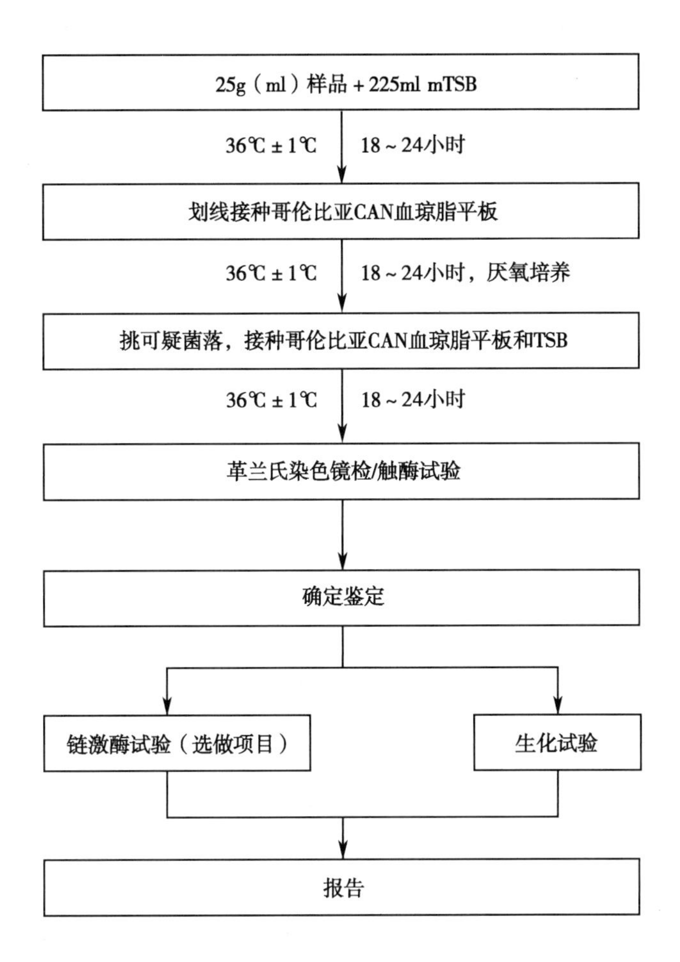

3. 实训方法和步骤

(1)样品处理及增菌:按无菌操作称取检样25g(ml),加入盛有225ml改良胰蛋白胨大豆肉汤(mTSB)的均质袋中,用拍击式均质器均质1~2分钟,于36℃±1℃培养18~24小时。

(2)分离培养:将增菌液划线接种于哥伦比亚CNA血琼脂平板,36℃±1℃厌氧培养18~24小时后,取出观察有无可疑溶血性链球菌。溶血性链球菌在哥伦比亚CNA血琼脂平板上的菌落较小、灰白色、半透明、光滑、表面突起、边缘整齐,并能产生完全透明的β溶血环。

(3)鉴定:挑取5个(如小于5个则全选)可疑菌落分别接种哥伦比亚血琼脂平板和胰蛋白胨大豆肉汤(TSB)增菌液,36℃±1℃培养18~24小时后,挑取纯化菌进行后续的鉴定试验。

1)镜检:从哥伦比亚血琼脂平板上取该菌的纯培养菌落进行革兰氏染色镜检。β型溶血性链球菌为革兰氏阳性、形态呈球形或卵圆形,常排列成链状。

2)触酶试验:挑取可疑菌落于洁净的载玻片上,滴加适量3%过氧化氢溶液,立即产生气泡者为阳性。β型溶血性链球菌触酶试验为阴性。

3)其他辅助检验:使用生化鉴定试剂盒或全自动生化鉴定仪进行生化鉴定。

4)链激酶试验(选做项目):链激酶是鉴别致病性链球菌的重要特征。β型溶血性链球菌具有链激酶,可激活人体血液中的血浆蛋白酶原成为血浆蛋白酶,后者可溶解纤维蛋白,从而使凝固的血浆发生溶解。链激酶试验方法是吸取草酸钾血浆0.2ml于0.8ml灭菌生理盐水中混匀,再加入上述纯化的 TSB 培养液 0.5ml 及 0.25%氯化钙溶液 0.25ml，混匀，置于 36℃±1℃水浴中 10 分钟，血浆混合物自行凝固。继续 36℃±1℃培养 24 小时，凝固块重新完全溶解为阳性，不溶解为阴性。

【实训报告】 综合以上实验结果，报告每 25g(ml)样品中检出或未检出 β 型溶血性链球菌（实训表 6-4）。

实训表 6-4　β 型溶血性链球菌检验记录及报告

<table>
<tr><td>样品名称</td><td colspan="2"></td><td>检测项目</td><td></td><td colspan="2">检测日期</td><td></td></tr>
<tr><td>样品编号</td><td colspan="2"></td><td>样品数量</td><td></td><td colspan="2">样品状态</td><td>□固体
□液体</td></tr>
<tr><td>检测依据</td><td colspan="2"></td><td>取样方法</td><td></td><td colspan="2">报告日期</td><td></td></tr>
<tr><td>参加人员</td><td colspan="3"></td><td>主要仪器</td><td colspan="3"></td></tr>
<tr><td rowspan="9">检测结果</td><td rowspan="3">增菌培养</td><td colspan="2">培养基、试剂</td><td colspan="2">培养条件</td><td colspan="2">现象</td></tr>
<tr><td colspan="2"></td><td colspan="2"></td><td colspan="2"></td></tr>
<tr><td colspan="2"></td><td colspan="2"></td><td colspan="2"></td></tr>
<tr><td rowspan="3">分离培养</td><td colspan="2">培养基</td><td colspan="2">培养条件</td><td colspan="2">菌落特征</td></tr>
<tr><td colspan="2"></td><td colspan="2"></td><td colspan="2"></td></tr>
<tr><td colspan="2"></td><td colspan="2"></td><td colspan="2"></td></tr>
<tr><td>镜检结果</td><td colspan="6"></td></tr>
<tr><td>生化试验</td><td colspan="6"></td></tr>
<tr><td>血清学鉴定</td><td colspan="6"></td></tr>
<tr><td>检测报告</td><td colspan="7"></td></tr>
</table>

【实训提示】

1. 触酶试验用 3%过氧化氢溶液，应临用现配。
2. 实验过程注意做好个人防护，在生物安全柜中操作。
3. 链激酶试验为选做项目。
4. 可使用全自动生化鉴定仪或分子生物学技术进一步鉴定可疑菌落。

【实训思考】

1. 能否直接在血平板上进行触酶试验？为什么？
2. 样品增菌液接种于哥伦比亚 CNA 血琼脂平板进行厌氧培养的主要目的是什么？

（郑　露）

任务三　沙门氏菌属检验

◆ 知识准备

沙门氏菌隶属于肠杆菌科，可致人类急性胃肠炎型（食物中毒）、肠热型（伤寒、副伤寒）等疾病。

沙门氏菌为均为革兰氏染色阴性杆菌，不形成芽孢，除鸡白痢沙门氏菌、鸡伤寒沙门氏菌外，都有周身鞭毛，能运动。

本菌为需氧或兼性厌氧菌。最适温度37℃，最适 pH 6.8~7.8。沙门氏菌属分为Ⅰ、Ⅱ、Ⅲ、Ⅳ、Ⅴ、Ⅵ 6个亚属，各亚属在各种选择性琼脂平板上的菌落特征见实训表6-5。

实训表6-5　沙门氏菌属在常用选择性琼脂平板上的菌落特征

选择性琼脂平板	沙门氏菌
SS琼脂	无色半透明，产硫化氢菌株有的菌落中心带黑色，乳糖阳性的菌株为粉红色，中心黑色，但中心无黑色形成时与大肠埃希氏菌不能区别
BS琼脂	菌落为黑色有金属光泽、棕褐色或灰色，菌落周围培养基可呈黑色或棕色；有些菌株形成灰绿色的菌落，周围培养基不变
HE琼脂	蓝绿色或蓝色，多数菌落中心为黑色或几乎全黑色；有些菌株为黄色，中心黑色或几乎全黑色
XLD琼脂	菌落呈粉红色，带或不带黑色中心，有些菌株可呈现大的带光泽的黑色中心，或呈现全部黑色的菌落；有些菌株为黄色菌落，带或不带黑色中心

生化反应对沙门氏菌属细菌鉴别具有重要意义。一般特性为发酵葡萄糖、麦芽糖、甘露醇、山梨醇产酸产气；对乳糖蔗糖、侧金盏花醇不发酵；MR反应阳性，靛基质反应、VP反应均为阴性；不分解尿素和对苯丙氨酸不脱酸。六个亚属的生化特性见表7-3。

◆ 实训

【实训目的】

1. 明确食品中沙门氏菌属检验的卫生学意义。
2. 理解沙门氏菌属的检验原理。
3. 学会食品中沙门氏菌属的定性检验。

【实训内容】

1. 实训材料和器具

（1）检验样品：肉制品。

（2）培养基与试剂：基础液、硫代硫酸钠溶液、碘溶液、0.5%煌绿水溶液、牛胆盐溶液等。

（3）仪器及用具：恒温培养箱、均质器、电子天平、无菌锥形瓶、无菌吸管、无菌试管、无菌培养皿、无菌毛细管、精密pH试纸、全自动微生物生化鉴定系统等。

2. 检验程序

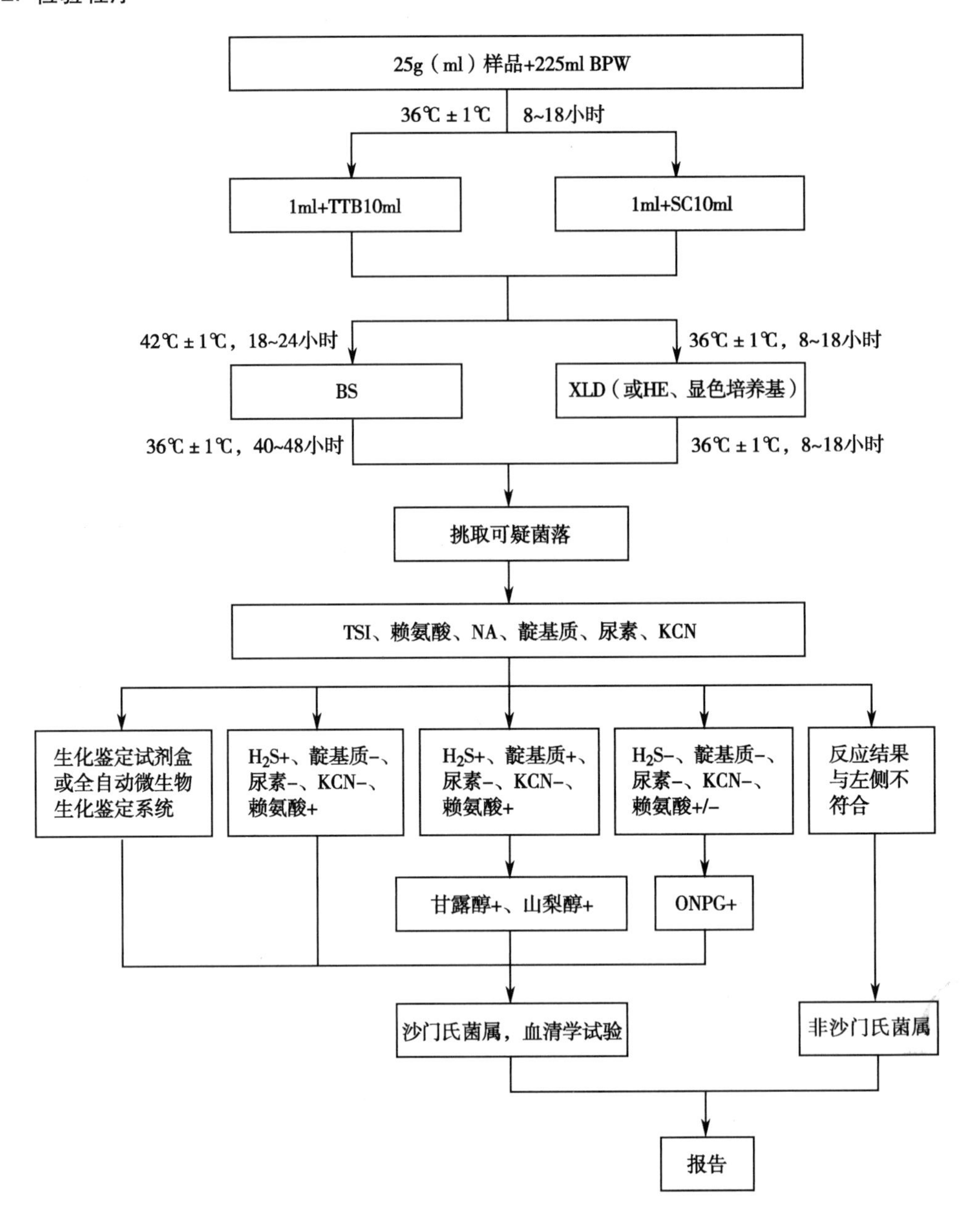

3. 实训方法和步骤

（1）样品处理与前增菌：称取25g（ml）样品放入盛有225ml BPW的无菌均质杯中或无菌均质袋中，均质处理1~2分钟。若样品为液态，则振荡混匀即可。如需调节pH，用1mol/ml无菌NaOH或HCl调pH至6.8±0.2。

将均质杯中的样品匀液转至500ml无菌锥形瓶中，于36℃±1℃培养8~18小时，如为均质袋，可直接进行培养。

经过加工处理的食品，其中的沙门氏菌往往受到损伤而处于濒死状态，检验时，先用无选择性的培养基进行前增菌，使濒死的沙门氏菌恢复活力，从而有助于该细菌的检出。

（2）增菌培养：轻轻摇动培养过的样品混合物，用无菌吸管或移液器吸取1ml，转种于10ml TTB内，于42℃±1℃培养18~24小时。同时,另取1ml转种于10ml SC内,于36℃±1℃培养18~24小时。

TTB和SC均为选择性增菌培养基,其中的抑菌成分可抑制非目的菌,而有利于沙门氏菌的生长。

(3)分离培养:用接种环取增菌液,分别划线接种于一个BS琼脂平板和一个XLD琼脂平板(或HE琼脂平板或沙门氏菌属显色平板),于36℃±1℃分别培养18~24小时(XLD琼脂平板、HE琼脂平板、沙门氏菌属显色平板)或40~48小时(BS琼脂平板)后,取出观察各个平板上生长的菌落特征(沙门氏菌菌落特征见实训表6-5)。

(4)生化试验鉴定

1)三糖铁(TSI)培养基试验和赖氨酸脱羧酶试验:选择性平板若出现符合沙门氏菌特征的可疑菌落,则挑取2个以上菌落接种于TSI琼脂斜面,同时再分别接种赖氨酸脱羧酶试验培养基和营养琼脂平板,于36℃±1℃培养18~24小时,必要时可延长至48小时。沙门氏菌属的反应结果见实训表6-6。

实训表6-6　沙门氏菌属的反应结果

TSI琼脂				赖氨酸脱酶试验	初步判断
斜面	底层	产气	硫化氢		
K	A	+(-)	+(-)	+	可疑沙门氏菌属
K	A	+(-)	+(-)	-	可疑沙门氏菌属
A	A	+(-)	+(-)	+	可疑沙门氏菌属

注:K产碱;A产酸;+(-)多数阳性、少数阴性。

2)其他生化试验:若出现实训表6-6中初步判断结果为可疑沙门氏菌属的情况,则从营养琼脂平板上挑取菌落接种于蛋白胨水(靛基质试验)、尿素琼脂(尿素分解试验)、氰化钾培养基(氰化钾培养基生长试验),于36℃±1℃培养18~24小时,必要时可延长至48小时。

沙门氏菌属常见生化反应模式见实训表6-7。

实训表6-7　沙门氏菌属常见生化反应模式

反应序号	硫化氢	靛基质	pH 7.2尿素	氰化钾	赖氨酸脱羧酶
A1	+	-	-	-	+
A2	+	+	-	-	+
A3	-	-	-	-	+/-

若生化反应模式为A1,则判定为沙门氏菌属。若尿素、KCN和赖氨酸脱羧酶三项试验结果中有一项异常,则再按实训表6-8判定;如有两项异常为非沙门氏菌。

实训表6-8　沙门氏菌属生化反应初步鉴别表

pH 7.2尿素	氰化钾	赖氨酸脱羧酶	判定结果
-	-	-	甲型副伤寒沙门氏菌(要求血清学鉴定结果)
-	+	+	沙门氏菌Ⅳ或Ⅴ(要求符合本群生化特性)
+	-	+	沙门氏菌个别变体(要求血清学鉴定结果)

若生化反应模式为A2，则补做甘露醇和山梨醇试验，沙门氏菌属靛基质阳性变体两项试验结果均为阳性，但需要结合血清学鉴定结果进行判定。

若生化反应模式为A3，则补做β-半乳糖苷酶试验（ONPG）。ONPG阴性为沙门氏菌，同时赖氨酸脱羧酶试验应为阳性（甲型副伤寒沙门氏菌为阴性）。

（5）血清学鉴定：用已知沙门氏菌抗血清与待鉴定沙门氏菌做玻片凝集试验，测定其菌体（O）抗原和鞭毛（H）抗原种类，以判定该沙门氏菌的具体血清型别。95%以上的沙门氏菌都属于A～F群，常见菌型约20个，故血清学分型时，可首先用A～F多价O血清，若发生凝集，则属于沙门氏菌属A～F 6个群，再依次用O4、O3、O10、O7、O8、O9、O2、O11因子血清和H因子血清做玻片凝集，根据试验结果判定其具体群别和型别。沙门氏菌的抗原种类见表7-4。

【实训报告】综合以上生化实验和血清学分型鉴定结果，报告25g（ml）样品中检出或未检出沙门氏菌（实训表6-9）。

实训表6-9　沙门氏菌检验记录及报告

<table>
<tr><td>样品名称</td><td colspan="2"></td><td>检验项目</td><td></td><td colspan="2">检验日期</td><td></td></tr>
<tr><td>样品编号</td><td colspan="2"></td><td>样品数量</td><td></td><td colspan="2">样品状态</td><td>□固体
□液体</td></tr>
<tr><td>检验依据</td><td colspan="2"></td><td>取样方法</td><td></td><td colspan="2">报告日期</td><td></td></tr>
<tr><td>参加人员</td><td colspan="3"></td><td>主要仪器</td><td colspan="3"></td></tr>
<tr><td rowspan="10">检验结果</td><td rowspan="3">增菌培养</td><td colspan="2">培养基、试剂</td><td colspan="2">培养条件</td><td colspan="2">现象</td></tr>
<tr><td colspan="2"></td><td colspan="2"></td><td colspan="2"></td></tr>
<tr><td colspan="2"></td><td colspan="2"></td><td colspan="2"></td></tr>
<tr><td rowspan="3">分离培养</td><td colspan="2">培养基</td><td colspan="2">培养条件</td><td colspan="2">菌落特征</td></tr>
<tr><td colspan="2"></td><td colspan="2"></td><td colspan="2"></td></tr>
<tr><td colspan="2"></td><td colspan="2"></td><td colspan="2"></td></tr>
<tr><td>镜检结果</td><td colspan="6"></td></tr>
<tr><td>生化试验</td><td colspan="6"></td></tr>
<tr><td>血清学鉴定</td><td colspan="6"></td></tr>
<tr><td>计数结果</td><td colspan="6"></td></tr>
<tr><td>检验报告</td><td colspan="7"></td></tr>
</table>

【实训提示】

1. 培养基应新鲜配制，并在规定时间内使用。分离平板在使用前应于36℃恒温箱内倒置培养1～2小时，使其表面温润，以利细菌生长和分离。

2. 用于鉴定的可疑菌落应挑取单个菌落。

3. 接种三糖铁琼脂和赖氨酸脱羧酶试验培养基的同时，也可直接接种蛋白胨水、尿素培养基和氰化钾培养基进行相应生化试验。已挑菌落的平板储存于2～5℃或室温至少保留24小时，以备必要时复查。

4. 氰化钾试验时试管口应密塞，以防氰化钾分解成氢氰酸气体逸出，致使氰化钾浓度降低，抑制菌作用下降，造成假阳性。

5. 沙门氏菌是肠道重要的致病菌，凡是用过的所有增菌、分离、生化试验、血清凝集试验的器物以及镜检后的玻片等，均应灭菌后方能洗涤。

【实训思考】

1. 沙门氏菌检验过程中，样品做前增菌的主要目的是什么？

2. 食品中沙门氏菌检测的基本程序是什么？

（许子刚、李淑荣）

任务四　志贺菌属检验

◆ 知识准备

志贺菌属细菌为革兰氏阴性杆菌，不形成芽孢，无荚膜，无鞭毛，有菌毛。

本菌属需氧或兼性厌氧，营养要求不高，能在普通培养基上生长，最适温度为37℃，最适pH为6.4~7.8。在HE琼脂平板上呈浅蓝绿色菌落，菌落无黑色中心；在伊红亚甲蓝琼脂平板上为无色或半透明菌落；在液体培养基中呈均匀浑浊生长，无菌膜形成。

本菌属都能分解葡萄糖产酸不产气。大多不发酵乳糖，仅宋内菌迟缓发酵乳糖。靛基质产生不定，甲基红阳性，VP试验阴性，不分解尿素，不产生H_2S。

◆ 实训

【实训目的】

1. 明确食品中志贺菌属检验的卫生学意义。

2. 理解志贺菌属检验的检验原理。

3. 学会食品中志贺菌属检验的定性检验。

【实训内容】

1. 实训材料和器具

（1）检验样品：肉及肉制品。

（2）培养基与试剂：麦康凯（MAC）琼脂、木塘赖氨酸脱氧胆酸盐（XLD）琼脂、三糖铁（TSI）琼脂及其他生化试验培养基、志贺菌属诊断血清等。

（3）仪器及用具：天平、均质器、培养箱、显微镜、灭菌广口瓶、灭菌培养皿、酒精灯、载玻片、灭菌金属匙或玻璃棒等。

2. 检验程序

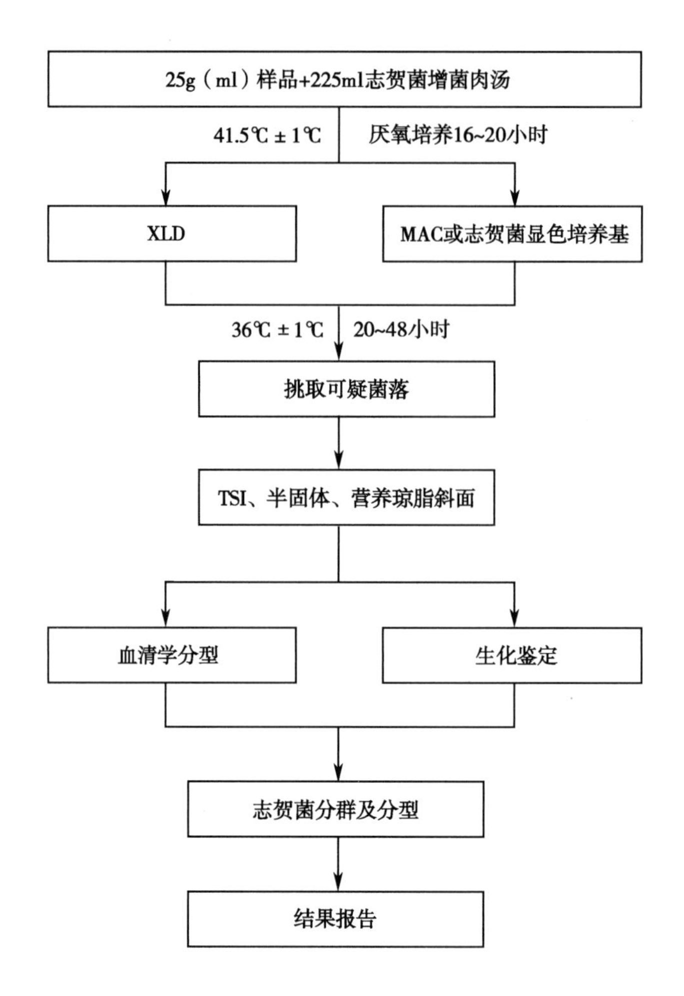

3. 实训方法和步骤

（1）样品处理与增菌培养：以无菌操作称取检样 25g（ml），加入装有灭菌 225ml 志贺菌增菌肉汤的均质杯，均质处理 1~2 分钟，于 41.5℃±1℃厌氧培养 16~20 小时。

（2）分离培养：取上述志贺菌增菌液，分别划线接种于 XLD 琼脂平板、MAC 琼脂平板（或志贺菌显色培养基平板）上，于 36℃±1℃培养 20~24 小时后，观察各个平板上生长的菌落形态。若出现的菌落不典型或菌落较小不易观察，则继续培养至 48 小时再进行观察。志贺菌在不同选择性琼脂平板上的菌落特征见实训表 6-10。

实训表 6-10　志贺菌在常用选择性琼脂平板上的菌落特性

选择性琼脂平板	志贺菌的菌落特征
MAC	无色至浅粉红色，半透明、光滑、湿润、圆形、边缘整齐或不齐
XLD	浅粉红色至无色，半透明、光滑、湿润、圆形、边缘整齐或不齐

（3）初步生化试验：自选择性琼脂平板上分别挑取 2 个以上典型或可疑菌落，分别接种 TSI、半固体和营养琼脂斜面各一支，36℃±1℃培养 20~24 小时后观察结果。若出现实训表 6-11 中的结果，则挑取营养琼脂斜面上生长的菌苔，进行生化试验和血清学分型。

实训表 6-11　志贺菌属 TSI 及动力试验结果

	TSI				动力（半固体中）
	斜面	底层	气体	H_2S	
志贺菌	K	A	-	-	-

注：+阳性；-阴性。K 产碱，红色；A 产酸，黄色。

（4）生化试验及附加生化试验

1）生化试验：从已培养营养琼脂斜面上挑取生长的菌苔，进行 β-半乳糖苷酶、尿素、赖氨酸脱羧酶、鸟氨酸脱羧酶、水杨苷和七叶苷分解试验。由于福氏志贺菌 6 型与痢疾志贺菌、鲍氏志贺菌的生化特性相似，必要时还需加做靛基质、甘露醇、棉子糖、甘油试验。

也可取菌苔进行革兰氏染色镜检和氧化酶试验，志贺菌为氧化酶阴性的革兰氏阴性杆菌。

志贺菌的生化试验结果见实训表 6-12。若生化反应不符合的菌株，即使能与某种志贺菌分型血清发生凝集，仍不得判定为志贺菌属。

实训表 6-12　志贺菌属的生化特征

生化反应	A 群：痢疾志贺菌	B 群：福氏志贺菌	C 群：鲍氏志贺菌	D 群：宋内氏志贺菌
β-半乳糖苷酶	-[a]	-	-[a]	+
尿素	-	-	-	-
赖氨酸脱羧酶	-	-	-	-
鸟氨酸脱羧酶	-	-	-[b]	+
水杨苷	-	-	-	-
七叶苷	-	-	-	-
靛基质	-/+	(+)	-/+	-
甘露醇	-	+[c]	+	+
棉子糖	-	+	-	+
甘油	(+)	-	(+)	d

注：+阳性；-阴性；-/+多数阴性；+/-多数阳性；(+)迟缓阳性；d 有不同生化型。

[a]痢疾志贺 I 型和鲍氏 13 型为阳性；[b] 鲍氏 13 型为鸟氨酸阳性；[c] 福氏 4 型和 6 型常见甘露醇阴性变种。

2）附加生化试验：某些不活泼的大肠埃希氏菌、A-D（碱性-异型）菌的部分生化特征与志贺菌相似，并能与某种志贺菌分型血清发生凝集，因此前面生化试验符合志贺菌属的培养物还需进行葡萄糖铵、西蒙柠檬酸盐、黏液酸盐试验（36℃培养 24~48 小时）。志贺菌属和不活泼大肠埃希氏菌、A-D 菌的生化特性区别见实训表 6-13。

实训表 6-13　志贺菌属和不活泼大肠埃希氏菌、A-D 菌的生化特性区别

生化反应	A 群：痢疾志贺菌	B 群：福氏志贺菌	C 群：鲍氏志贺菌	D 群：宋内志贺菌	大肠埃希氏菌	A-D 菌
葡萄糖铵	-	-	-	-	+	+
西蒙柠檬酸盐	-	-	-	-	d	d
黏液酸盐	-	-	-	d	+	d

注：+阳性；-阴性；d 有不同生化型。

在葡萄糖铵、西蒙柠檬酸盐、黏液酸盐试验三项反应中志贺菌一般为阴性，而不活泼的大肠埃希氏菌、A-D（碱性-异型）菌至少有一项反应为阳性。

(5)血清学鉴定:用志贺菌抗血清与待鉴定菌做玻片凝集试验,帮助鉴定志贺菌的血清型与亚型。

先用四种志贺菌多价血清检查,如果呈现凝集,则再用相应各群多价血清分别试验。先用B群福氏志贺菌多价血清进行试验,如呈现凝集,再用其群和型因子血清分别检查;如果B群多价血清不凝集,则用D群宋内志贺菌血清进行试验,如呈现凝集,则用其Ⅰ相和Ⅱ相血清检查;如果B、D群多价血清都不凝集,则用A群痢疾志贺菌多价血清及1~12各型因子血清检查;如果上述三种多价血清都不凝集,可用C群鲍氏志贺菌多价检查,并进一步用1~18各型因子血清检查。福氏志贺菌各型及亚型的型抗原及群抗原鉴别见实训表6-14。

实训表6-14　福氏志贺菌各型及亚型的型抗原及群抗原鉴别

型和亚型	型抗原	群抗原	在群因子血清中的凝集		
			3，4	6	7，8
1a	Ⅰ	4	+	-	-
1b	Ⅰ	(4),6	(+)	+	-
2a	Ⅱ	3,4	+	-	-
2b	Ⅱ	7,8	-	-	+
3a	Ⅲ	(3,4),6,7,8	(+)	+	+
3b	Ⅲ	(3,4),6	(+)	+	-
4a	Ⅳ	3,4	+	-	-
4b	Ⅳ	6	-	+	-
4c	Ⅳ	7,8	-	-	+
5a	Ⅴ	(3,4)	(+)	-	-
5b	Ⅴ	7,8	-	-	+
6	Ⅵ	4	+	-	-
X	-	7,8	-	-	+
Y	-	3,4	+	-	-

注:+凝集;-不凝集;()有或无。

【实训报告】 综合以上生化试验和血清学鉴定的结果,报告25g(ml)样品中检出或未检志贺菌(实训表6-15)。

【实训提示】

1. 志贺菌在常温存活期很短,因此,当样品采集后,应尽快进行检测. 如果在24小时内检测,样品可保存在冰箱内。

2. 厌氧环境41.5℃培养,可排除需氧菌和大部分不耐热的厌氧菌与兼性厌氧菌干扰。

3. 使用志贺菌增菌肉汤-新生霉素进行增菌,可排除革兰氏阳性菌和部分革兰氏阴性肠杆菌(如变形杆菌等)的干扰。

实训表 6-15　志贺菌检验记录及报告

<table>
<tr><td>样品名称</td><td colspan="2"></td><td>检验项目</td><td></td><td colspan="2">检验日期</td><td></td></tr>
<tr><td>样品编号</td><td colspan="2"></td><td>样品数量</td><td></td><td colspan="2">样品状态</td><td>□固体
□液体</td></tr>
<tr><td>检验依据</td><td colspan="2"></td><td>取样方法</td><td></td><td colspan="2">报告日期</td><td></td></tr>
<tr><td>参加人员</td><td colspan="3"></td><td>主要仪器</td><td colspan="3"></td></tr>
<tr><td rowspan="9">检验结果</td><td rowspan="3">增菌培养</td><td colspan="2">培养基、试剂</td><td colspan="2">培养条件</td><td colspan="2">现象</td></tr>
<tr><td colspan="2"></td><td colspan="2"></td><td colspan="2"></td></tr>
<tr><td colspan="2"></td><td colspan="2"></td><td colspan="2"></td></tr>
<tr><td rowspan="3">分离培养</td><td colspan="2">培养基</td><td colspan="2">培养条件</td><td colspan="2">菌落特征</td></tr>
<tr><td colspan="2"></td><td colspan="2"></td><td colspan="2"></td></tr>
<tr><td colspan="2"></td><td colspan="2"></td><td colspan="2"></td></tr>
<tr><td>镜检结果</td><td colspan="6"></td></tr>
<tr><td>生化试验</td><td colspan="6"></td></tr>
<tr><td>血清学鉴定</td><td colspan="6"></td></tr>
<tr><td>检验报告</td><td colspan="7"></td></tr>
</table>

【实训思考】

1. 志贺菌检验有哪些基本步骤？
2. 志贺菌在 MAC 琼脂、XLD 琼脂平板上的菌落特征如何？

（许子刚）

任务五　致泻大肠埃希氏菌检验

◆ 知识准备

致泻大肠埃希氏菌俗称致病性大肠埃希氏菌，是一类能引起人体以腹泻症状为主、可经过污染食物引起人类发病的大肠埃希氏菌。常见类别有肠致病性大肠埃希氏菌（EPEC）、肠侵袭性大肠埃希氏菌（EIEC）、肠毒素性大肠埃希氏菌（ETEC）、肠出血性大肠埃希氏菌（EHEC）和肠集聚性大肠埃希氏菌（EAEC）。

该菌为革兰氏染色阴性的短小杆菌，多数菌株有菌毛，有的菌株具有荚膜或微荚膜，不形成芽孢。兼性厌氧，在有氧条件下生长良好。最适生长温度为 36℃，在 42~44℃ 条件下仍能生长；最适生长 pH 为 7.2~7.4。在伊红亚甲蓝（EMB）琼脂上形成紫黑色带金属光泽的菌落、麦康凯（MAC）琼脂上形成红色菌落。

可分解葡萄糖、乳糖产酸产气；靛基质试验阳性、不产 H_2S、氰化钾培养基中不生长。

◆ 实训

【实训目的】

1. 明确食品中致泻大肠埃希氏菌检验的卫生学意义。

2. 理解致泻大肠埃希氏菌检验的原理。

3. 学会食品中致泻大肠埃希氏菌检验的定性检验。

【实训内容】

1. 实训材料和器具

（1）检验样品：肉及肉制品。

（2）培养基与试剂：乳糖胆盐发酵管、营养肉汤、肠道菌增菌肉汤、伊红亚甲蓝琼脂（EMB）、麦康凯琼脂、三糖铁琼脂（TSI）、生化试验培养基等。

（3）仪器及用具：恒温培养箱、显微镜、离心机、均质器、超净工作台、高压灭菌锅、灭菌器材等。

2. 检验程序

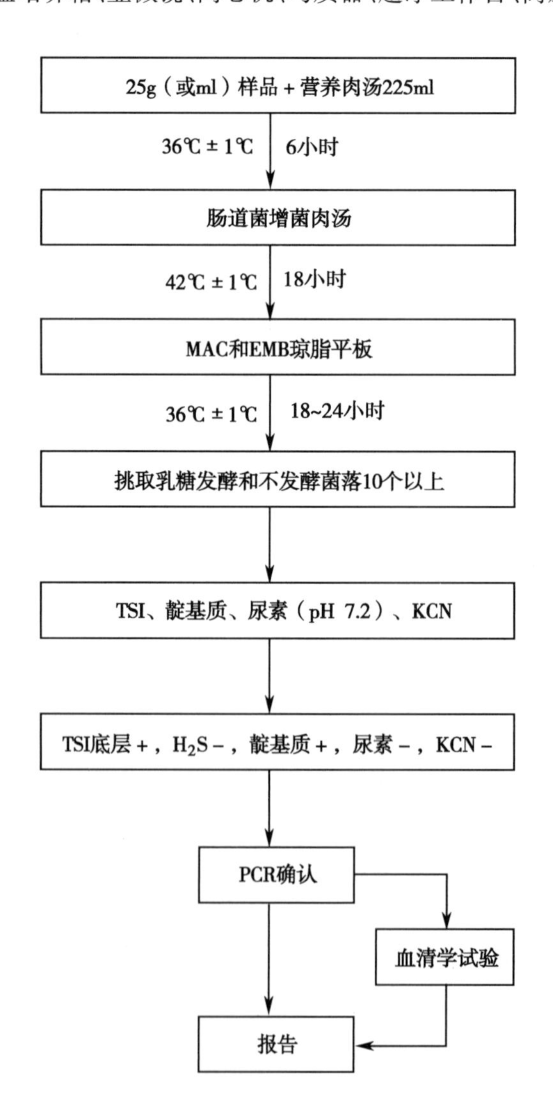

3. 实训方法和步骤

（1）样品处理与增菌培养：无菌操作称取检样25g，加入装有225ml营养肉汤的均质杯或均质袋中，均质处理1～2分钟，置于36℃±1℃培养6小时后，取出10μl接种于30ml肠道菌增菌肉汤管内，于42℃培养18小时。

（2）分离培养：取上述增菌液划线接种MAC和EMB琼脂平板，于36℃±1℃培养18～24小时后观察菌落特征。在MAC培养基上，分解乳糖的典型菌落为砖红色至桃红色，不分解乳糖的菌落为无色或淡粉色。在EMB培养基上，分解乳糖的典型菌落为中心黑色带或不带金属光泽，不分解乳糖的菌落为无色或淡粉色。

（3）生化试验鉴定：从MAC和EMB琼脂平板挑取可疑菌落10～20个（10个以下全选），分别接种三糖铁琼脂（TSI）斜面，同时将这些培养物分别接种蛋白胨水、pH 7.2尿素琼脂、氰化钾肉汤培养基，于36℃±1℃培养18～24小时。大肠埃希氏菌的反应结果如实训表6-16。

实训表6-16　大肠埃希氏菌生化试验结果

	TSI				靛基质	尿素分解	KCN
	斜面	底层	气体	H_2S			
大肠埃希氏菌	A/K	A	+	-	+	-	-

注：+阳性；-阴性。K产碱，红色；A产酸，黄色。

若待检菌的H_2S、KCN、尿素分解试验中有任一项为阳性，则为非大肠埃希氏菌。必要时做革兰氏染色和氧化酶试验，大肠埃希氏菌为革兰氏阴性杆菌、氧化酶阴性。

（4）PCR确认试验：取生化反应符合大肠埃希氏菌特征的菌落进行PCR试验，以确认。

（5）血清学试验（选做项目）：取PCR试验确认为致泻大肠埃希氏菌的菌落，与抗血清进行玻片凝集试验，鉴定其O抗原与H抗原，以确定该致泻大肠埃希氏菌的血清型别。致泻大肠埃希氏菌主要的O抗原见实训表6-17。

实训表6-17　致泻大肠埃希氏菌所包括的O抗原群

大肠埃希氏菌种类	包括的O抗原群
肠致病性大肠埃希氏菌（EPEC）	O26，O55，O86，O111ab，O114，O119，O125ac，O127，O128ab，O142，O158等
肠出血性大肠埃希氏菌（EHEC）	O157等
肠侵袭性大肠埃希氏菌（EIEC）	O28ac，O29，O112ac，O115，O124，O135，O136，O143，O144，O152，O164，O167等
肠毒素性大肠埃希氏菌（ETEC）	O6，O11，O15，O20，O25，O27，O63，O78，O85，O114，O115，O126，O128ac，O148，O149，O159，O166，O167等
肠集聚性大肠埃希氏菌（EAEC）	O9，O62，O73，O101，O134等

【实训报告】综合以上生化试验、PCR确认试验的结果，报告25g（或25ml样品中检出或未检出某类致泻大肠埃希氏菌。如果进行了血清学鉴定，则根据结果，报告25g（或25ml）样品中检出的某类致泻大肠埃希氏菌的血清型别（实训表6-18）。

实训表 6-18　致泻大肠埃希氏菌检验记录及报告

<table>
<tr><td>样品名称</td><td colspan="2"></td><td>检验项目</td><td></td><td colspan="2">检验日期</td><td></td></tr>
<tr><td>样品编号</td><td colspan="2"></td><td>样品数量</td><td></td><td colspan="2">样品状态</td><td>□固体
□液体</td></tr>
<tr><td>检验依据</td><td colspan="2"></td><td>取样方法</td><td></td><td colspan="2">报告日期</td><td></td></tr>
<tr><td>参加人员</td><td colspan="3"></td><td>主要仪器</td><td colspan="3"></td></tr>
<tr><td rowspan="9">检验结果</td><td rowspan="3">增菌培养</td><td colspan="2">培养基、试剂</td><td colspan="2">培养条件</td><td colspan="2">现象</td></tr>
<tr><td colspan="2"></td><td colspan="2"></td><td colspan="2"></td></tr>
<tr><td colspan="2"></td><td colspan="2"></td><td colspan="2"></td></tr>
<tr><td rowspan="3">分离培养</td><td colspan="2">培养基</td><td colspan="2">培养条件</td><td colspan="2">菌落特征</td></tr>
<tr><td colspan="2"></td><td colspan="2"></td><td colspan="2"></td></tr>
<tr><td colspan="2"></td><td colspan="2"></td><td colspan="2"></td></tr>
<tr><td>镜检结果</td><td colspan="6"></td></tr>
<tr><td>生化试验</td><td colspan="6"></td></tr>
<tr><td>血清学鉴定</td><td colspan="6"></td></tr>
<tr><td>检验报告</td><td colspan="7"></td></tr>
</table>

【实训提示】

1. 从选择性平板上挑取可疑菌落时，应挑取乳糖发酵，以及乳糖不发酵和迟缓发酵的菌落。

2. 生化试验鉴定时，也可以使用生化鉴定试剂盒或微生物鉴定系统进行鉴定。

【实训思考】

1. 食品中能否允许有致泻大肠埃希氏菌的存在？为什么？

2. 为何要使用纯化好的单一菌落来进行鉴定？

（许子刚、李淑荣）

任务六　大肠埃希氏菌 O157：H7/NM 检验

◆ 知识准备

大肠埃希氏菌 O157：H7 是肠出血性大肠埃希氏菌（EHEC）的一个血清型，是一种感染剂量低、致病性强、临床暂无特效治疗药物的肠道致病菌，在世界范围内多次暴发流行，构成了严重的公共卫生问题。

大肠埃希氏菌 O157：H7/NM 与肠道外大肠埃希氏菌的形态、培养、生化反应等基本生物学特征相似，不同之处主要是本菌有特殊的血清型、不发酵山梨醇、不能分解 4-甲基伞形酮-β-*D*-葡萄糖醛酸苷（MUG）产生荧光，故常运用这些特征帮助鉴定大肠埃希氏菌 O157：H7/NM。

◆ 实训

【实训目的】

1. 理解食品中大肠埃希氏菌 O157：H7/NM 检验的卫生学意义。

2. 了解食品中大肠埃希氏菌 O157：H7/NM 的常规培养法。

【实训内容】

1. 实训材料和器具

(1)检验样品:肉及肉制品。

(2)培养基与试剂:改良 EC 肉汤(mEC+n)、改良山梨醇麦康凯(CT-SMAC)琼脂平板、大肠埃希氏菌 O157 显色琼脂平板、三糖铁(TSI)琼脂、月桂基磺酸盐蛋白胨肉汤-MUG、氧化酶试剂、革兰氏染色液、大肠埃希氏菌 O157 和 H7 诊断血清或 O157 乳胶凝聚试剂、API20E 生化鉴定试剂盒等。

(3)仪器设备:天平、均质器、恒温培养箱、显微镜、无菌器材、紫外线灯等。

2. 检验程序

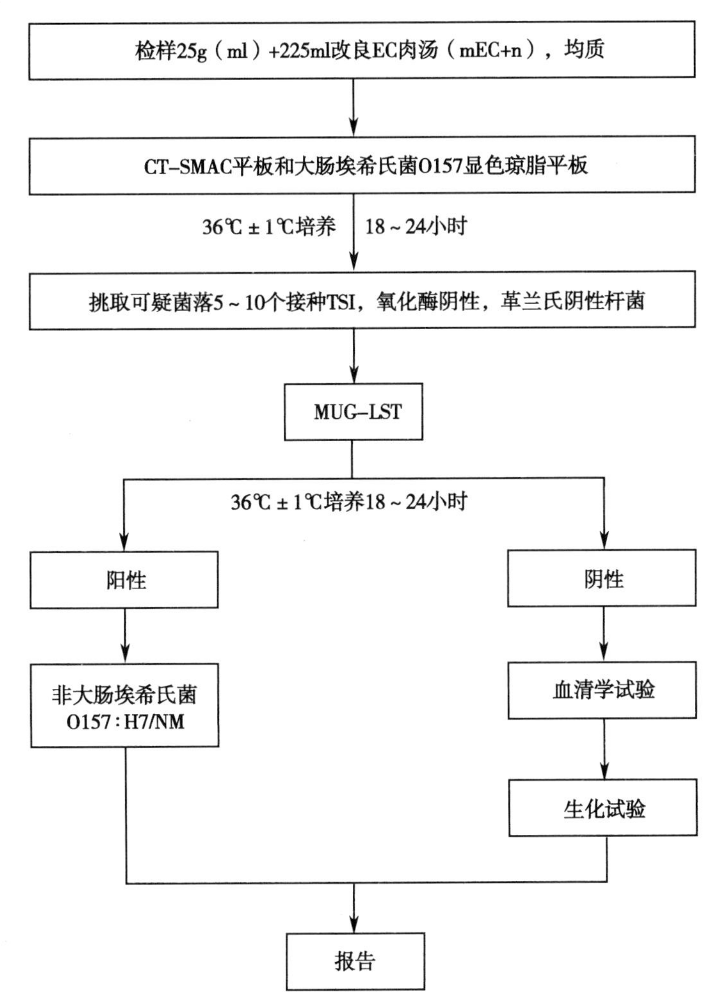

3. 实训方法和步骤

(1)样品处理与增菌培养:无菌操作取检样 25g(ml),加入到含有 225ml　mEC+n 肉汤的均质袋或均质杯中,均质 1~2 分钟,置于 36℃±1℃ 培养 18~24 小时。

（2）分离培养：取增菌后的 mEC+n 肉汤，划线接种于 CT-SMAC 平板和大肠埃希氏菌 O157 显色琼脂平板上，于 36℃±1℃培养 18～24 小时后，取出观察有无可疑菌落。大肠埃希氏菌 O157 因为不分解山梨醇，故在 CT-SMAC 平板上的典型菌落为较小的无色菌落、中心呈现较暗的灰褐色。在大肠埃希氏菌 O157 显色琼脂平板的菌落按产品说明书进行判断。

（3）初步生化试验：在上述平板上挑取 5～10 个可疑菌落，分别接种 TSI 琼脂斜面和 MUG-LST 肉汤（MUG 试验应同时用标准菌株做阳性和阴性对照），于 36℃±1℃培养 18～24 小时后，将 MUG-LST 肉汤管置于长波紫外线灯下观察，有荧光者为试验阳性，无荧光者为阴性。将分解乳糖，H_2S 阴性且无荧光的菌株在营养琼脂平板分纯。必要时进行氧化酶试验和革兰氏染色。大肠埃希氏菌 O157 的反应结果如实训表 6-19。

实训表 6-19　大肠埃希氏菌 O157 初步生化试验结果

TSI				MUG	氧化酶	G 染色
斜面	底层	产气	H_2S			
A	A	+/-	-	-	-	革兰氏阴性杆菌

注：+阳性；+/-多数阳性；-阴性。A 产酸，黄色。

（4）鉴定

1）血清学试验：在营养琼脂平板上挑取分纯的菌落，用 O157：H7 标准血清或 O157 乳胶凝集试剂作玻片凝集试验。如果与 H7 因子血清不发生凝集，则穿刺接种半固体琼脂，经连续传代 3 次，动力试验均为阴性，则确定为无动力株。

2）生化试验：进一步做全面生化试验鉴定，大肠埃希氏菌 O157：H7/NM 的生化反应特征见实训表 6-20。

实训表 6-20　大肠埃希氏菌 O157：H7/ NM 生化反应特征

生化实验	特征反应
三糖铁琼脂	底层及斜面呈黄色，硫化氢阴性
山梨醇	阴性或迟缓发酵
靛基质	阳性
MR-VP	MR 阳性，VP 阴性
氧化酶	阴性
西蒙柠檬酸盐	阴性
赖氨酸脱羧酶	阳性（紫色）
鸟氨酸脱羧酶	阳性（紫色）
纤维二糖发酵	阴性
棉子糖发酵	阳性
MUG 试验	阴性
动力试验	有动力或无动力

4. 实训报告　综合以上生化试验和溶血试验的结果，报告 25g（ml）样品中检出或未检出大肠

埃希氏菌 O157：H7 或大肠埃希氏菌 O157：NM（实训表 6-21）。

实训表 6-21　大肠埃希氏菌 O157：H7/ NM 检验记录及报告

<table>
<tr><td>样品名称</td><td colspan="2"></td><td>检验项目</td><td></td><td colspan="2">检验日期</td><td></td></tr>
<tr><td>样品编号</td><td colspan="2"></td><td>样品数量</td><td></td><td colspan="2">样品状态</td><td>□固体
□液体</td></tr>
<tr><td>检验依据</td><td colspan="2"></td><td>取样方法</td><td></td><td colspan="2">报告日期</td><td></td></tr>
<tr><td>参加人员</td><td colspan="3"></td><td>主要仪器</td><td colspan="3"></td></tr>
<tr><td rowspan="9">检验结果</td><td rowspan="3">增菌培养</td><td colspan="2">培养基、试剂</td><td colspan="2">培养条件</td><td colspan="2">现象</td></tr>
<tr><td colspan="2"></td><td colspan="2"></td><td colspan="2"></td></tr>
<tr><td colspan="2"></td><td colspan="2"></td><td colspan="2"></td></tr>
<tr><td rowspan="3">分离培养</td><td colspan="2">培养基</td><td colspan="2">培养条件</td><td colspan="2">菌落特征</td></tr>
<tr><td colspan="2"></td><td colspan="2"></td><td colspan="2"></td></tr>
<tr><td colspan="2"></td><td colspan="2"></td><td colspan="2"></td></tr>
<tr><td>镜检结果</td><td colspan="6"></td></tr>
<tr><td>生化试验</td><td colspan="6"></td></tr>
<tr><td>血清学鉴定</td><td colspan="6"></td></tr>
<tr><td>检验报告</td><td colspan="7"></td></tr>
</table>

【实训提示】

1. 可使用试剂盒或微生物鉴定系统对进行生化试验鉴定。
2. 如有需要，可进一步运用细胞培养法或分子生物学方法检测 Vero 细胞毒素基因的存在。
3. 大肠埃希氏菌 O157 在显色琼脂平板的菌落按产品说明书进行判断。

【实训思考】

1. 试比较大肠埃希氏菌和大肠埃希氏菌 O157：H7/NM 的异同。
2. 如何鉴定大肠埃希氏菌 O157：H7 的血清型别？

（许子刚）

任务七　克罗诺杆菌属（阪崎肠杆菌）检验

◆ 知识准备

阪崎肠杆菌隶属肠杆菌科、克罗诺杆菌属，为革兰氏阴性无芽孢杆菌，有周身鞭毛，兼性厌氧，最佳培养温度为 25～36℃。对营养要求不高，能在普通营养琼脂、麦康凯（MAC）琼脂、伊红美兰（EMB）琼脂、脱氧胆酸琼脂等多种培养基上生长繁殖。阪崎肠杆菌具有耐热及耐寒性，在外界环境中比其他肠道杆菌生存率强，比大多数乳品中分离得到的肠杆菌更加耐热。

阪崎肠杆菌在胰蛋白胨琼脂（TSA）、脑心浸液琼脂（BHI）及血平板上经 25～36℃ 培养 24 小时后，形成直径 1.5~2.5mm 的黄色菌落，菌落形态有 2 种：一种为典型的光滑型菌落，极易被接种环移动；另一种为干燥或黏液样，周边呈放射状，不易被接种环移动，似橡胶状，有弹性。后一种经传代后可转化为有光泽的菌落。

阪崎肠杆菌 α-葡糖苷酶表现为阳性，并缺少磷酰胺酶活性，这一点可以区别于其他肠杆菌，同时具有产生吐温-80 酯酶的能力。阪崎肠杆菌还具有氧化酶阴性、过氧化酶阳性、*D*-山梨醇阴性和细胞外 DNAase 阳性等多种特征。

◆ 实训

【实训目的】

1. 明确食品中阪崎肠杆菌检验的卫生学意义。
2. 理解食品中阪崎肠杆菌检验的原理。
3. 学会食品中阪崎肠杆菌的计数检测方法。

【实训内容】

1. 实训材料和器具

（1）检验样品：婴幼儿配方奶粉。

（2）培养基与试剂：缓冲蛋白胨水、改良月桂基硫酸盐胰蛋白胨肉汤-万古霉素、阪崎肠杆菌显色培养基、胰蛋白胨大豆琼脂、生化鉴定试剂盒、氧化酶试剂、赖氨酸脱羧酶培养基、鸟氨酸脱羧酶培养基、精氨酸双水解酶培养基、糖类发酵培养基、西蒙柠檬酸盐培养基等。

仪器及用具：均质器、恒温培养箱、超净工作台、高压灭菌锅、天平、恒温水浴锅、锥形瓶、试管、移液管等。

2. 检验程序

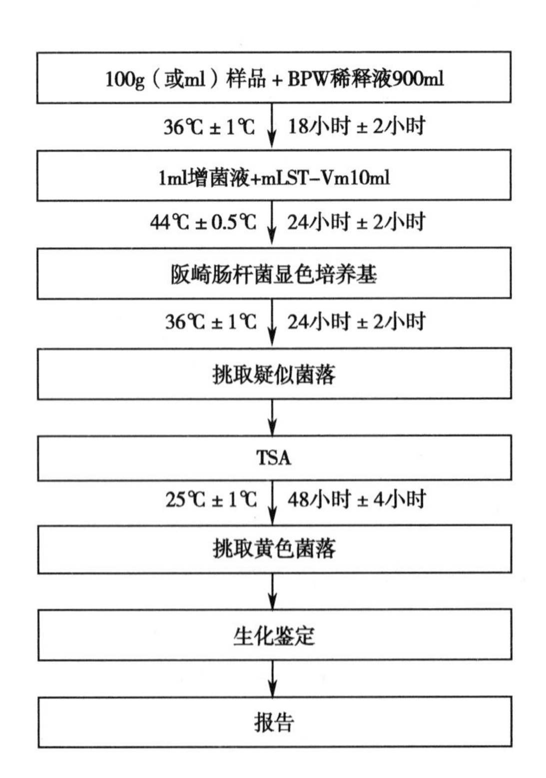

3. 实训方法和步骤

（1）样品处理与增菌培养：取检样100g（ml）置灭菌锥形瓶中，加入900ml已预热至44℃的缓冲蛋白胨水，用手缓缓地摇动至充分溶解，于36℃±1℃培养18小时±2小时后，吸取1ml转种至10ml改良月桂基硫酸盐胰蛋白胨肉汤-万古霉素（mLST-Vm）肉汤中，于44℃±0.5℃培养24小时±2小时。

（2）分离培养：取出mLST-Vm肉汤培养物，轻轻混匀后，分别取一环划线接种于2个阪崎肠杆菌显色培养基平板，36℃±1℃培养24小时±2小时，或按培养基要求条件培养。

（3）鉴定：挑取至少5个可疑菌落，不足5个时挑取全部可疑菌落，划线接种于胰蛋白胨大豆琼脂（TSA）平板，25℃±1℃培养48小时±4小时。自TSA平板上直接挑取黄色可疑菌落，进行生化鉴定。阪崎肠杆菌的主要生化特征见实训表6-22。

实训表6-22　阪崎肠杆菌的主要生化特征

生化试验	结果
黄色素产生	+
氧化酶	-
L-赖氨酸脱羧酶	-
L-鸟氨酸脱羧酶	（+）
L-精氨酸双水解酶	+
柠檬酸水解	（+）
D-山梨醇	（-）
L-鼠李糖	+
D-蔗糖	+
D-蜜二糖	+
苦杏仁甙	+

注：+阳性；-阴性；（+）多为阳性；（-）多为阴性。

4. 阪崎肠杆菌的计数检测

（1）样品的稀释：取样品100g（ml）、10g（ml）、1g（ml）各3份，分别加入900ml、90ml、9ml已预热至44℃的BPW，轻轻振摇使充分溶解，制成1∶10样品匀液，置36℃±1℃培养18小时±2小时。分别取1ml培养液转种于10ml mLST-Vm肉汤，44℃±0.5℃培养24小时±2小时。

（2）分离、鉴定：按“3. 实训方法和步骤”中“分离培养、鉴定”的方法，分别确认100g（ml）、10g（ml）、1g（ml）培养管的阳性反应管数。

（3）结果与报告

1）定性检验结果报告：综合菌落形态和生化鉴定结果，报告每100g（ml）样品中检出或未检出阪崎肠杆菌（实训表6-24）。

2）计数检测结果报告：根据阪崎肠杆菌的阳性管数，查MPN检索表（见实训表6-23），报告每100g（ml）样品中阪崎肠杆菌的MPN值（实训表6-24）。

实训表 6-23 阪崎肠杆菌最可能数 MPN 表

阳性管数			MPN	95%可信限		阳性管数			MPN	95%可信限	
100	10	1		下限	上限	100	10	1		下限	上限
0	0	0	<0.3	–	0.95	2	2	0	2.1	0.45	4.2
0	0	1	0.3	0.015	0.96	2	2	1	2.8	0.87	9.4
0	1	0	0.3	0.015	1.1	2	2	2	3.5	0.87	9.4
0	1	1	0.61	0.12	1.8	2	3	0	2.9	0.87	9.4
0	2	0	0.62	0.12	1.8	2	3	1	3.6	0.87	9.4
0	3	0	0.94	0.36	3.8	3	0	0	2.3	0.46	9.4
1	0	0	0.36	0.017	1.8	3	0	1	3.8	0.87	11
1	0	1	0.72	0.13	1.8	3	0	2	6.4	1.7	18
1	0	2	1.1	0.36	3.8	3	1	0	4.3	0.9	18
1	1	0	0.74	0.13	2	3	1	1	7.5	1.7	20
1	1	1	1.1	0.36	3.8	3	1	2	12	3.7	42
1	2	0	1.1	0.36	4.2	3	1	3	16	4	42
1	2	1	1.6	0.45	4.2	3	2	0	9.3	1.8	42
1	3	0	1.6	0.45	4.2	3	2	1	15	3.7	42
2	0	0	0.92	0.14	3.8	3	2	2	21	4	43
2	0	1	1.4	0.36	4.2	3	2	3	29	9	100
2	0	2	2	0.45	4.2	3	3	0	24	4.2	100
2	1	0	1.5	0.37	4.2	3	3	1	46	9	200
2	1	1	2	0.45	4.2	3	3	2	110	18	410
2	1	2	2.7	0.87	9.4	3	3	3	>110	42	–

实训表 6-24 阪崎肠杆菌检验记录及报告

<table>
<tr><td>样品名称</td><td colspan="2"></td><td>检验项目</td><td></td><td colspan="2">检验日期</td><td></td></tr>
<tr><td>样品编号</td><td colspan="2"></td><td>样品数量</td><td></td><td colspan="2">样品状态</td><td>□固体
□液体</td></tr>
<tr><td>检验依据</td><td colspan="2"></td><td>取样方法</td><td></td><td colspan="2">报告日期</td><td></td></tr>
<tr><td>参加人员</td><td colspan="3"></td><td>主要仪器</td><td colspan="3"></td></tr>
<tr><td rowspan="9">检验结果</td><td rowspan="3">增菌培养</td><td colspan="2">培养基、试剂</td><td colspan="2">培养条件</td><td colspan="2">现象</td></tr>
<tr><td colspan="2"></td><td colspan="2"></td><td colspan="2"></td></tr>
<tr><td colspan="2"></td><td colspan="2"></td><td colspan="2"></td></tr>
<tr><td rowspan="3">分离培养</td><td colspan="2">培养基</td><td colspan="2">培养条件</td><td colspan="2">菌落特征</td></tr>
<tr><td colspan="2"></td><td colspan="2"></td><td colspan="2"></td></tr>
<tr><td colspan="2"></td><td colspan="2"></td><td colspan="2"></td></tr>
<tr><td>镜检结果</td><td colspan="6"></td></tr>
<tr><td>生化试验</td><td colspan="6"></td></tr>
<tr><td>血清学鉴定</td><td colspan="6"></td></tr>
<tr><td>检验报告</td><td colspan="7"></td></tr>
</table>

【实训提示】

1. 增菌液为 BPW，其营养丰富，更利于食品检验。

2. 阪崎肠杆菌显色培养基利用阪崎特异性 α-葡糖苷酶原理，分解底物形成蓝绿色菌落，选择性极佳，注意要避光 4℃保存。

3. Vm 有效抑制 G^+，mLST-Vm 加入万古霉素目的是抑制革兰氏阳性细菌等杂菌的生长。应在培养基灭菌后、使用前加入 Vm。mLST-Vm 应新鲜配制，24 小时内使用。

4. 检验过程中应严格执行无菌操作。

【实训思考】

1. 简述阪崎肠杆菌 α-葡糖苷酶在鉴定中有何意义。

2. 试述食品中阪崎肠杆菌检验的意义。

（张少敏）

任务八　副溶血性弧菌检验

◆ 知识准备

副溶血性弧菌为革兰氏阴性，形态呈弧形或弯曲的球杆菌，无芽孢，有菌毛，一端有鞭毛。本菌需氧性很强，厌氧条件下生长缓慢；营养要求不高，生长需要适宜浓度的盐，3%～4% NaCl 环境中生长最好，无盐或食盐>10%时不能生长；最适 pH 为 7.7，最适生长温度为 36℃。在肉汤、蛋白胨水等培养基中呈现混浊，表面形成菌膜，在不同琼脂平板上有不同的菌落形态（实训表 6-25）。

实训表 6-25　副溶血性弧菌在常见平板上的菌落特征

培养基	菌落特征
35g/L NaCl 琼脂平板	呈蔓延生长，菌落边缘不整齐，凸起、光滑湿润，不透明
科玛嘉弧菌显色培养基	圆的、半透明的、表面光滑的粉紫色菌落
SS 平板	不生长或长出 1～2mm 扁平无色半透明的菌落，挑起时呈黏丝状
羊血琼脂平板	形成 2～3mm、圆形、隆起、湿润、灰白色菌落，某些菌株可形成 β 溶血或 α 溶血
TCBS 琼脂	表面光滑的蓝绿色菌落

本菌能分解葡萄糖、麦芽糖、甘露醇产酸不产气，不分解乳糖、蔗糖等。能产生靛基质，不产生硫化氢，液化明胶，能还原硝酸盐或亚硝酸盐，氧化酶、过氧化氢酶和磷脂酶均为阳性，尿素酶阴性，MR 试验阳性，VP 试验阴性，赖氨酸试验阳性，精氨酸试验阴性。在特定培养条件下，该菌产生溶血毒素，呈现溶血现象，还可产生肠毒素。

◆ 实训

【实训目的】

1. 明确食品中副溶血性弧菌检验的卫生学意义。

2. 理解副溶血性弧菌的检验原理。

3. 学会食品中副溶血性弧菌的定性检验。

【实训内容】

1. 实训材料和器具

(1)检验样品:水产品。

(2)培养基与试剂:3%氯化钠碱性蛋白胨水;硫代硫酸盐-柠檬酸盐-胆盐-蔗糖(TCBS)琼脂、胰蛋白胨大豆琼脂、弧菌显色培养基;三糖铁(TSI)琼脂、嗜盐性试验培养基、甘露醇试验培养基、赖氨酸脱羧酶试验培养基、MR-VP 培养基、我妻氏血琼脂;氧化酶试剂、革兰氏染色液等。

(3)仪器设备:均质器、恒温培养箱、光学显微镜等。

2. 检验程序

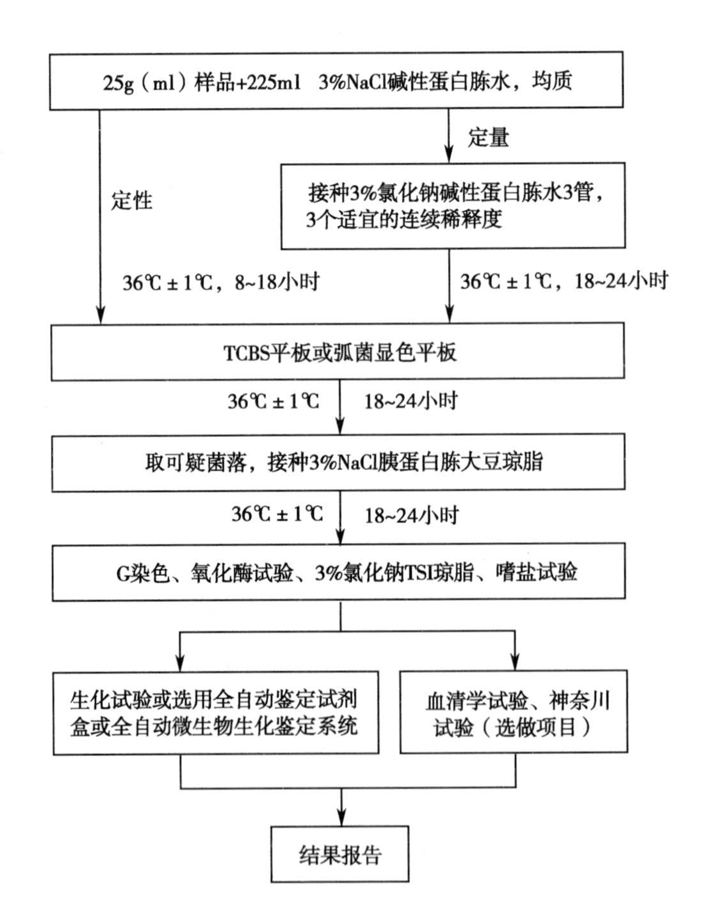

3. 实训方法和步骤

(1)样品处理:非冷冻样品采集后应及早检验或立即置 7~10℃冰箱保存;冷冻样品应在 45℃以下不超过 15 分钟或在 2~5℃不超过 18 小时解冻。

以无菌操作取样品 25g(ml),加入 3%氯化钠碱性蛋白胨水 225ml,用拍击式均质器拍击 2 分钟,制备成1∶10的样品匀液。

（2）增菌培养

1）定性检测：将上述制备的1∶10样品匀液置于36℃±1℃培养8~18小时。

2）定量检测：若需进行副溶血性弧菌计数检测，则对上述制备的1∶10样品匀液，用3%氯化钠碱性蛋白胨水进行10倍递增稀释，获得1∶100、1∶1 000等10倍系列稀释样品匀液。

根据对检样污染情况的估计，选择3个适宜的连续稀释度，每个稀释度接种3支含有9ml 3%氯化钠碱性蛋白胨水的试管，每管接种1ml。置36℃±1℃恒温箱内，培养8~18小时。

（3）分离：用接种环蘸取显示细菌生长的增菌液，划线接种至TCBS平板或弧菌显色培养基平板上，一支试管划线一块平板。平板置于36℃±1℃培养18~24小时后观察生长现象。典型的副溶血性弧菌在TCBS上呈圆形、半透明、表面光滑的绿色菌落，用接种环轻触，有类似口香糖的质感，直径2~3mm。

（4）纯培养：挑取3个或以上可疑菌落，划线接种3%氯化钠胰蛋白胨大豆琼脂平板，36℃±1℃培养18~24小时。

（5）初步鉴定：从胰蛋白胨大豆琼脂平板上挑选纯培养的单个菌落，进行如下试验。

1）氧化酶试验：副溶血性弧菌为氧化酶阳性。

2）涂片镜检：将可疑菌落涂片，进行革兰氏染色镜检。副溶血性弧菌为革兰氏阴性，呈棒状、弧状、卵圆状等多形态，无芽孢，有鞭毛。

3）TSI培养基试验：挑取单个菌落转种TSI斜面，36℃±1℃培养24小时观察结果。副溶血性弧菌在TSI中的反应为底层变黄无黑色沉淀、无气泡，斜面颜色不变或红色加深。

4）嗜盐性试验：挑取单个菌落，分别接种0、6%、8%和10%的氯化钠胰胨水，36℃±1℃培养24小时，观察液体混浊情况。副溶血性弧菌在没有和10%氯化钠的胰胨水中不生长，在6%氯化钠和8%氯化钠的胰胨水中生长旺盛。

（6）确定鉴定

1）生化试验：挑取单个菌落，分别做甘露醇发酵试验、赖氨酸脱羧酶试验、MR-VP试验、ONPG试验。副溶血性弧菌的主要生化性状见实训表6-26。

实训表6-26　副溶血性弧菌的主要生化性状

试验项目	结果
革兰氏染色镜检	阴性，无芽孢
氧化酶	+
动力	+
蔗糖	-
葡萄糖	+
甘露醇	+
分解葡萄糖产气	-
乳糖	-
硫化氢	-
赖氨酸脱羧酶	+
VP	-
ONPG	-

注：+阳性；-阴性。

2）血清学分型（选做项目）：取待检菌菌落分别与副溶血性弧菌多价 K 抗血清、O 群抗血清进行玻片凝集试验，鉴定其 K 抗原和 O 抗原，以判断其群别和型别（实训表 6-27）。

实训表 6-27　副溶血性弧菌的抗原

O 群	K 型
1	1,5,20,25,26,32,38,41,56,58,60,64,69
2	3,28
3	4,5,6,7,25,29,30,31,33,37,43,45,48,54,56,57,58,59,72,75
4	4,8,9,10,11,12,13,34,42,49,53,55,63,67,68,73
5	15,17,30,47,60,61,68
6	18,46
7	19
8	20,21,22,39,41,70,74
9	23,44
10	24,71
11	19,36,40,46,50,51,61
12	19,52,61,66
13	65

3）神奈川试验（选做项目）：取待检菌菌落点种于我妻氏血琼脂平板，每个平板上可以环状点种几个菌。36℃±1℃培养不超过 24 小时，并立即观察。阳性结果为菌落周围呈半透明环的 β 溶血。

【实训报告】

1. 定性检验结果报告：根据生化试验等鉴定结果，报告 25g（ml）样品中检出或未检出副溶血性弧菌（实训表 6-29）。

2. 计数检测结果报告：根据副溶血性弧菌的阳性管数，查 MPN 检索表（见实训表 6-28），报告 25g（ml）样品中副溶血性弧菌的 MPN 值（实训表 6-29）。

实训表 6-28　副溶血性弧菌最可能数（MPN）检索表

阳性管数			MPN	95%可信限		阳性管数			MPN	95%可信限	
0.10	0.01	0.001		下限	上限	0.10	0.01	0.001		下限	上限
0	0	0	<3.0	-	9.5	1	0	2	11	3.6	38
0	0	1	3.0	0.15	9.6	1	1	0	7.4	1.3	20
0	1	0	3.0	0.15	11	1	1	1	11	3.6	38
0	1	1	6.1	1.2	18	1	2	0	11	3.6	42
0	2	0	6.2	1.2	18	1	2	1	15	4.5	42
0	3	0	9.4	3.6	38	1	3	0	16	4.5	42
1	0	0	3.6	0.17	18	2	0	0	9.2	1.4	38
1	0	1	7.2	1.3	18	2	0	1	14	3.6	42

续表

阳性管数			MPN	95%可信限		阳性管数			MPN	95%可信限	
0.10	0.01	0.001		下限	上限	0.10	0.01	0.001		下限	上限
2	0	2	20	4.5	42	3	1	0	43	9	180
2	1	0	15	3.7	42	3	1	1	75	17	200
2	1	1	20	4.5	42	3	1	2	120	37	420
2	1	2	27	8.7	94	3	1	3	160	40	420
2	2	0	21	4.5	42	3	2	0	93	18	420
2	2	1	28	8.7	94	3	2	1	150	37	420
2	2	2	35	8.7	94	3	2	2	210	40	430
2	3	0	29	8.7	94	3	2	3	290	90	1 000
2	3	1	36	8.7	94	3	3	0	240	42	1 000
3	0	0	23	4.6	94	3	3	1	460	90	2 000
3	0	1	38	8.7	110	3	3	2	1 100	180	4 100
3	0	2	64	17	180	3	3	3	>1 100	420	—

实训表 6-29　副溶血性弧菌检验记录及报告

样品名称		检验项目		检验日期	
样品编号		样品数量		样品状态	□固体 □液体
检验依据		取样方法		报告日期	
参加人员		主要仪器			
检验结果	增菌培养	培养基、试剂	培养条件	现象	
	分离培养	培养基	培养条件	菌落特征	
	镜检结果				
	生化试验				
	血清学鉴定				
检验报告					

【实训提示】

1. 对采取的样品有时因受存放条件的影响(如低温冷冻或干燥时间过长等原因),使菌体处于受伤状态，故需对此类可疑食品或可疑中毒材料进行增菌培养，但应注意为有利于细菌恢复，不宜选用抑制性较强的培养基，否则影响细菌生长。

2. 用于副溶血性弧菌生化试验的培养基，均应含3%NaCl，以利于该菌生长。

3. 迅速及迟缓分解乳糖的细菌ONPG试验为阳性，而不发酵乳糖的细菌为阴性。

4. 亦可运用生化鉴定试剂盒或全自动微生物鉴定系统对可疑菌落进行鉴定。

【实训思考】

1. 用于副溶血性弧菌生化试验的培养基为何要求含有3%NaCl?

2. 副溶血性弧菌食物中毒主要由哪一类食物引起？为什么？

（张少敏）

任务九　单核细胞增生李斯特菌检验

◆ 知识准备

单核细胞增生李斯特菌形态呈短杆菌，常成对排列；革兰氏染色为阳性，陈旧培养物多转为阴性；无芽孢、一般不形成荚膜，鞭毛形成因温度而异。

单核细胞增生李斯特菌为需氧或兼性厌氧，最适生长温度30~37℃。营养要求不高，普通培养基中可生长。在液体培养基中呈轻度浑浊，延长培养至数天后形成黏稠沉淀附着于管壁，摇动时沉淀呈螺旋状。在半固体或SIM动力培养基中20~25℃培养有动力，37℃培养则动力缓慢。在常用平板上的生长特征见实训表6-30。该菌耐低温，4℃可生长繁殖，是冷藏食品引起食物中毒的重要原因。

实训表6-30　单核细胞增生李斯特菌在常见平板上的菌落特征

平板培养基	菌落特征
普通琼脂平板	菌落直径0.2~0.4mm，光滑、半透明、微带珠光的露水样，在斜射光线下呈蓝绿色光泽
血平板	菌落直径1.0~1.5mm，灰白色、有较窄β溶血环
TSB-YE平板	菌落呈灰白色、半透明、边缘整齐
PALCAM平板	菌落小，圆形、灰绿色，周围有棕黑色水解圈，有些菌落有黑色凹陷

单核细胞增生李斯特菌触酶阳性、氧化酶阴性；可发酵葡萄糖、麦芽糖、鼠李糖等多种糖类，产酸不产气；甲基红、VP、精氨酸双水解酶试验为阳性；不产生靛基质和硫化氢，尿素酶、硝酸盐还原、赖氨酸、鸟氨酸试验均阴性。

◆ 实训

【实训目的】

1. 明确食品中单核细胞增生李斯特菌检验的卫生学意义。

2. 理解单核细胞增生李斯特菌的检验原理。

3. 学会食品中单核细胞增生李斯特菌的定性检验。

【实训内容】

1. 实训材料和器具

(1)检验样品:肉及肉制品。

(2)培养基与试剂:李氏增菌肉汤(LB_1,LB_2)、PALCAM平板、TSA-YE平板、鼠李糖、木糖发酵管、半固体琼脂、触酶试剂、缓冲葡萄糖蛋白胨水、革兰氏染液等。

(3)仪器及用具:均质器、恒温培养箱、光学显微镜、高压灭菌锅、超净工作台、锥形瓶、试管、培养皿等。

2. 检验程序

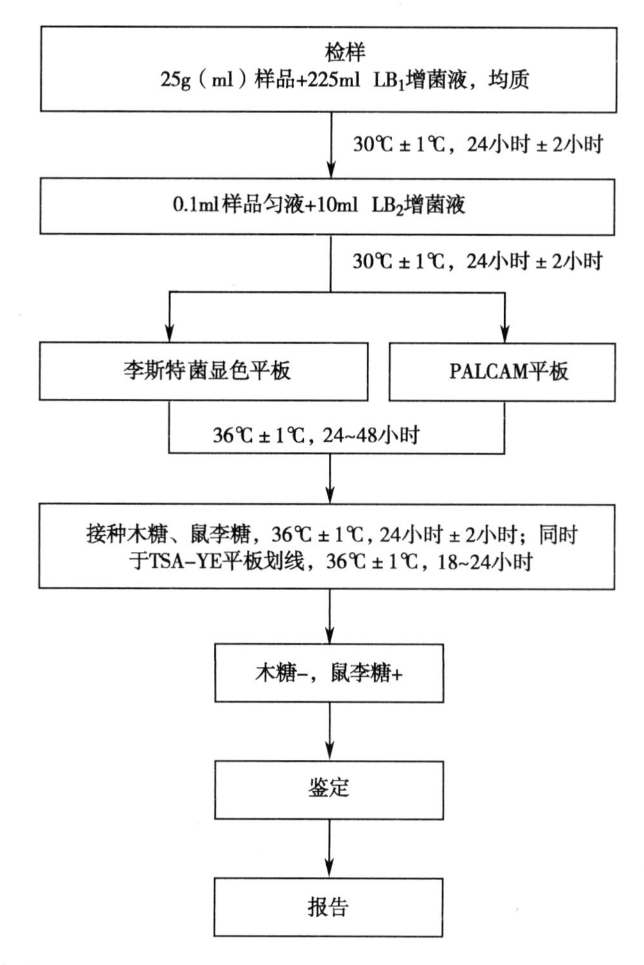

3. 实训方法和步骤

(1)样品处理:无菌操作称取检样25g(ml),加入装有225ml LB_1 增菌肉汤的均质袋或均质杯中,均质1~2分钟,制得样品匀液。

（2）增菌培养：将上述样品匀液于30℃±1℃培养24小时±2小时后，取培养液0.1ml转种于10ml LB_2 增菌肉汤中，置于30℃±1℃培养箱培养24小时±2小时。

LB_1 和 LB_2 增菌肉汤作为李斯特菌的选择性增菌培养基，其中具有较高浓度的氯化钠，且含有萘啶酮酸、吖啶黄，因而有助于抑制杂菌，但李斯特菌不受抑制。

（3）分离培养：用接种环无菌操作蘸取 LB_2 增菌培养液，分别划线接种于李斯特菌显色平板和PALCAM琼脂平板，放36℃±1℃培养24~48小时后取出。观察平板上有无疑似单核细胞增生李斯特菌的菌落。

（4）初筛：从选择性琼脂平板上分别挑取3~5个性状典型或可疑的菌落，分别接种木糖、鼠李糖发酵管，于36℃±1℃培养24小时±2小时；同时将挑取的菌落划线接种于TSA-YE平板，于36℃±1℃培养18~24小时。若木糖发酵阴性、鼠李糖发酵阳性，则从TSA-YE平板上挑取纯培养物作下述鉴定。

（5）鉴定

1）镜检：取TSA-YE平板上该菌的纯培养菌落，分别作革兰氏染色和动力观察。单核细胞增生李斯特菌为革兰氏阳性短杆菌、可呈轻微旋转或翻滚样运动。

2）动力试验：挑取上述纯培养的单个菌落穿刺半固体培养基，于25~30℃培养48小时，单核细胞增生李斯特菌在该温度下有动力，在半固体培养基上方呈伞状生长。

3）生化试验：挑取上述纯培养的单个菌落，分别进行触酶试验、糖发酵试验、甲基红试验、VP试验、七叶苷试验等。单核细胞增生李斯特菌的主要生化特征见实训表6-31。

实训表6-31　单核细胞增生李斯特菌主要生化特征

	葡萄糖	麦芽糖	甘露糖	鼠李糖	木糖	七叶苷	溶血反应	MR/VP
单核细胞增生李斯特菌	+	+	-	+	-	+	+	+/+

注：+阳性；-阴性。

4）溶血试验：在新鲜的羊血琼脂平板底面划分20~25个小格，挑取上述纯培养的单个菌落刺种到血平板上，每格刺种一个菌落。同时刺种单核细胞增生李斯特菌（或伊氏李斯特菌、或斯氏李斯特菌）作为阳性对照，刺种英诺克李斯特菌作为阴性对照。将平板放入36℃±1℃培养24~48小时，于明亮处观察刺种点周围有无溶血环。单核细胞增生李斯特菌刺种点周围呈现狭窄、清晰、明亮的溶血环。

5）协同溶血试验（cAMP）：将金黄色葡萄球菌和马红球菌平行划线接种于羊血琼脂平板，挑取上述纯培养的单个菌落垂直划线接种于平行线之间，垂直线两端不要触及平行线，距离1~2mm。同时接种单核细胞增生李斯特菌（或伊氏李斯特菌、或斯氏李斯特菌）、英诺克李斯特菌作对照。于36℃±1℃培养24~48小时。单核细胞增生李斯特菌在靠近金黄色葡萄球菌的接种端可出现β-溶血增强区域，靠近马红球菌的接种端大多不出现溶血增强现象。

（6）小鼠毒力试验：将符合上述特性的纯培养物接种于TSB-YE中，于36℃±1℃培养24小时，4 000r/min离心5分钟，弃上清液，用无菌生理盐水制备成浓度为 10^{10} CFU/ml的菌悬液。取此菌悬液注射于3~5只小鼠腹腔，每只0.5ml。同时用已知菌液作阳性和阴性对照。观察小鼠死亡情况，致病株（如单核细胞增生李斯特菌）可使小鼠于2~5天内死亡。

【实训报告】综合以上生化试验和溶血试验的结果，报告25g(ml)样品中检出或未检出单核细胞增生李斯特菌(实训表6-32)。

实训表6-32　单核细胞增生李斯特菌检验记录及报告

<table>
<tr><td>样品名称</td><td colspan="2"></td><td>检验项目</td><td></td><td colspan="2">检验日期</td><td></td></tr>
<tr><td>样品编号</td><td colspan="2"></td><td>样品数量</td><td></td><td colspan="2">样品状态</td><td>□固体
□液体</td></tr>
<tr><td>检验依据</td><td colspan="2"></td><td>取样方法</td><td></td><td colspan="2">报告日期</td><td></td></tr>
<tr><td>参加人员</td><td colspan="3"></td><td>主要仪器</td><td colspan="3"></td></tr>
<tr><td rowspan="9">检验结果</td><td rowspan="3">增菌培养</td><td colspan="2">培养基、试剂</td><td colspan="2">培养条件</td><td colspan="2">现象</td></tr>
<tr><td colspan="2"></td><td colspan="2"></td><td colspan="2"></td></tr>
<tr><td colspan="2"></td><td colspan="2"></td><td colspan="2"></td></tr>
<tr><td rowspan="3">分离培养</td><td colspan="2">培养基</td><td colspan="2">培养条件</td><td colspan="2">菌落特征</td></tr>
<tr><td colspan="2"></td><td colspan="2"></td><td colspan="2"></td></tr>
<tr><td colspan="2"></td><td colspan="2"></td><td colspan="2"></td></tr>
<tr><td>镜检结果</td><td colspan="6"></td></tr>
<tr><td>生化试验</td><td colspan="6"></td></tr>
<tr><td>血清学鉴定</td><td colspan="6"></td></tr>
<tr><td>检验报告</td><td colspan="7"></td></tr>
</table>

【实训提示】

1. 单核细胞增生李斯特菌在显色平板上的菌落特征按产品说明判定。
2. 触酶试验用3%过氧化氢溶液，应临时配制。
3. 溶血试验刺种时，尽量接近底部，但不要触到底面，同时避免琼脂破裂。
4. 5%~8%的单核细胞增生李斯特菌在马红球菌一端有溶血增强现象。
5. 协同溶血试验和小鼠毒力试验均为可选项目。
6. 亦可运用生化鉴定试剂盒或全自动微生物鉴定系统对初筛的可疑菌落进行鉴定。

【实训思考】

1. 单核细胞增生李斯特菌的动力有何特征？
2. 简述食品中单核细胞增生李斯特菌检测的基本程序。

(段巧玲)

任务十　蜡样芽孢杆菌检验

◆ 知识准备

蜡样芽孢杆菌为革兰氏阳性大杆菌，常呈链状排列。可形成芽孢，位于菌体中央或稍偏一端，卵圆形、不膨出。无荚膜,有周身鞭毛,能运动。

蜡样芽孢杆菌为需氧菌,营养要求不高,普通培养基上生长良好。20~45℃可生长,10℃以下不生长。最适 pH 7.2~7.4。普通琼脂平板上形成灰白色、不透明菌落,菌落边缘不整齐,表面呈毛玻璃状或融蜡状;血平板上可出现溶血环;甘露醇卵黄多黏菌素琼脂平板上形成粉红色、不透明的毛玻璃状菌落,菌落周围有白色混浊环。

本菌分解麦芽糖、蔗糖等,可厌氧分解葡萄糖,不分解乳糖、甘露醇、鼠李糖、木糖等。触酶试验、靛基质试验、VP 试验、卵磷脂酶试验均阳性,甲基红试验、尿素酶试验、H_2S 产生试验为阴性。可液化明胶、可还原硝酸盐。

◆ 实训

【实训目的】

1. 明确食品中蜡样芽孢杆菌检验的卫生学意义。
2. 理解食品中蜡样芽孢杆菌计数检验的意义。
3. 学会平板计数法检测食品中蜡样芽孢杆菌。

【实训内容】

1. 实训材料和器具

(1)检验样品:豆腐干等。

(2)培养基与试剂:磷酸盐缓冲液(PBS)、甘露醇卵黄多黏菌素(MYP)琼脂平板、动力培养基、硝酸盐肉汤、硫酸锰营养琼脂、胰酪胨大豆多黏菌素肉汤、胰酪胨大豆羊血(TSSB)琼脂、糖发酵培养基、革兰氏染液等。

(3)仪器及用具:均质器、恒温培养箱、光学显微镜、超净工作台、高压灭菌锅、锥形瓶、试管、移液管、酒精灯等。

2. 检验程序

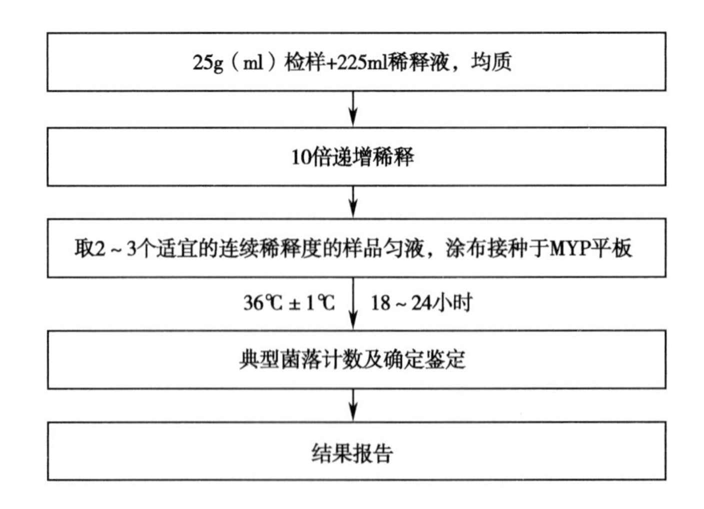

3. 实训方法和步骤

(1)样品处理:无菌操作称取检样 25g(ml),加入装有 225ml PBS 或生理盐水的均质袋或均质杯中，均质 1~2 分钟，制得 1∶10 样品匀液。

（2）样品稀释：吸取上述 1∶10 样品匀液 1ml，注入装有 9ml 灭菌 PBS 或生理盐水的试管中，混匀，得 1∶100 样品匀液。同法稀释可得 1∶1 000、1∶10 000……样品匀液备用。

（3）样品接种：取 2~3 个适宜稀释度的样品匀液，每一稀释度匀液取 1ml，以 0.3ml、0.3ml、0.4ml 接种量分别接种于三块 MYP 琼脂平板中，然后用无菌 L 棒均匀涂布至整个平板。

（4）分离培养：将已接种的平板静置 10 分钟，待液体吸收后，倒置放于 30℃±1℃ 培养 24 小时，取出观察菌落。若生长出粉红色、周围有白色或淡粉色沉淀环的菌落，则为可疑蜡样芽孢杆菌菌落。从每个平板中挑取至少 5 个上述性状的菌落（少于 5 个全选），分别接种于营养琼脂平板，放于 30℃±1℃ 培养 24 小时，以获得该菌的纯培养。

（5）鉴定

1）染色镜检：挑取纯培养的单个菌落作革兰氏染色。蜡样芽孢杆菌为革兰氏阳性大杆菌、链状排列，芽孢椭圆、位于菌体中央或稍偏端。

2）生化试验：对染色镜检符合蜡样芽孢杆菌特征的单个菌落分别进行下述生化试验。

a. 触酶试验：挑取可疑菌落于 3% H_2O_2 溶液中，产生气泡者为触酶阳性。

b. 动力试验：挑取可疑菌落穿刺接种于动力培养基，30℃ 培养 24 小时后观察结果。沿穿刺线呈扩散生长者为动力阳性。

c. 溶血试验：挑取可疑菌落接种于 TSSB 琼脂平板，30℃±1℃ 培养 24 小时后，观察生长的菌落周围有无溶血环。

d. 根状生长试验：挑取可疑菌落以平行划线方式接种于营养琼脂平板，平行线之间间隔 2~3cm 距离，然后置于 30℃±1℃ 培养 24~48 小时，观察是否出现根状生长现象。

e. 溶菌酶耐性试验：用接种环取纯菌液一环，接种于溶菌酶肉汤中，36℃±1℃ 培养 24 小时。生长为阳性。

f. 蛋白质毒素结晶试验：挑取可疑菌落接种于硫酸锰营养琼脂平板，30℃±1℃ 培养 24 小时后，放室温 3~4 天。取少许培养物与蒸馏水在载玻片上混匀成薄膜，自然干燥、微火固定后，加甲醇作用 30 秒，倾去多余甲醇；再次火焰干燥后，滴加 0.5% 碱性复红，于火焰上加热至冒蒸汽（勿沸腾），持续 1~2 分钟；更换染液再次加温染色 30 秒。水流彻底冲洗、晾干，于显微镜下观察有无游离芽孢（浅红色）和深红色菱形蛋白结晶体。

上述生化试验如果符合实训表 6-33 的结果，则鉴定为蜡样芽孢杆菌。

实训表 6-33　蜡样芽孢杆菌主要生化试验结果

	触酶	动力	溶血	根状生长	溶菌酶耐性	蛋白质毒素结晶
蜡样芽孢杆菌	+	+	+	-	+	-

注：+阳性；-阴性。

（6）生化分型：用柠檬酸盐利用试验、硝酸盐还原试验、淀粉水解试验、VP 试验、明胶液化试验等，可将蜡样芽孢杆菌分成不同生化型别（实训表 6-34）

实训表 6-34　蜡样芽孢杆菌生化分型试验

型别	生化试验				
	柠檬酸盐利用	硝酸盐还原	淀粉水解	VP	明胶液化
1	+	+	+	+	+
2	-	+	+	+	+
3	+	+	-	+	+
4	-	-	+	+	+
5	-	-	-	+	+
6	+	-	-	+	+
7	+	-	+	+	+
8	-	+	-	+	+
9	-	+	-	-	+
10	-	+	+	-	+
11	+	+	+	-	+
12	+	+	-	-	+
13	-	-	+	-	-
14	+	-	-	-	+
15	+	-	+	-	+

注：+90%～100%的菌株阳性；-90%～100%的菌株阴性。

(7)结果计算：选择生长有典型蜡样芽孢杆菌菌落，且同一稀释度 3 个平板的菌落总数在 20～200CFU 之间的平板，计数典型菌落数，进行结果计算。

1)若只有一个稀释度的平板菌落数在 20～200CFU 之间，且有典型菌落，则计数该稀释度平板上的典型菌落。

2)若 2 个连续稀释度的平板菌落数均在 20～200CFU 之间，但只有一个稀释度的平板上有典型菌落，则计数该稀释度平板上的典型菌落数。

3)所有稀释度的平板菌落数均小于 20CFU，且有典型菌落，则计数最低稀释度平板上的典型菌落。

4)某一稀释度的平板数大于 200CFU 且有典型菌落，但下一稀释度平板上没有典型菌落，则计数该稀释度平板上的典型菌落数。

5)所有稀释度的平板菌落数均大于 200CFU 且有典型菌落，则计数最高稀释度平板上的典型菌落。

6)所有稀释度的平板菌落数均不在 20～200CFU 之间且有典型菌落，其中一部分小于 20CFU 或大于 200CFU，则计数最接近 20CFU 或 200CFU 的稀释度平板上的典型菌落。

出现以上六种现象，则按下述公式三计算结果：

$$T=\frac{AB}{C\mathrm{d}} \quad \text{（公式三）}$$

式中，T—样品中蜡样芽孢杆菌菌落数；A—某一稀释度蜡样芽孢杆菌典型菌落的总数；B—鉴定为蜡样芽孢杆菌的菌落数；C—用于蜡样芽孢杆菌鉴定的菌落数；d—稀释因子。

7）2 个连续稀释度的平板菌落数均在 20～200CFU 之间且有典型菌落，则按下述公式四计算结果：

$$T=\frac{A_1B_1/C_1+A_2B_2/C_2}{1.1d} \qquad \text{（公式四）}$$

式中，T—样品中蜡样芽孢杆菌菌落数；A_1—第一稀释度蜡样芽孢杆菌典型菌落的总数；A_2—第二稀释度蜡样芽孢杆菌典型菌落的总数；B_1—第一稀释度鉴定为蜡样芽孢杆菌的菌落数；B_2—第二稀释度鉴定为蜡样芽孢杆菌的菌落数；C_1—第一稀释度用于蜡样芽孢杆菌鉴定的菌落数；C_2—第二稀释度用于蜡样芽孢杆菌鉴定的菌落数；1.1—计算系数（如果第二稀释度蜡样芽孢杆菌鉴定结果为 0，计算系数为 1）；d—稀释因子。

【实训报告】综合细菌鉴定结果和上述计算结果，报告样品中蜡样芽孢杆菌菌数（实训表 6-35），以 CFU/g(ml) 表示；若 T 为 0，则报告：<1×最低稀释倍数 CFU/g(ml)。

必要时报告蜡样芽孢杆菌生化分型结果。

实训表 6-35　蜡样芽孢杆菌检验记录及报告

样品名称		检验项目		检验日期	
样品编号		样品数量		样品状态	□固体 □液体
检验依据		取样方法		报告日期	
参加人员			主要仪器		
检验结果	增菌培养	培养基、试剂	培养条件	现象	
	分离培养	培养基	培养条件	菌落特征	
	镜检结果				
	生化试验				
	血清学鉴定				
	计数结果				
检验报告					

【实训提示】

1. 冷冻样品若不能及时检验，应于-20～-10℃存放；检验时，于 45℃不超过 15 分钟，或 2～5℃不超过 18 小时解冻。

2. 非冷冻易腐败的样品，应及时检验，否则置于-20～-10℃冰箱保存，并于 24 小时内检验。

3. 无菌 L 棒涂布接种时,不要触及平板边缘。

4. 涂布接种于平板上的样品匀液应充分使其吸收,若不易吸收,可放于 30℃±1℃培养箱中 1 小时,促进液体吸收后,再倒置平板进行培养。

5. 蜡样芽孢杆菌生化分型为选做项目。

【实训思考】

1. 食品中蜡样芽孢杆菌的检验为何要进行计数检测?

2. 简述食品中蜡样芽孢杆菌检验的基本程序。

(段巧玲)

实训项目七

食品环境和商业无菌检验

任务一　空气的微生物检验

◆ 知识准备

（一）空气中微生物的来源和种类

空气不能为微生物生长繁殖提供营养成分、充足的水分和其他条件，而且日光中的紫外线还有杀菌作用，这种环境不利于微生物的生存，但是空气中还是存在一定数量的微生物。空气中微生物主要来源于土壤飞溅起的粉尘、水体吹起的小水滴、人和动植物体表的干燥脱落物、呼吸道分泌物和排泄物，以及生产、污水污物处理等活动产生的漂浮物等。

空气中微生物的种类多样，多为对干燥环境和紫外线具有抗性的种类。这些微生物大部分为非致病性的腐生微生物，也会有来自人体的某些病原微生物：如结核分枝杆菌、溶血性链球菌、金黄色葡萄球菌、脑膜炎奈瑟性球菌、流行性感冒病毒、麻疹病毒等。

空气中的细菌多以气溶胶的形式存在。以固体或液体微粒分散于空气中的分散体系称为气溶胶。其中的气体是分散介质，固体或液体微小颗粒如尘埃、飞沫及飞沫核等称为分散相，分散悬浮于分散介质中，形成气溶胶。常见气溶胶粒子大小不一，直径多为 0.001~100μm，可作为微生物的载体。混有微生物的气溶胶称为微生物气溶胶。微生物气溶胶无色无味、难以察觉，且能长期漂浮于空气中，并可远距离传播，是人类传染病，尤其是呼吸道传染病传播的重要途径。

（二）空气中微生物的采样方法

空气中的微生物是导致污染空气影响人体健康和影响食品质量安全的罪魁祸首之一，因此，检测空气中微生物的数量与种类对保障食品安全性和预防疾病都有着重要的意义。检验方法通常采用测定 $1m^3$ 空气中的细菌数量，只有在特殊情况下才检验其他病原菌。多年来，研究者设计了多种多样的采样器，归纳起来可分为五类，即惯性撞击类、过滤阻留类、静电沉着类、温差迫降类和生物采样类。根据对空气采样方法不同进行归类，常见的采样方法主要有自然沉降法、过滤法和气流撞击法等。

1. 自然沉降法　自然沉降法是利用空气微生物粒子的重力作用，沉降到带有培养介质的平皿内的一种采样方法。方法操作简单，但易受风力等因素的干扰，对检测结果可造成较大的误差，主要适用于因微生物粒子沉着而影响较大的环境的采样。

2. 气流撞击法　气流撞击法（裂隙式采样器）是利用抽气装置，以每分钟恒定气流量使空气通过狭小喷嘴，以便空气和悬浮于其中的微生物粒子形成高速气流，在离开喷嘴时气流射向采集面，即琼脂平板表面，撞击并黏附于琼脂平板表面而被捕获。经培养后，计数平板上生长的菌落，根据采样量可算出空气中微生物数量。撞击法不受环境气流影响、采样效率高、操作简便、定量相对准确，但需要特殊仪器，不便推广，且现场采样面小、采样时间短，使结果的代表性不够强。

3. 过滤法　使空气通过盛有定量无菌生理盐水及玻璃珠的三角瓶，使生理盐水阻挡空气中的尘粒，并吸附微生物。在通过空气时须振荡玻璃瓶，使得微生物充分分散于生理盐水内，然后取 1ml 此生理盐水接种于营养琼脂培养基，在 36℃±1℃条件下培养 48 小时后计数。根据以下公式推算出 $1m^3$ 空气中的细菌数：

$$1m^3 \text{ 细菌数} = 1\,000NV_1/V_2$$

式中，V_1—吸收液体积（ml）；V_2—滤过空气量（L）；N—细菌计数。

也可用滤菌器进行采样，其步骤是：在滤菌器中放上滤膜，以每分钟 5~10L 的速度抽吸待检区域的空气 50~100L。然后将滤膜取下，平放在培养基表面，经过培养后，计数滤膜上生长的菌落。

空气的细菌数量检测（自然沉降法）。

◆ 实训

【实训目的】

1. 学会利用自然沉降法对空气中的细菌数量进行测定。

2. 比较普通实验室和无菌实验室空气中细菌数量的差别，体会无菌实验操作的重要性。

3. 掌握无菌实验室和超净工作台洁净度自检的方法，以及食品生产车间空气质量的检测方法。

【实训内容】

1. 实验材料和器具

（1）检测样品：室内空气、无菌室或超净工作台中的空气等。

（2）培养基与试剂：75%乙醇、营养琼脂平板培养基等。

（3）仪器及用具：超净工作台（无菌室）、恒温培养箱、酒精灯、菌落计数器、无菌培养皿等。

2. 检验程序　自然沉降法检测室内空气中细菌数量的基本步骤是：营养琼脂平板→置于待测地点→揭开皿盖，暴露 5 分钟→盖上皿盖，于 36℃±1℃培养 48 小时→计数菌落→报告结果。

3. 实验方法和步骤

（1）制备营养培养基平板：按营养琼脂培养基配方和配制方法，制备营养琼脂，并分装于无菌平皿（Φ9mm）中制成平板，待用。

（2）设置采样点：根据现场的大小和类型，选择有代表性的位置作为空气中微生物检测的采样点。面积≥$30m^2$ 的房间一般设 5 个采样点，即室内墙角的两条对角线的交点处为一个采样点，该焦点与四墙角连线的中点为另外 4 个采样点；面积<$30m^2$ 的房间一般设 3 个采样点，即墙角对角线两端和中心处。采样点的高度为 0.8~1.5m，采样点应远离墙壁 1m 以上，并避开空调、门窗等空气流通处。

100 级单向流区域、洁净工作台或局部空气洁净设施的采样点宜布置在正对气流方向的工作面上。

（3）空气采样：将营养琼脂平板置于采样点处，打开皿盖，使琼脂在待测的环境中暴露 5 分钟。

(4)培养:皿盖将琼脂平板盖好,倒置于36℃±1℃培养箱中培养,培养48小时。同时,取一块空白营养琼脂平板作为对照,置于培养箱中培养。

(5)菌落计数和记录:取出培养皿,计数每块平板上的菌落数,并求出平均数。

(6)结果计算:奥梅梁斯基氏认为,5分钟内落在面积$100cm^2$营养琼脂平板上的细菌数,相当于10L空气中所含的细菌数。故可按下述公式来计算$1m^3$空气中的细菌数:

$$空气中的细菌菌落总数(CFU/m^3)=1\,000/(A/100\times t\times 10/5)\times N$$

简化后即为:

$$空气中的细菌菌落总数(CFU/m^3)=50\,000N/At$$

式中,N—平均菌落数;A—平皿面积(cm^2);t—平皿暴露于空气中的时间(min)。

【实训报告】记录并报告检测结果(实训表7-1)

实训表7-1　空气的微生物检验记录及报告

<table>
<tr><td>样品名称</td><td></td><td>检测项目</td><td></td><td>检测日期</td><td></td></tr>
<tr><td>样品编号</td><td></td><td>样品数量</td><td></td><td>采样地点</td><td></td></tr>
<tr><td>检测依据</td><td></td><td>取样方法</td><td></td><td>报告日期</td><td></td></tr>
<tr><td>参加人员</td><td colspan="2"></td><td>主要仪器</td><td colspan="2"></td></tr>
<tr><td rowspan="7">检测记录</td><td>营养琼脂平板</td><td colspan="2">细菌菌落数</td><td colspan="2">细菌菌落总数平均值</td></tr>
<tr><td>1</td><td colspan="2"></td><td colspan="2" rowspan="5"></td></tr>
<tr><td>2</td><td colspan="2"></td></tr>
<tr><td>3</td><td colspan="2"></td></tr>
<tr><td>4</td><td colspan="2"></td></tr>
<tr><td>5</td><td colspan="2"></td></tr>
<tr><td>6(对照)</td><td colspan="2"></td><td colspan="2"></td></tr>
<tr><td>结果计算</td><td colspan="5"></td></tr>
<tr><td>检测报告</td><td colspan="5"></td></tr>
</table>

【实训提示】

1. 对照平板上不应有菌落生长。
2. 琼脂平板表面应无冷凝水,否则会影响采样和培养结果。
3. 采样时,应避免人员走动和其他导致空气流动的因素。

【实训思考】

1. 空气的微生物检测常用的采样方法有哪些?
2. 对食品微生物检验无菌室空气进行微生物检测,应如何设置采样点?

(李淑荣)

任务二　食品生产设备和工具的微生物检验

◆ 知识准备

（一）食品生产设备和工具检测的目的

在食品的生产过程中，通过加工、包装等环节，会接触到多种加工工具和设备，这些工具和设备等，往往会造成食品的二次污染。通过对与食品有直接接触面的机械设备和工具进行微生物检测、监控，可促进生产车间保持设备和生产工具的清洁卫生与无菌，以减少二次污染，保证食品成品的卫生质量。

一般情况下设备和生产工具的微生物检验只进行菌落总数的测定，报告生产设备和工具表面每 cm^2 的含菌量，特殊情况下，需要在进行大肠菌群检测、致病菌或特殊目标菌的检验。

（二）食品生产设备和工具的采样方法

为了解食品生产设备和工具的卫生状况，在正常生产状态下，一般每周应对其进行一次采样检查；当车间转换不同卫生要求的产品时，在加工前应进行检查；产品检验结果超内控标准时，应及时对车间可疑处进行采样检查，如有检验不合格点，整改后再进行检查。常用的采样方法有表面擦拭法、冲洗法和贴片法等。

1. 表面擦拭法　设备和生产工具表面的微生物检验常用表面擦拭法进行取样，通常采用刷子擦洗或海绵擦拭，一般适用于表面平坦的设备和工器具。

（1）刷子擦洗法：用无菌刷子在无菌溶液中蘸湿，反复刷洗设备表面 200～400cm^2 的面积，然后把刷子放入盛有 225ml 无菌生理盐水的容器中充分洗涤，对此含菌液进行微生物检验。

（2）海绵擦拭法：用无菌镊子或戴无菌橡胶手套取体积为 4cm×4cm×4cm 的海绵或无菌脱脂棉球，在无菌生理盐水浸湿后，反复擦洗设备或工具表面 100～200cm^2，将然后此海绵或脱脂棉球放入 225ml 无菌生理盐水中，进行充分洗涤，将此含菌液进行微生物检验。

（3）棉签擦拭法：取经过灭菌的铝片框（框内规格为 5cm×5cm）放在需检查的部位上，取无菌棉签在无菌生理盐水浸湿后，在铝片中间方框部分来回涂擦，擦完后将棉球部分剪入盛有 10ml 无菌生理盐水的试管中，充分振荡后，取此液进行微生物检验。

2. 冲洗法　对一般容器和设备，可用一定量的无菌生理盐水反复冲洗与食品接触的表面，然后用此冲洗液进行微生物检验。对于较大型设备，可以用循环水通过设备，采集定量的冲洗水，用滤膜法进行微生物检测。

3. 贴纸法　贴纸法一般适用于表面不平坦的生产设备和工器具接处面。取无菌薄而软的纸（5cm×5cm），用无菌生理盐水泡湿后，置于需测部分，分别使用两张纸，采样面积共 50cm^2。然后取下采样纸放入盛有 10ml 无菌生理盐水的试管中，充分振摇后，取此液进行微生物检验。

食品生产设备和工具的细菌数量检测（棉签擦拭法）。

◆ 实训

【实训目的】

1. 理解食品生产设备和工具卫生质量对食品质量的关系。

2. 学会食品生产工具和设备的常用采样方法。

3. 学会对食品生产工具和设备中细菌数量的检测与报告。

【实训内容】

1. 实验材料和器具

(1)检测样品:生产车间的操作台(或实验桌面、超净工作台台面)。

(2)培养基与试剂:无菌生理盐水、75%乙醇、营养琼脂培养基等。

(3)仪器及用具:灭菌采样板(内框 5cm×5cm 规格)、无菌棉签、恒温培养箱、恒温水浴锅、平皿、振荡器(漩涡混合仪)、酒精灯、菌落计数器等。

2. 检验程序 食品生产设备和工具的细菌检测的基本程序是:选择采样方法→采集检样→制备样品匀液→加样→倾注培养基→培养→观察、计数菌落→报告。

3. 实验方法和步骤

(1)样品的采集:将灭菌采样板(内框 5cm×5cm 规格)放在被检物体表面,用浸有灭菌生理盐水的棉拭子,在规格板框内涂抹 10 次(往返为一次),则所采面积为 $25cm^2$。一般情况下,被采物体表面面积<$100cm^2$,取全部表面;表面面积≥$100cm^2$,取 $100cm^2$,即用同一棉签在不同区域分别采样 4 次。将棉签上手接触部分剪去,然后放入含有 10ml 灭菌生理盐水的采样管内送检。

(2)样品的稀释:充分振荡采样管后,用 1ml 无菌吸管或微量移液器吸取采集的样品匀液 1ml,沿管壁缓慢注于盛有 9ml 稀释液的无菌试管中,振摇试管或换用 1 支无菌吸管反复吹打使其混合均匀,制成 1∶100 的样品匀液。按上述操作程序,依次制备 10 倍系列稀释样品匀液。每递增稀释一次,换用 1 次 1ml 无菌吸管或吸头。

(3)适宜稀释度的选择:根据对样品污染状况的估计,选择 2~3 个适宜稀释度的样品匀液,在进行 10 倍递增稀释时,吸取 1ml 样品匀液于无菌平皿内,每个稀释度做 2 个平皿。同时,分别吸取 1ml 空白稀释液加入两个无菌平皿内作空白对照。

(4)倾倒培养基:及时将 15~20ml 冷却至 46℃的平板计数琼脂培养基倾注平皿,并转动平皿使其混合均匀。

(5)样品的培养:待琼脂凝固后,将平板翻转,36℃±1℃培养 48 小时±2 小时。

(6)菌落计数和计算:取出培养皿,一般选择每个平板上的菌落数在 30~300 之间的培养皿进行计数,按下述公式计算并报告检测结果:

$$\text{物体表面细菌菌落总数}(CFU/cm^3)=\frac{\text{平均平皿菌落数}\times\text{采样液稀释倍数}}{\text{采样面积}(cm^2)}$$

【实训报告】记录并报告检测结果(实训表 7-2)。

【实训提示】

1. 擦拭时棉签要随时转动，保证擦拭的准确性。

2. 采样用具必须无菌，只在采样时打开；检验员采样前，应双手先用酒精消毒。

3. 清洁消毒或加工前后各取一份样品，对卫生管理的评估更合适。

实训表 7-2 食品生产设备和工具的微生物检验检测记录及报告

<table>
<tr><td>样品名称</td><td colspan="2"></td><td colspan="2">检测项目</td><td colspan="2"></td><td colspan="2">检测日期</td><td></td></tr>
<tr><td>样品编号</td><td colspan="2"></td><td colspan="2">样品数量</td><td colspan="2"></td><td colspan="2">样品状态</td><td>□固体
□液体</td></tr>
<tr><td>检测依据</td><td colspan="2"></td><td colspan="2">取样方法</td><td colspan="2"></td><td colspan="2">报告日期</td><td></td></tr>
<tr><td>参加人员</td><td colspan="4"></td><td colspan="2">主要仪器</td><td colspan="3"></td></tr>
<tr><td rowspan="3">检测记录</td><td>平板</td><td colspan="6">稀释度</td><td colspan="2">空白对照</td></tr>
<tr><td>S1</td><td colspan="2"></td><td colspan="2"></td><td colspan="2"></td><td colspan="2"></td></tr>
<tr><td>S2</td><td colspan="2"></td><td colspan="2"></td><td colspan="2"></td><td colspan="2"></td></tr>
<tr><td>结果计算</td><td colspan="9"></td></tr>
<tr><td>检测报告</td><td colspan="9"></td></tr>
</table>

4. 可按食品中菌落计数测定方法进行结果计算。

【实训思考】

1. 生产工具和设备常见的取样方法有哪些？

2. 对食品加工操作台进行微生物检测用什么采样方法？

（李淑荣）

任务三 罐藏食品的商业无菌检验

◆ 知识准备

罐藏食品的商业无菌是指罐头食品经过适度的热杀菌后，不含有致病性微生物，也不含有在通常温度下能在其中繁殖的非致病性微生物，这种状态称作商业无菌。罐藏食品的商业无菌检验适用于各种密封容器包装的，包括玻璃瓶、金属罐、软包装等，经过适度的热杀菌后达到商业无菌，在常温下能较长时间保存的罐装食品。

罐藏食品微生物污染的来源：①杀菌不彻底致罐头内残留有微生物，大都是耐热性的芽孢杆菌；②杀菌后发生漏罐导致的微生物进入罐内。

罐藏食品变质的表现：①胖听。由于罐头内微生物作用或化学作用产生气体，形成正压，使一端或两端向外凸起的现象。②平听。某些微生物在罐头内繁殖，但不产生气体，因而外观正常，没有凸起现象。

微生物若污染罐头，并在罐头内生长繁殖，除有机质被分解、罐头内容物的感官性状发生改变之外，还可有微生物的代谢产物生成，进而腐坏食品，造成胖听或平听现象，并影响食用者的健康，甚至引发中毒。对罐藏食品进行微生物检验，对保证食品卫生质量和消费者的安全具有重要意义。

◆ 实训

【实训目的】

1. 理解罐藏食品商业无菌的含义。

2. 掌握商业无菌的检测方法。

3. 正确进行商业无菌的判断和检测结果的报告。

【实训内容】

1. 实验材料和器具

(1)检测样品:罐装食品。

(2)培养基与试剂:无菌生理盐水、结晶紫染色液、二甲苯、含4%碘的乙醇溶液(4g碘溶于100ml的70%乙醇溶液)。

(3)仪器及用具:均质器、天平、超净工作台、高压灭菌锅、恒温培养箱、恒温水浴锅、振荡器(漩涡混合仪)、电位pH计(精确度pH 0.05单位)、显微镜、开罐器和罐头打孔器、无菌吸管(1ml、10ml)或移液器、无菌平皿、无菌均质袋烧杯、玻璃棒、量筒、试管、酒精灯、三角瓶等。

2. 检验程序

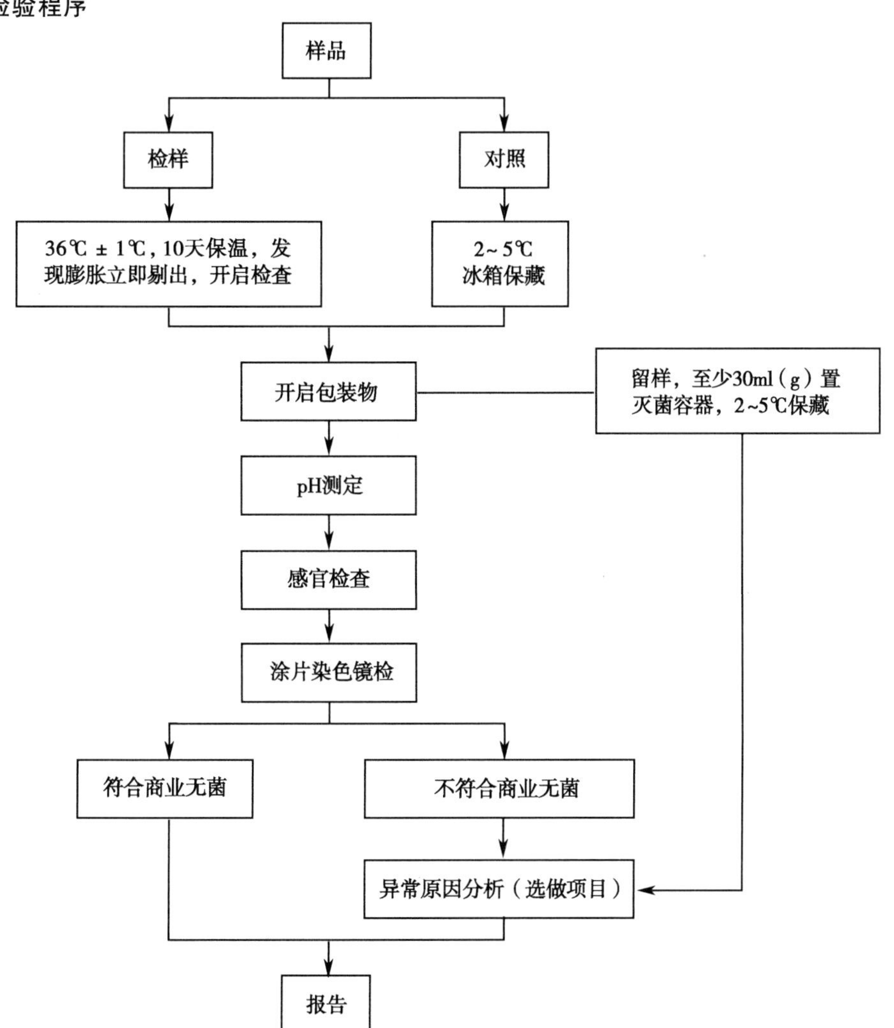

3. 实验方法和步骤

(1)样品准备:去除表面标签,在包装容器表面做好标记,准确称量样品,并做好检样记录。

(2)保温:每个批次取1个样品置2~5℃冰箱保存作为对照,将其余样品在36℃±1℃下保温10天。保温过程中应每天检查,直至保温结束,如有膨胀或泄漏现象,应立即剔出,开启检查。保温结束时,再次称重并记录,如果样品变轻,将所有包装物置于室温直至开始检查。

(3)开启:膨胀样品先置于2~5℃冰箱内冷藏数小时后再进行开启。开启要在超净工作台或百级洁净实验室中。先用冷水和洗涤剂清洗待检样品的光滑面,水冲洗后用无菌毛巾擦干。以含4%碘的乙醇溶液浸泡消毒光滑面15分钟后用无菌毛巾擦干,在密闭罩内点燃至表面残余的碘乙醇溶液全部燃烧完。膨胀样品以及采用易燃包装材料包装的样品不能灼烧,以含4%碘的乙醇溶液浸泡消毒光滑面30分钟后用无菌毛巾擦干。

(4)留样:开启后,用灭菌吸管或其他适当工具以无菌操作取出内容物至少30ml(g)至灭菌容器内,保存2~5℃冰箱中,在需要时可用于进一步试验,待该批样品得出检验结论后可弃去。开启后的样品可进行适当的保存,以备日后容器检查时使用。

(5)感官检查:在光线充足、空气清洁无异味的检验室中,将样品内容物倾入白色搪瓷盘内,对产品的组织、形态、色泽和气味等进行观察和嗅闻,按压食品检查产品性状,鉴别食品有无腐败变质的迹象,同时观察包装容器内部和外部情况。

(6)pH测定

1)样品处理:液态制品混匀备用,有固相和液相的制品则取混匀的液相部分备用;对于稠厚或半稠厚制品,以及难以从中分出汁液的制品(如糖浆、果酱、果冻、油脂等),取一部分样品在均质器或研钵中研磨,如果研磨后的样品仍太稠厚,加入等量的无菌蒸馏水,混匀备用。

2)测定:使用pH计测定该样品的pH,精确到pH 0.05单位,测定两次,两次测定结果之差应不超过0.1pH单位。取两次测定的平均值作为结果,报告精确到0.05 pH单位。

3)分析结果:与同批中冷藏保存对照样品进行对比,pH相差0.5及以上判为显著差异。

(7)涂片染色镜检

1)涂片:取样品内容物进行涂片。带汤汁的样品可用接种环挑取汤汁涂于载玻片上,固态食品可直接涂片或用少量灭菌生理盐水稀释后涂片,待干后用火焰固定。油脂性食品涂片自然干燥并火焰固定后,用二甲苯用流动水冲洗,自然干燥。

2)染色镜检:对上述涂片用结晶紫染色液进行单染色后镜检,至少观察5个视野,记录菌体的形态特征以及每个视野的菌数。与同批冷藏保存对照样品相比,判断是否有明显的微生物增殖现象。菌数有百倍或百倍以上的增长则判为明显增殖。

【实训报告】 样品经保温试验未出现泄漏;保温后开启,经感官检验、pH测定、涂片镜检,确证无微生物增殖现象,则可报告该样品为商业无菌。

样品经保温试验出现泄漏;保温后开启,经感官检验、pH测定、涂片镜检,确证有微生物增殖现象,则可报告该样品为非商业无菌(填入实训表7-3中)。

实训表 7-3　罐藏食品的商业无菌检验记录及报告

<table>
<tr><td>样品名称</td><td colspan="3"></td><td colspan="2">检测项目</td><td colspan="2"></td><td colspan="3">检测日期</td><td></td></tr>
<tr><td>样品编号</td><td colspan="3"></td><td colspan="2">样品数量</td><td colspan="2"></td><td colspan="3">样品状态</td><td>□固体
□液体</td></tr>
<tr><td>检测依据</td><td colspan="3"></td><td colspan="2">取样方法</td><td colspan="2"></td><td colspan="3">报告日期</td><td></td></tr>
<tr><td>参加人员</td><td colspan="5"></td><td colspan="2">主要仪器</td><td colspan="4"></td></tr>
<tr><td rowspan="13">检测结果</td><td rowspan="3">保温</td><td colspan="3">保温前重量</td><td colspan="2">贮藏条件</td><td colspan="3">保温后重量</td><td colspan="2">现象</td></tr>
<tr><td colspan="3"></td><td colspan="2"></td><td colspan="3"></td><td colspan="2"></td></tr>
<tr><td colspan="3"></td><td colspan="2"></td><td colspan="3"></td><td colspan="2"></td></tr>
<tr><td>感官检验</td><td colspan="10"></td></tr>
<tr><td rowspan="3">pH 测定</td><td colspan="5">测定结果</td><td colspan="5">结果计算</td></tr>
<tr><td>1</td><td colspan="4"></td><td colspan="5" rowspan="2"></td></tr>
<tr><td>2</td><td colspan="4"></td></tr>
<tr><td rowspan="6">镜检结果</td><td colspan="3">形态特征</td><td colspan="4">对照样品视野菌数</td><td colspan="3">检样视野内菌数</td></tr>
<tr><td colspan="3" rowspan="5"></td><td>1</td><td colspan="3"></td><td colspan="3"></td></tr>
<tr><td>2</td><td colspan="3"></td><td colspan="3"></td></tr>
<tr><td>3</td><td colspan="3"></td><td colspan="3"></td></tr>
<tr><td>4</td><td colspan="3"></td><td colspan="3"></td></tr>
<tr><td>5</td><td colspan="3"></td><td colspan="3"></td></tr>
<tr><td>检测报告</td><td colspan="11"></td></tr>
</table>

【实训提示】

1. 严重膨胀样品可能会发生爆炸，喷出有毒物。可以采取在膨胀样品上盖一条灭菌毛巾或者用一个无菌漏斗倒扣在样品上等措施来防止这类危险的发生。

2. 称量时，1kg 及以下的包装物精确到 1g，1kg 以上的包装物精确到 2g，10kg 以上的包装物精确到 10g，并记录。

3. 带汤汁的样品开启前应适当振摇，使用无菌开罐器在消毒后的罐头光滑面开启一个适当大小的口，开罐时不得伤及卷边结构，每一个罐头单独使用一个开罐器，不得交叉使用。如样品为软包装，可以使用灭菌剪刀开启，不得损坏接口处。立即在开口上方嗅闻气味，并记录。

4. 若需核查样品出现膨胀、pH 或感官异常、微生物增殖等原因，可取样品内容物的留样按相关要求和方法进行接种培养并报告。

【实训思考】

1. 什么是罐头的商业无菌，罐头微生物污染的主要来源有哪些？

2. 在罐头食品的商业无菌检验中,保温的目的是什么?

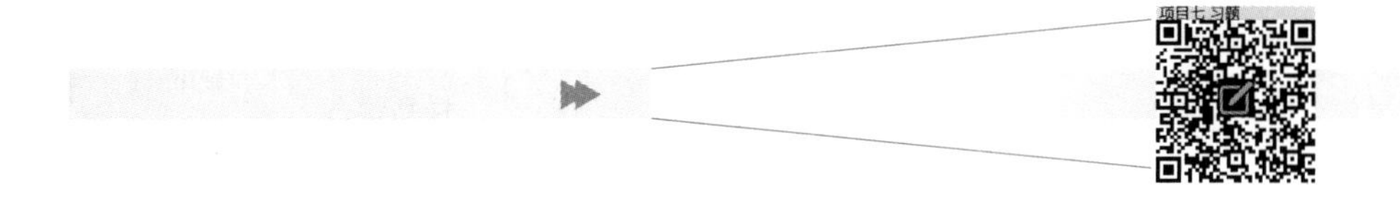

(李淑荣)

附录

常用培养基的配制

1. 肉膏汤培养基

成分:蛋白胨 10g、牛肉膏 3g、氯化钠 5g、蒸馏水 1 000ml。

制法:按上述成分混合,溶解后调 pH 至 7.4,分装后,121℃灭菌 15 分钟。

2. 营养琼脂培养基

成分:蛋白胨 10g、牛肉膏 3g、氯化钠 5g、琼脂 20~25g、蒸馏水 1 000ml。

制法:将除琼脂外的各成分溶解于蒸馏水中,校正 pH 至 7.2,加入琼脂,溶化后分装于锥形瓶,121℃,高压灭菌 15 分钟备用。

3. 半固体培养基

成分:牛肉膏 5g、蛋白胨 10g、琼脂 2~5g、蒸馏水 1 000ml。

制法:上述成分熔化后调 pH 至 7.4,分装于试管中,121℃高压灭菌 15 分钟,取出直立待凝固。

4. 平板计数琼脂培养基

成分:胰蛋白胨 5g、酵母浸膏 2.5g、葡萄糖 1g、琼脂 15g、蒸馏水 1 000ml。

制法:将上述成分加热熔化后调 pH 至 7.4,分装锥形瓶中,121℃高压灭菌 15 分钟。

5. 糖、醇类基础培养基

成分:pH 7.6 蛋白胨水培养基 100ml、1.6%溴钾酚紫乙醇溶液 1~2ml、糖(醇、苷等)1g。

制法:将上述蛋白胨水及指示剂、糖混合,分装与试管中,在每管内放一倒管,然后于 121℃灭菌 20 分钟。

6. 蛋白胨水培养基

成分:蛋白胨 20g 或胰蛋白胨 10g、氯化钠 5g、蒸馏水 1 000ml。

制法:将上述成分混合于蒸馏水中,调 pH 至 7.4,分装小试管,121℃灭菌 20 分钟后备用。

7. 葡萄糖蛋白胨水培养基

成分:蛋白胨 5g、葡萄糖 5g、磷酸氢二钾 5g、蒸馏水 1 000ml。

制法:将上述成分混合加热溶解后,调 pH 至 7.2。分装试管,121℃灭菌 20 分钟后备用。

8. 枸橼酸盐(柠檬酸盐)

成分:NaCl 5g、硫酸镁 0.2g、磷酸二氢 1g、磷酸氢二钾(K_2HPO_4)1.0g、枸橼酸钠 5g、琼脂 20g、蒸馏水 1 000ml、1%溴麝香草酚蓝乙醇溶液 10ml。

制法:将上述成分(溴麝香草酚蓝乙醇溶液除外)加热溶解,调 pH 至 6.8,过滤,加 1%溴麝香草酚蓝乙醇溶液混匀,分装试管,每管约 2ml。121℃高压灭菌 15 分钟后备用。

注:此培养基也可添加 20%琼脂,制成枸橼酸盐琼脂斜面。

9. 尿素培养基

成分:蛋白胨 1g、葡萄糖 1g、NaCl 5g、KH_2PO_4 2g、0.4%酚红 2ml、琼脂 20g、50%尿素 20ml、蒸馏水 1 000ml。

制法:将上述成分(除尿素、琼脂、酚红以外)混于水中,加热溶解,校正 pH 至 7.2。加入琼脂及酚红,加热溶化后分装烧瓶,每瓶 49ml。121℃高压灭菌 15 分钟,冷至 50~55℃,加入经过滤除菌的尿素溶液 1ml,混匀后分装于灭菌试管内,制成斜面备用。

10. 克氏双糖铁(KIA)琼脂

成分:乳糖 10g、葡萄糖 1g、蛋白胨 10g、牛肉膏 3g、氯化钠 3g、硫代硫酸钠 0.2g、硫酸亚铁 0.2g、琼脂 16g、0.4%酚红 6ml 蒸馏水 1 000ml。

制法:除酚红、乳糖及葡萄糖外,其他成分混合与水中加热溶解。矫正 pH 至 7.4,再加入糖类与酚红混匀,过滤分装于小试管中,每管约 3ml,置于 121℃灭菌 15 分钟,制成斜面(斜面与底层各占一半为宜)备用。

11. 三糖铁(TSI)琼脂

成分:蛋白胨 20g、牛肉膏 5g、乳糖 10g、蔗糖 10g、葡萄糖 1g、氯化钠 5g、硫酸亚铁铵 0.2g、硫代硫酸钠 0.2g、琼脂 12g、酚红 0.025g、蒸馏水 1 000ml。

制法:将除琼脂和酚红以外的各成分溶解于蒸馏水中,校正 pH 至 7.4。加入琼脂,加热煮沸以溶化琼脂后,加入 0.2%酚红水溶液 12.5ml,混匀。分装试管,于 121℃灭菌 15 分钟,制成高层斜面备用。

12. 氨基酸脱羧酶培养基

成分:氨基酸 1g、蛋白胨 0.5g 牛肉膏 0.5g、葡萄糖 0.05g、吡多醛 0.05g/0.2%溴甲酚紫 0.5ml、0.2%甲酚红 0.25ml、蒸馏水 1 000ml。

制法:将蛋白胨、牛肉膏、葡萄糖、吡多醛加水溶解,矫正 pH 至 6.0。加入氨基酸、溴甲酚紫及甲酚红,混匀。分装于含有一薄层无菌液体石蜡的小试管中,于 121℃灭菌 15 分钟后备用。

13. 乳糖蛋白胨培养基

成分:蛋白胨 10g、牛肉膏 5g、乳糖 5g、氯化钠 5g、1.6%溴钾酚紫乙醇溶液 1ml、蒸馏水 1 000ml。

制法:将蛋白胨、牛肉膏、乳糖和氯化钠溶于蒸馏水中,调整 pH 至 7.2~7.4,再加入 1ml 1.6%溴钾酚紫乙醇溶液,混匀后分装于装有倒管的试管中,121℃灭菌 15 分钟后备用。

附:双料浓缩乳糖蛋白胨培养液　制法同“乳糖蛋白胨培养液”,除蒸馏水外,其余成分含量增加 1 倍。

14. 伊红亚甲蓝(EMB)琼脂培养基

成分:蛋白胨 10g、乳糖 10g、磷酸氢二钾 2g、琼脂 15g、2%无菌伊红水溶液 20ml、0.5%无菌亚甲蓝水溶液 20ml、蒸馏水 1 000ml。

制法:将蛋白胨、磷酸氢二钾、乳糖溶解于蒸馏水中,校正 pH 至 7.2,加入琼脂并溶化,然后分装于烧瓶内,121℃灭菌 15 分钟,冷至 60℃,加入已灭菌的伊红及亚甲蓝溶液,摇匀后,倾注平板备用。

15. 结晶紫中性红胆盐琼脂(VRBA)

成分:蛋白胨 7g、酵母膏 3g、乳糖 10g、氯化钠 5g、胆盐或 3 号胆盐 1.5g、中性红 0.03g、结晶紫 0.002g、琼脂 15~18g、蒸馏水 1 000ml。

制法:将上述成分加热溶解,调节 pH 至 7.5。煮沸 2 分钟,冷却至 45~50℃倾注平板。使用前临时制备,不得超过 3 小时。

16. 月桂基硫酸盐胰蛋白胨(LST)肉汤

成分:胰蛋白胨或胰酪胨 20g、氯化钠 5g、乳糖 5g、磷酸氢二钾(K_2HPO_4)2.75g、磷酸二氢钾(KH_2PO_4)2.75g、月桂基硫酸钠 0.1g、蒸馏水 1 000ml。

制法:将上述成分溶解于蒸馏水中,调节 pH 至 6.8~7.0。分装到有倒管的试管中,每管 10ml。121℃高压灭菌 15 分钟。

17. 煌绿乳糖胆盐(BGLB)肉汤

成分:蛋白胨 10g、乳糖 10g、牛胆粉溶液 200ml、0.1%煌绿水溶液 13.3ml、蒸馏水 800ml。

制法:将蛋白胨、乳糖溶于约 500ml 蒸馏水中,加入牛胆粉溶液 200ml(将 20g 脱水牛胆粉溶于 200ml 蒸馏水中,调节 pH 至 7.0~7.5),用蒸馏水稀释到 975ml,再加入 0.1%煌绿水溶液 13.3ml,用蒸馏水补足到 1 000ml,用棉花过滤后,分装到有倒管的试管中,每管 10ml。121℃高压灭菌 15 分钟。

18. 马铃薯-葡萄糖-琼脂

成分:马铃薯(去皮切块)300g、葡萄糖 20g、琼脂 20g、氯霉素 0.1g、蒸馏水 1 000ml。

制法:将马铃薯去皮切块,加 1 000ml 蒸馏水,煮沸 10~20 分钟。用纱布过滤,补加蒸馏水至 1 000ml。加入葡萄糖和琼脂,加热溶化,分装后,121℃灭菌 20 分钟。倾注平板前,用少量乙醇溶解氯霉素加入培养基中。

19. 孟加拉红培养基

成分:蛋白胨 5g、葡萄糖 10g、磷酸二氢钾 1g、无水硫酸镁 0.5g、琼脂 20g、孟加拉红 0.033g、氯霉素 0.1g、蒸馏水 1 000ml。

制法:上述各成分加入蒸馏水中,加热溶化,补足蒸馏水至 1 000ml,分装后,121℃灭菌 20 分钟。倾注平板前,用少量乙醇溶解氯霉素加入培养基中。

20. Baird-Parker 琼脂平板

成分:胰蛋白胨 10g、牛肉膏 5g、酵母膏 1g、丙酮酸钠 10g、甘氨酸 12g、氯化锂 5g、琼脂 20g、蒸馏水 950ml。

制法①增菌剂:30%卵黄盐水 50ml 与经过除菌过滤的 1%亚碲酸钾溶液 10ml 混合,保存于冰箱内;②将各成分加到蒸馏水中,加热煮沸至完全溶解,调节 pH 至 7.2。分装每瓶 95ml,121℃高压灭菌 15 分钟。临用时加热溶化琼脂,冷至 50℃,每 95ml 加入预热至 50℃的卵黄亚碲酸钾增菌剂 5ml 摇匀后倾注平板。培养基应是致密不透明的。使用前在冰箱储存不得超过 48 小时。

21. 脑心浸出液肉汤(BHI)

成分:胰蛋白质胨 10g、氯化钠 5g、磷酸氢二钠($12H_2O$)2.5g、葡萄糖 2g、牛心浸出液 500ml。

制法:将上述成分混合,加热溶解,调节 pH 至 7.4,分装 16mm×160mm 试管,每管 5ml。置 121℃

灭菌 15 分钟。

22. 葡萄糖肉浸液肉汤

成分:绞碎牛 500g、蛋白胨 10g、氯化钠 5g、磷酸氢二甲 2g、葡萄糖 10g、蒸馏水 1 000ml。

制法:将绞碎去筋膜无油脂牛肉 500g,加蒸馏水 1 000ml,混合后放冰箱过夜,除去液面浮油,隔水煮沸 30 分钟使肉渣完全凝结成块后,用绒布过滤,并挤压收集全部滤液,加水补足液量。加入其余成分,溶解后调整 pH 至 7.4~7.6,分装后 121℃灭菌 20 分钟。

23. 匹克氏肉汤

成分:含 1%胰蛋白胨的牛心浸液 200ml、1∶25 000 结晶紫盐水溶液、1∶800 三氮化钠溶液 10ml、脱纤维兔血(或羊血)10ml。

制法:将上述已灭菌的各种成分,用无菌手续依次混合,分装于无菌试管内,每管内约 2ml,保存于冰箱内备用。

24. 缓冲蛋白胨水(BPW)

成分:蛋白胨 10g、氯化钠 5g、磷酸氢二钠(含 12 个结晶水)9g、磷酸二氢钾 1.5g、蒸馏水 1 000ml。

制法:将各成分加入蒸馏水中,搅拌均匀,静置约 10 分钟,煮沸溶解,调节 pH 至 7.0,121℃灭菌 15 分钟。

25. 四硫磺酸钠煌绿(TTB)增菌液

成分:①基础液。蛋白胨 10g、牛肉膏 5g、氯化钠 3g、蒸馏水 1 000ml、碳酸钙 45g。除碳酸钙外,其余成分混合溶解后在加入碳酸钙,调 pH 至 7.2,121℃灭菌 20 分钟后待用。②硫代硫酸钠溶液。硫代硫酸钠(含 5 个结晶水)50g、蒸馏水 100ml。混合溶解,121℃灭菌 20 分钟后待用。③碘溶液。碘片 20g、碘化钾 25g、蒸馏水 100ml。将碘化钾充分溶解于少量的蒸馏水中,再投入碘片,振摇玻瓶至碘片全部溶解为止,然后加蒸馏水至规定的总量,贮存于棕色瓶内,塞紧瓶盖备用。④0.5%煌绿水溶液。煌绿 0.5g、蒸馏水 100ml,溶解后于 121℃灭菌 20 分钟后待用。⑤牛胆盐溶液。牛胆盐 10g、蒸馏水 100ml,溶解后于 121℃灭菌 20 分钟后待用。

制法:取上述基础液 900ml、硫代硫酸钠溶液 100ml、碘溶液 20ml、煌绿水溶液 2ml、牛胆盐溶液 50ml,临用前,按上列顺序,以无菌操作依次加入基础液中,每加入一种成分,均应摇匀后再加入另一种成分。

26. 亚硒酸盐胱氨酸(SC)增菌液

成分:蛋白胨 5g、乳糖 4g、磷酸氢二钠 10g、亚硒酸氢钠 4g、L-胱氨酸 0.01g、蒸馏水 1 000ml。

制法:除亚硒酸氢钠和 L-胱氨酸外,将各成分加入蒸馏水中,煮沸溶解,冷至 55℃以下,以无菌操作加入亚硒酸氢钠和 1%L-胱氨酸溶液 10ml(称取 0.1g L-胱氨酸,加 1mol/L 氢氧化钠溶液 15ml,使溶解,再加无菌蒸馏水至 100ml 即成,如为 DL-胱氨酸,用量应加倍)。摇匀,调节 pH 至 7.2。

27. 亚硫酸铋(BS)琼脂

成分:蛋白胨 10g、牛肉膏 5g、葡萄糖 5g、硫酸亚铁 0.3g、磷酸氢二钠 4g、煌绿 0.025g 或 5.0g/L 水溶液 5ml、柠檬酸铋铵 2g、亚硫酸钠 6g、琼脂 18~20g。

制法：将前三种成分加入300ml蒸馏水(制作基础液)，硫酸亚铁和磷酸氢二钠分别加入20ml和30ml蒸馏水中，柠檬酸铋铵和亚硫酸钠分别加入另一20ml和30ml蒸馏水中，琼脂加入600ml蒸馏水中。然后分别搅拌均匀，煮沸溶解。冷至80℃左右时，先将硫酸亚铁和磷酸氢二钠混匀，倒入基础液中，混匀。将柠檬酸铋铵和亚硫酸钠混匀，倒入基础液中，再混匀。调节pH至7.6，随即倾入琼脂液中，混合均匀，冷至50~55℃。加入煌绿溶液，充分混匀后立即倾注平皿。

28. 木糖赖氨酸脱氧胆盐(XLD)琼脂

成分：酵母膏3g、*L*-赖氨酸5g、木糖3.75g、乳糖7.5g、蔗糖7.5g、去氧胆酸钠2.5g、柠檬酸铁铵0.8g、硫代硫酸钠6.8g、氯化钠5g、琼脂15g、酚红0.08g、蒸馏水1 000ml。

制法：除酚红和琼脂外，将其他成分加入400ml蒸馏水中，煮沸溶解，调节pH 7.4。另将琼脂加入600ml蒸馏水中，煮沸溶解。将上述两溶液混合均匀后，再加入指示剂，无须灭菌，待其冷至50~55℃直接倾注平皿。

29. 氰化钾(KCN)培养基

成分：蛋白胨10g、氯化钠5g、磷酸二氢钾0.225g、磷酸氢二钠5.64g、蒸馏水1 000ml、0.5%氰化钾20ml。

制法：将除氰化钾以外的成分加入蒸馏水中，煮沸溶解，分装后121℃高压灭菌15分钟。放冰箱内使其充分冷却。每100ml培养基加入0.5%氰化钾溶液2ml(最后浓度为1∶10 000)，分装于无菌试管内，每管约4ml，立刻用无菌橡皮塞塞紧，放在4℃冰箱内，至少可保存两个月。同时，将不加氰化钾的培养基作为对照培养基，分装试管备用。

30. β-半乳糖苷酶(ONPG)培养基

成分：邻硝基酚β-D-半乳糖苷(ONPG)60mg、0.01mol/L磷酸钠缓冲液10ml、1%蛋白胨水(pH 7.5)30ml。

制法：将ONPG溶于缓冲液内，加入蛋白胨水，以过滤法除菌后，分装于无菌的小试管内，每管0.5ml。

31. 改良EC肉汤(mEC+n)

成分：胰蛋白胨20g、3号胆盐1.12g、乳糖5g、磷酸氢二钾($K_2HPO_4 \cdot 7H_2O$)4g、磷酸二氢钾(KH_2PO_4)1.5g、氯化钠5g、蒸馏水1 000ml、2%新生霉素钠盐溶液1ml。

制法：除新生霉素外，所有成分溶解在水中，加热煮沸，在20~25℃下校正pH至7.0，于121℃灭菌15分钟后备用；新生霉素溶液以过滤除菌备用。待培养基冷至50℃以下时，按1 000ml培养基加1ml新生霉素溶液，使新生霉素最终浓度为20mg/L。

32. 改良山梨醇麦康凯(CT-SMAC)琼脂

成分：蛋白胨20g、山梨醇10g、3号胆盐1.5g、氯化钠5g、中性红0.03g、结晶紫0.001g、琼脂15g、蒸馏水1 000ml。

制法：所有成分溶解于蒸馏水中，加热煮沸，在20~25℃下校正pH至7.2，于121℃灭菌15分钟。

33. 月桂基硫酸盐胰蛋白胨肉汤-MUG(LST-MUG)

成分：胰蛋白胨20g、氯化钠5g、乳糖5g、磷酸氢二钾(K_2HPO_4)2.75g、磷酸二氢钾(KH_2PO_4)

2.75g、月桂基硫酸钠 0.1g、4-甲基伞形酮-β-D-葡萄糖醛酸苷(MUG)0.1g、蒸馏水 1 000ml。

制法:将各成分溶解于蒸馏水中,加热煮沸至完全溶解,于 20~25℃下校正 pH 至 7.0,分装至有倒管的试管中,每管 10ml,于 121℃灭菌 15 分钟。

34. TCBS 琼脂

成分:蛋白胨 10g、酵母浸膏 5g、柠檬酸钠 10g、硫代硫酸钠 10g、氯化钠 10g、牛胆汁粉 5g、柠檬酸铁 1g、胆酸钠 3g、蔗糖 20g、溴麝香草酚蓝 0.04g、麝香草酚蓝 0.04g、琼脂 15g、蒸馏水 1 000ml。

制法:将上述各成分(除指示剂及琼脂外)加热溶解于水中,将 pH 矫正至 8.6,加入指示剂及琼脂,煮沸使之完全溶解,待冷至 50℃左右倾注平板,凝固后冷藏备用。

35. 麦康凯琼脂

成分:蛋白胨 17g、䏡胨 3g、猪胆盐(或牛、羊胆盐)5g、氯化钠 5g、琼脂 17g、乳糖 10g、0.01%结晶紫水溶液 10ml、0.5%中性红水溶液 5ml、蒸馏水 1 000ml。

制法:将各个成分混合,校正 pH 至 7.2。121℃ 15 分钟,冷至 60℃,倾注平板备用。

36. 志贺菌增菌肉汤

成分:胰蛋白胨 20g、葡萄糖 1g、甘露醇 2g、柠檬酸钠 5g、去氧胆酸钠 0.5g、磷酸氢二钾 4g、磷酸二氢钾 1.5g、氯化钠 5g、吐温 80(Tween80)1.5ml、蒸馏水 1 000ml。

制法:将上述成分溶于蒸馏水中,加热使溶解,校正 pH 至 7.0,121℃灭菌 15 分钟后,取出冷却至 50℃,加入除菌过滤的新生霉素溶液(0.5μg/ml),分装 225ml 于适当容器中备用。

37. SS 琼脂

成分:SS 琼脂配方较多,但其效果基本一致,以下列举 4 种常用配方(见下表)。

制法:将牛肉膏、䏡胨及琼脂溶于水中,加热溶解,加入其余成分(除中性红、煌绿外),加热使其全部溶解。调 pH 至 7.2,过滤,补足失去水分后再煮沸 10 分钟,加入煌绿及中性红,混匀后倾注平板,凝固后备用。

SS 琼脂常用配方

成分	配方一	配方二	配方三	配方四
牛肉膏/g		5	5	
牛心浸液/ml				1 000
肉膏液/ml	850			
蛋白胨/g		5	5	7.5
乳糖/g	10	10	10	15
胆盐/g	150(ml)	10	8.5	10
硫代硫酸钠/g	11	12	8.5	5
枸橼酸钠/g	11	12	8.5	15
枸橼酸铁/g		0.5	1	
枸橼酸铁铵/g	4			1
磷酸氢二钠/g				5
琼脂/g	20	25	13.5	18

续表

成分	配方一	配方二	配方三	配方四
煌绿/mg	1.0	0.33	0.33	0.33
中性红/mg	70	22.5	25	37
蒸馏水/ml		1 000	10 000	

38. MRS 培养基

成分：蛋白胨 10g、牛肉粉 5g、酵母粉 4g、葡萄糖 20g、吐温 80 1ml、$K_2HPO_4 \cdot 7H_2O$ 2g、$CH_3COONa \cdot 3H_2O$ 5g、柠檬酸三铵 2g、$MgSO_4 \cdot 7H_2O$ 0.2g、$MnSO_4 \cdot 4H_2O$ 0.05g、琼脂粉 15g、蒸馏水 1 000ml。

制法：将除琼脂粉以外的成分混合于蒸馏水中，加热溶解，调节 pH 至 6.2，加入琼脂粉，溶化并分装后，于 121℃高压灭菌 15~20 分钟。

39. 莫匹罗星锂盐改良 MRS 培养基

成分：同“MRS 培养基”（蒸馏水为 950ml）、莫匹罗星锂盐 50mg、蒸馏水 50ml。

制法：按“MRS 培养基”制法，配制 950ml。称取 50mg 莫匹罗星锂盐加入到 50ml 蒸馏水中，用 0.22μm 微孔滤膜过滤除菌。临用时，将莫匹罗星锂盐溶液加入已溶化并冷却至 48℃ MRS 培养基中，混匀，倾注平板。

40. MC 培养基

成分：大豆蛋白胨 5g、牛肉粉 3g、酵母粉 3g、葡萄糖 20g、乳糖 20g、碳酸钙 10g、琼脂 15g、蒸馏水 1 000ml、1%中性红溶液 5ml。

制法：将各成分加入蒸馏水中，加热溶解，调节 pH 6.0，加入中性红溶液。分装后 121℃高压灭菌 15~20 分钟。

41. 改良月桂基硫酸盐胰蛋白胨肉汤-万古霉素（mLST-Vm）培养基

成分：氯化钠 34g、胰蛋白胨 20g、乳糖 5g、磷酸二氢钾 2.75g、磷酸氢二钾 2.75g、十二烷基硫酸钠 0.1g、蒸馏水 1 000ml、万古霉素溶液 10ml。

制法：10mg 万古霉素溶解于 10ml 蒸馏水，过滤除菌。称取其余成分加热溶解，调节 pH 6.8，分装每管 10ml，121℃灭菌 15 分钟。使用之前，每 10ml mLST 加入万古霉素溶液 0.1ml，混合后万古霉素的终浓度为 10μg/ml。

42. 胰蛋白胨大豆琼脂（TSA）

成分：胰蛋白胨 15g、植物蛋白胨 5g、氯化钠 5g、琼脂 15g、蒸馏水 1 000ml。

制法：称取各成分加入蒸馏水中，加热溶解，调节 pH 7.3，121℃灭菌 15 分钟。

参考文献

[1] 食品安全国家标准.食品微生物学检验.GB 4789.

[2] 何国庆,贾英明,丁立孝,等.食品微生物学.3 版.北京:中国农业大学出版社,2016.

[3] 桑亚新,李秀婷.食品微生物学.北京:中国轻工业出版社,2017.

[4] 殷文政,樊明涛.食品微生物学.北京:科学出版社,2016.

[5] 周建新.食品微生物学检验.北京:化学工业出版社,2015.

[6] 刘用成.食品微生物检验技术.北京:中国轻工业出版社,2012 .

[7] 雅梅.食品微生物检验技术.北京:化学工业出版社,2012 .

[8] 李自刚,李大伟.食品微生物检验技术.北京:中国轻工业出版社,2016.

[9] 魏明奎,段鸿斌.食品微生物检验技术.化学工业出版社,2011.

[10] 刘兰泉.食品微生物检测技术.重庆:重庆大学出版社,2013.

[11] 刘素纯,贺稚非.食品微生物检验.北京:科学出版社,2013.

[12] 何国庆,张伟.食品微生物检验技术.北京:中国质检出版社,中国标准出版社,2013.

目标检测参考答案

绪　　论

简答题

1. 衡量食品卫生质量、判定被检食品能否食用;了解食品被微生物污染的程度、污染的来源,为食品监督、管理、防治工作提供科学依据;把好食品安全关,防止或减少食物中毒、食源性疾病的发生,保障人民身体健康。

2. 主要有菌落总数、大肠菌群数、致病菌、霉菌和酵母菌等。

第一章　细　　菌

简答题

1. 步骤:结晶紫初染、卢戈碘液媒染、95%乙醇脱色、稀释苯酚复红(或沙黄)复染。

结果判断:细菌呈紫色为革兰氏阳性菌,细菌呈红色为革兰氏阴性菌。

原理:渗透学说、化学性说、等电点学说。

2. 目的明确、营养成分适宜、营养物质比例及浓度合适、酸碱度适宜、营养物质来源符合需求、需灭菌处理。

3. 碳源、氮源、无机盐、水、生长因子。

4. 充足的营养物质、适宜的酸碱度、合适的温度、必要的气体环境。

第二章　真　　菌

简答题

1. 酵母菌的繁殖方式主要有芽殖裂殖、无性孢子繁殖;霉菌的无性繁殖通过形成孢囊孢子、分生孢子、关节孢子、厚膜孢子和芽生孢子进行繁殖,也可通过形成有性孢子进行有性繁殖。

2. 菌丝体是由孢子发芽形成的细长管状结构;酵母菌芽殖形成的子细胞不脱离母细胞,其再进行出芽繁殖,形成以狭小的面积连在一起的细胞串,这种藕节状的细胞串在外观上像霉菌的菌丝,因而被称为假菌丝;孢子是由菌丝分化形成的繁殖结构。

3. 略。

第三章　病　　毒

简答题

1. 略。

2. 略。

3. 毒性噬菌体通过吸附、侵入、复制、成熟、释放，最终导致宿主细胞裂解死亡；温和噬菌体吸附、侵入至宿主细胞后，将其基因组整合于宿主菌基因组中，并可随宿主菌复制而进入子代细菌内。

4. 食品发酵工业中，噬菌体可污染生产菌种，造成菌体裂解，发生倒灌事件。

第四章　微生物的遗传变异与菌种保藏

简答题

1. 肺炎链球菌的转化实验、噬菌体感染实验、烟草花叶病毒的拆开和重建实验，证明了生物体内的遗传物质是核酸。部分病毒的遗传物质是 RNA，大多数微生物的遗传物质是 DNA。

2. 人为创造环境条件（如干燥、低温、缺氧、避光、缺乏营养以及添加保护剂或酸度中和剂等），使微生物在此环境中长期处于代谢不活泼、生长繁殖受抑制、不易发生变异的休眠状态，以此达到保藏菌种的目的。

第五章　食品微生物污染与腐败变质

简答题

1. 食品微生物污染主要来源于土壤、空气、水、操作人员、动植物、加工设备、包装材料等，其污染途径可分为内源性污染和外源性污染两大类，如生产加工、运输、储存、销售、烹调直至食用的整个过程的各个环节。

2. 微生物引起食品腐败变质的因素包括食品中的微生物种类及数量、食品本身的组成和性质（营养成分、pH、水分和渗透压）、食品的环境条件（温度、气体和湿度）。

3. 食品腐败变质的现象主要体现在色泽、气味、口味、混浊和沉淀、组织状态和生白等方面。

4. 食品的腐败变质的鉴定一般是从感官（色泽、气味、口味、组织状态等）、物理指标、化学指标和微生物指标等方面来进行判定。

第六章　微生物的控制

简答题

1. 高温可使微生物蛋白质及酶类变性凝固、核酸结构被破坏，从而导致微生物死亡。

2. 防腐剂的杀菌机制主要是使微生物的蛋白质变性、改变细胞膜、细胞壁通透性；干扰微生物体内酶系，抑制酶的活性；对微生物细胞原生质部分的遗传机制产生效应。

3. 影响防腐剂杀菌效果的因素包括食品的 pH、防腐剂的溶解与分散、防腐剂的配合使用、防腐剂的使用时间、分配系数、水分活度、食品成分等。

第七章　食品中的常见致病菌

简答题

1. 金黄色葡萄球菌可通过以下途径污染食品：食品加工、烹饪、销售人员带菌，造成食品污染；熟食制品包装不严，运输、贮藏过程中受到了污染；奶牛患化脓性乳腺炎或禽畜局部化脓，对肉体其他部位造成污染。

2. 沙门氏菌在 SS 琼脂平板中形成无色透明菌落，产 H_2S 的沙门氏菌菌落中央有黑色沉淀；在伊红亚甲蓝、麦康凯琼脂平板中形成无色透明菌落；在 BS 琼脂平板上形成黑色有金属光泽的菌落；在 XLD 琼脂平板上形成菌落呈粉红色，带或不带黑色中心。

3. 阪崎肠杆菌分布广泛，在很多食品中被检测到，其感染的大多数病例为婴幼儿，主要感染渠道是婴幼儿奶粉。感染后导致新生儿小肠结肠炎、新生儿脑膜炎、新生儿菌血症等，具有较高死亡率。

第八章　食品微生物检验基本程序

简答题

1. 采样手段随样品种类不同而异，但均应遵循以下基本原则：①根据检验目的、食品特点、批量、检验方法、微生物的危害程度等制订采样方案；②随机抽取样品，确保所采样品具有代表性；③无菌操作采集样品；④采取必要的措施保证样品中微生物的数量与种类不发生变化；⑤完整记录样品信息。

2. 液体样品：混匀液体检样，对包装开口取样处进行消毒，无菌操作取 25ml 样品送检；固体样品：无菌操作称取 25g 样品，加入 225ml 灭菌生理盐水或其他稀释剂，振荡溶化或使用均质器均质成 1∶10 样品匀液；粉状样品：用灭菌工具充分混匀样品，无菌操作称取 25g 样品，加入 225ml 灭菌生理盐水或其他稀释剂，充分振摇混匀或使用振摇器混匀制成 1∶10 样品匀液。

3. 略。

实训项目一　食品微生物实验室硬件配置

实训思考

1. 在普通光学显微镜下多用油镜观察细菌形态。使用油镜时需要滴加香柏油，原因是：油镜的透镜很小,而玻片和空气介质密度不同,当光线透过玻片进入空气时,会发生折射,致使进入透镜的光线较少,物象观察不清晰。在接物镜与标本片之间滴加折光率与玻璃($n=1.52$)相近的香柏油($n=1.515$),则进入油镜的光线增多,视野光亮度提高,物象清晰。

2. 超净工作台可提供洁净、无菌、无尘的操作环境,食品微生物检验时可用于检样的处理、取样、加样等操作。

实训项目二　微生物的显微镜检验技术

实训思考

任务一　细菌的形态学检查

1. 革兰氏染色的原理:渗透学说、化学性说、等电点学说。革兰氏染色的意义:观察细菌形态学特征;根据细菌的形态、结构、染色反应性等,为进一步鉴定提供参考依据。

2. 革兰氏染色的影响因素主要有:染液质量、染色时间、细菌菌龄等。

任务二　微生物细胞大小的测定

1. 不同显微镜及附件的放大倍数不同,因此校正目镜测微尺必须针对特定的显微镜及特定的物镜和目镜,当更换不同放大倍数的目镜或物镜时,必须重新校正目镜测微尺每一格所代表的长度。

2. 微生物细胞的大小是微生物基本的形态特征,也是分类鉴定的依据之一。

任务三　微生物细胞的显微镜计数

1. 用血球计数板进行微生物细胞的计数时,误差来源主要有:菌悬液浓度和均匀程度、菌液量、操作产生气泡、计数误差等。

2. 血球计数板进行微生物细胞计数具有直观、简便和快速等优点,但此法不能分辨死活细胞、操作不当易出现污染。

实训项目三　培养基制备技术

实训思考

1. 培养基配制的一般程序为:称量、溶解、矫正 pH、过滤、分装、灭菌、质量检定、保存。

2. 可能原因:琼脂含量太少;加热温度较低(未达 100℃)或加热时间不够,导致琼脂未溶化。

实训项目四　微生物培养与鉴定技术

实训思考

任务一　微生物接种与培养

1. 样品中的多个细菌通过在平板上划线可被分散呈单个,并在平板表面生长繁殖形成单个菌落。

2. 注意接种环与培养基表面的角度、掌握好接种操作的力度、培养基的琼脂适宜。

3. 略。

任务二　生化试验鉴定技术

1. 不同种类的细菌具有不同的生化反应结果，因而对细菌进行生化试验有助于鉴定食品中的细菌的种类。

2. 略。

实训项目五　食品的常规卫生学检验

实训思考

任务一　食品中菌落总数的检测

1. 避免琼脂表面形成冷凝水，导致菌落蔓延生长，影响计数。

2. 略。

3. CFU 即菌落形成单位(colony forming unit，CFU)。

任务二　食品中大肠菌群的检测

1. 观察培养基中的倒管有无出现气泡，有气泡生者，说明乳糖被分解产气。

2. 略。

3. 月桂基硫酸钠可抑制样品中革兰氏阳性菌的生长、对损伤的大肠埃希氏菌有一定修复作用。

任务三　霉菌和酵母菌计数检测

1. 略。

2. 霉菌和酵母的计数培养常用马铃薯葡萄糖琼脂培养基(PDA)或孟加拉红(虎红)培养基。马铃薯葡萄糖琼脂培养基中含有抗菌素可抑制细菌，而有利于霉菌、酵母菌生长；孟加拉红琼脂培养基中除抗菌素外，还含有孟加拉红，两种抑菌成分不但可抑制细菌，孟加拉红还可抑制霉菌菌落的蔓延生长，且在生长的菌落背面可呈红色，因而有助于霉菌和酵母菌落的计数。

实训项目六　食品中常见致病菌的检验

实训思考

任务一　金黄色葡萄球菌检验

1. 形态学特征：革兰氏阳性球菌、呈葡萄状排列；培养特征：血平板上的菌落周围有透明溶血环；生化试验：血浆凝固酶试验阳性。

2. 金黄色葡萄球菌可产生血浆凝固酶，使经过抗凝的人或兔血浆发生凝固。

任务二　β 型溶血性链球菌检验

1. 不能，因为血液中含有触酶，直接在血平板上进行触酶试验可产生假阳性。

2. β 型溶血性链球菌多为兼性厌氧菌，少数为厌氧菌，接种哥伦比亚 CNA 血琼脂平板进行厌氧培养,有利于提高检出率。

任务三 沙门氏菌属检验

1. 经过加工处理的食品,其中的沙门氏菌往往受到损伤而处于濒死状态,检验时,先用无选择性的培养基进行前增菌,使濒死的沙门氏菌恢复活力,从而有助于该细菌的检出。

2. 略。

任务四 志贺菌属检验

1. 略。

2. 志贺氏菌不分解乳糖、不产 H_2S,在 MAC 平板和 XLD 平板上均形成无色至浅粉红色、半透明的菌落。

任务五 致泻大肠埃希氏菌检验

1. 致泻大肠埃希氏菌是一类能引起人体以腹泻症状为主、可经过污染食物引起人类发病的大肠埃希氏菌,故食品中不允许有该细菌污染。

2. 杂菌的存在可导致生化试验、血清学试验等鉴定结果出现误差。

任务六 大肠埃希氏菌 O157∶H7/NM 检验

1. 大肠埃希氏菌 O157∶H7/NM 与大肠埃希氏菌的形态、培养、生化反应等基本生物学特征相似,不同之处主要有:本菌有特殊的血清型、不发酵山梨醇、不能分解 4-甲基伞形酮-β-D-葡萄糖醛酸苷(MUG)产生荧光,故常运用这些特征帮助鉴定大肠埃希氏菌 O157∶H7/NM。

2. 取初步鉴定为大肠埃希氏菌的菌落,用 O157∶H7 标准血清或 O157 乳胶凝集试剂作玻片凝集试验。

任务七 克罗诺杆菌属(阪崎肠杆菌)检验

1. 阪崎肠杆菌 α-葡糖苷酶表现为阳性,而其他肠杆菌则为阴性,这一特征性有利于阪崎肠杆菌的鉴定,以及与其他肠杆菌的鉴别。

2. 阪崎肠杆菌分布广泛,在很多食品中被检测到,其感染的大多数病例为婴幼儿,主要感染渠道是婴幼儿奶粉。感染后导致新生儿小肠结肠炎、新生儿脑膜炎、新生儿败血症等,具有较高死亡率。加强食品中阪崎肠杆菌检验,是控制感染发生的重要措施。

任务八 副溶血性弧菌检验

1. 副溶血性弧菌具有耐盐的特性,用含有 3%NaCl 的培养基进行生化试验,更有利于副溶血性弧菌的鉴定。

2. 略。

任务九 单核细胞增生李斯特菌检验

1. 单核细胞增生李斯特菌的鞭毛形成与环境温度有关,22~25℃培养时可形成 2~4 根鞭毛,此时运动活泼,呈旋转或翻滚样运动;37℃培养时无鞭毛或鞭毛发育不良,动力阴性。

2. 略。

任务十 蜡样芽孢杆菌检验

1. 食品中蜡样芽孢杆菌含菌量与能否引起中毒有密切关系。一般认为当食入的食品中蜡样芽

孢杆菌含量为 $10^6 \sim 10^8$CFU/g 时,即可致食物中毒。通过计数检测,可更准确的分析判断食品受蜡样芽孢杆菌污染的程度及其安全性。

2. 略。

实训项目七　食品环境和商业无菌检验

实训思考

任务一　空气的微生物检验

1. 自然沉降法、气流撞击法、过滤法。

2. 略。

任务二　食品生产设备和工具的微生物检验

1. 表面擦拭法(刷子擦洗法、海绵擦拭法、棉签擦拭法)、冲洗法、贴纸法等。

2. 表面擦拭法(刷子擦洗法、海绵擦拭法、棉签擦拭法)。

任务三　罐藏食品的商业无菌检验

1. 罐藏食品的商业无菌是指罐头食品经过适度的热杀菌后,不含有致病性微生物,也不含有在通常温度下能在其中繁殖的非致病性微生物,这种状态称作商业无菌。罐藏食品微生物污染的来源:①杀菌不彻底致罐头内残留有微生物,大都是耐热性的芽孢杆菌;②杀菌后发生漏罐导致的微生物进入罐内。

2. 检查罐藏食品有无膨胀或泄漏现象,以帮助判断检品是否变质。

食品微生物检验技术课程标准

（供食品类专业用）

ER-课程标准